21世纪高等学校应用型规划教材

C 语言程序设计教程

第二版

李丽芬　马　睿　主　编

孙丽云　刘佩贤　副主编

化学工业出版社

北京·

本书由浅入深地讲授了 C 语言程序设计的技术与技巧。全书分为基础知识、项目实战两部分。基础知识部分介绍了 C 语言的基础语法知识，包括 C 语言的基本概念、数据类型及其运算、选择结构、循环结构、数组、函数、编译预处理、指针、结构体和共用体、文件 10 章内容。每章配有程序实例和常见错误分析，有利于读者掌握程序设计的基本技巧。项目实战部分详细展示了项目开发的全过程，从需求分析、算法设计到程序编写和过程调试，以项目实战的形式引导和帮助学生解决实际问题，提高学生解决具体问题的能力。

相关的实验内容、综合实训、学科竞赛训练在与本书配套的《C 语言程序设计实验指导与习题解答》中详细阐述。

本书适合作为高等院校 C 语言程序设计课程的教材，可以满足不同专业、不同学时的教学需要，对电子信息类专业和计算机相关专业可以讲授本书的全部内容，其他专业可以讲授本书的部分内容。本书也适合计算机水平考试培训及各类成人教育教学使用。

图书在版编目（CIP）数据

C 语言程序设计教程/李丽芬，马睿主编. —2 版. —北京：化学工业出版社，2015.9（2017.3 重印）

21 世纪高等学校应用型规划教材

ISBN 978-7-122-24847-3

Ⅰ.①C… Ⅱ.①李… ②马… Ⅲ.①C 语言-程序设计-高等学校-教材 Ⅳ.①TP312

中国版本图书馆 CIP 数据核字（2015）第 180021 号

责任编辑：唐旭华 郝英华 装帧设计：张 辉
责任校对：吴 静

出版发行：化学工业出版社（北京市东城区青年湖南街 13 号 邮政编码 100011）
印 装：三河市延风印装有限公司
787mm×1092mm 1/16 印张 20¾ 字数 544 千字 2017 年 3 月北京第 2 版第 2 次印刷

购书咨询：010-64518888（传真：010-64519686） 售后服务：010-64518899
网 址：http://www.cip.com.cn
凡购买本书，如有缺损质量问题，本社销售中心负责调换。

定 价：42.00 元

本书编写人员

主　　编　李丽芬　马　睿

副 主 编　孙丽云　刘佩贤

编写人员（以姓氏笔画为序）

马　睿　云彩霞　刘佩贤　刘淑艳

孙丽云　李丽芬　张秋菊　莫德举

前　言

C 语言是目前最流行的程序设计语言之一，它既具有高级语言程序设计的特点，又具有汇编语言的功能。同时，C 语言概念简洁、语句紧凑、表达能力强、程序结构性和可读性好，很多院校都将 C 语言作为第一门计算机语言课程开设。

本书详细介绍了 C 语言程序设计中最基本的语法规则和程序设计方法。在编写过程中，力求做到概念准确、简洁，语言通俗易懂；注重前后内容的衔接，知识点安排由浅入深、循序渐进，实例选取贴近实际，可以使初学者快速地掌握 C 语言的基础知识，从而对 C 语言有一个全面、直观、系统的认识。

全书分为基础知识和项目实战两个部分。第 1 部分包括第 1～10 章，根据学习者的认知规律，精选内容，介绍 C 语言的基础语法知识。书中安排了大量例题，难易适中，覆盖面广，既包括理解语法的内容，又有联系实际提高编程能力的例子。实例设置了以下栏目。

（1）问题分析：给出解决问题的思路和算法。

（2）参考代码：给出了关键代码，并进行了详细注释。

（3）运行结果：直观的运行效果，有利于程序结果的验证。

（4）程序说明：对关键技术进行总结，对运行结果进行分析。

每章的常见错误分析部分指出了初学者在学习过程中的一些常见问题，并给出了正确的解决方法，增加了学习的方向性。

第 2 部分包括第 11～13 章，为项目实战部分。这部分通过项目开发全过程的全方位指导，从需求分析、算法设计到程序编写和过程调试，以项目实战的形式引导和帮助学生解决实际问题，提高学生解决具体问题的能力。

本书层次分明，适合作为高等院校 C 语言程序设计课程的教材，可以满足不同专业、不同学时的教学需要。为了克服学时少、内容多的矛盾，建议在教学中注重学生程序设计能力的培养，精讲多练，举一反三，采用案例教学和任务驱动相结合，以提高学生学习的兴趣和主动性，让学生在实践中逐步掌握语法规则。

为了方便教师开展教学工作，本书提供电子课件，如有需要可发邮件至 cipedu@163.com 索取。与本书配套的《C 语言程序设计实验指导与习题解答》也已同步出版。

本书的作者均为承担程序设计、数据结构等课程的骨干教师，项目实践经验丰富，积累了不少的教学素材。其中李丽芬编写第 3、6、11 章，马睿编写第 4、8、12 章，孙丽云编写第 1、9 章，刘佩贤编写第 5、10、13 章，张秋菊编写第 2、7 章。全书由李丽芬、云彩霞负责统稿和校对，刘淑艳进行程序验证，莫德举定稿。

由于水平有限，书中难免存在遗漏和不妥之处，敬请批评指正。

编者
2015 年 7 月

目　录

第1部分　基础知识

第1章　引言 …………………………………… 2
1.1　C语言的发展 ……………………………… 2
1.2　C语言的特点 ……………………………… 2
1.3　C程序结构 ………………………………… 3
　1.3.1　C程序的基本结构 …………………… 3
　1.3.2　C语言的算法 ………………………… 5
　1.3.3　C程序的三种基本结构 ……………… 6
1.4　C程序的实现 ……………………………… 6
　1.4.1　C程序的开发步骤 …………………… 6
　1.4.2　C程序的编辑 ………………………… 8
　1.4.3　C程序的编译及执行 ……………… 10
1.5　常见错误分析 …………………………… 13
本章小结 ……………………………………… 15
习题 …………………………………………… 15
第2章　数据类型及其运算 ………………… 17
2.1　基本字符和标识符 ……………………… 17
　2.1.1　标识符 ………………………………… 17
　2.1.2　关键字 ………………………………… 17
2.2　常量与变量 ……………………………… 18
　2.2.1　常量与符号常量 ……………………… 18
　2.2.2　变量 …………………………………… 18
2.3　数据类型 ………………………………… 18
　2.3.1　整型数据 ……………………………… 19
　2.3.2　实型数据 ……………………………… 21
　2.3.3　字符型数据 …………………………… 22
2.4　数据类型的转换 ………………………… 23
　2.4.1　隐式类型转换 ………………………… 24
　2.4.2　强制类型转换 ………………………… 24
2.5　运算符和表达式 ………………………… 25
　2.5.1　算术运算符和算术表达式 …………… 25
　2.5.2　赋值运算符和赋值表达式 …………… 26
　2.5.3　自增自减运算符 ……………………… 27
　2.5.4　逗号运算符和逗号表达式 …………… 29
2.6　数据的输入和输出 ……………………… 29
　2.6.1　格式输入函数 scanf ………………… 29

　2.6.2　格式输出函数 printf ………………… 31
　2.6.3　字符输入函数 getchar ……………… 33
　2.6.4　字符输出函数 putchar ……………… 33
2.7　赋值语句和顺序结构程序设计 ………… 33
　2.7.1　赋值语句 ……………………………… 33
　2.7.2　顺序结构程序设计 …………………… 34
2.8　数学函数 ………………………………… 35
2.9　应用举例 ………………………………… 36
2.10　常见错误分析 ………………………… 39
本章小结 ……………………………………… 45
习题 …………………………………………… 45
第3章　选择结构及其应用 ………………… 48
3.1　关系运算符和关系表达式 ……………… 48
　3.1.1　关系运算符 …………………………… 48
　3.1.2　关系表达式 …………………………… 48
3.2　逻辑运算符和逻辑表达式 ……………… 49
　3.2.1　逻辑运算符 …………………………… 49
　3.2.2　逻辑表达式 …………………………… 49
3.3　if 语句 …………………………………… 50
　3.3.1　if 分支 ………………………………… 50
　3.3.2　if-else 分支 …………………………… 52
　3.3.3　嵌套的 if 语句 ……………………… 54
3.4　switch 语句 ……………………………… 57
3.5　条件运算符和条件表达式 ……………… 60
3.6　应用举例 ………………………………… 61
3.7　常见错误分析 …………………………… 64
本章小结 ……………………………………… 67
习题 …………………………………………… 67
第4章　循环结构及其应用 ………………… 70
4.1　while 循环语句 ………………………… 70
4.2　for 循环语句 …………………………… 74
4.3　do-while 循环语句 ……………………… 79
4.4　三种循环语句的比较 …………………… 81
4.5　break 语句和 continue 语句 …………… 84
　4.5.1　break 语句 …………………………… 84
　4.5.2　continue 语句 ………………………… 86
4.6　循环嵌套 ………………………………… 88

4.7　goto 语句和标号 ·················· 92

4.8　应用举例 ························· 93

4.9　常见错误分析 ···················· 97

本章小结 ····························· 99

习题 ································· 99

第 5 章　数组 ······················· 104

5.1　一维数组 ······················· 104

5.1.1　一维数组的定义和引用 ····· 104

5.1.2　一维数组的初始化 ········· 107

5.1.3　一维数组应用举例 ········· 108

5.2　二维数组 ······················· 112

5.2.1　二维数组的定义和引用 ····· 112

5.2.2　二维数组的初始化 ········· 113

5.2.3　二维数组应用举例 ········· 113

5.3　字符数组和字符串 ·············· 116

5.3.1　字符数组的定义和初始化 ··· 116

5.3.2　字符串 ···················· 117

5.3.3　字符数组的输入和输出 ····· 118

5.3.4　字符串处理函数 ··········· 120

5.3.5　字符数组应用举例 ········· 123

5.4　常见错误分析 ··················· 124

本章小结 ····························· 126

习题 ································· 126

第 6 章　函数 ······················· 128

6.1　函数概述 ······················· 128

6.1.1　函数的概念 ··············· 128

6.1.2　库函数 ···················· 129

6.2　用户自定义函数 ················· 129

6.2.1　函数定义的格式 ··········· 129

6.2.2　形式参数和实际参数 ······· 131

6.2.3　函数的返回值 ············· 133

6.3　函数的调用 ····················· 134

6.3.1　函数调用的一般形式 ······· 134

6.3.2　函数的调用方式 ··········· 134

6.3.3　函数的原型声明 ··········· 135

6.3.4　函数的参数传递 ··········· 137

6.4　函数的嵌套调用和递归调用 ····· 138

6.4.1　函数的嵌套调用 ··········· 138

6.4.2　函数的递归调用 ··········· 139

6.5　数组作为函数的参数 ············ 141

6.5.1　数组元素作为函数的参数 ··· 141

6.5.2　数组名作为函数的参数 ····· 142

6.6　局部变量和全局变量 ············ 144

6.6.1　局部变量 ················· 144

6.6.2　全局变量 ················· 145

6.7　变量的存储类别 ················· 148

6.7.1　局部变量的存储类别 ······· 148

6.7.2　全局变量的存储类别 ······· 151

6.8　内部函数和外部函数 ············ 152

6.8.1　内部函数 ················· 152

6.8.2　外部函数 ················· 152

6.9　应用举例 ······················· 152

6.10　常见错误分析 ·················· 156

本章小结 ····························· 158

习题 ································· 158

第 7 章　预处理命令 ················· 162

7.1　宏定义 ·························· 162

7.1.1　不带参数的宏定义 ········· 162

7.1.2　带参数的宏定义 ··········· 164

7.1.3　撤销宏定义命令 ··········· 165

7.2　文件包含命令 ··················· 166

7.3　条件编译命令 ··················· 168

7.4　常见错误分析 ··················· 170

本章小结 ····························· 171

习题 ································· 171

第 8 章　指针 ······················· 172

8.1　变量的地址和指针 ·············· 172

8.2　指针变量的定义 ················· 173

8.3　指针运算 ······················· 174

8.3.1　取地址运算符 ············· 174

8.3.2　指针运算符 ··············· 174

8.3.3　赋值运算 ················· 174

8.3.4　空指针与 void 指针 ········ 176

8.4　指针与数组 ····················· 177

8.4.1　一维数组的指针表示 ······· 177

8.4.2　二维数组的指针表示 ······· 184

8.4.3　指针与字符串 ············· 187

8.5　指针与函数 ····················· 189

8.5.1　指针作为函数参数 ········· 190

8.5.2　指针作为函数的返回值 ····· 193

8.5.3　函数的指针 ··············· 194

8.6　指针数组和指向指针的指针 ····· 195

8.6.1　指针数组 ················· 195

8.6.2　指向指针的指针 ··········· 197

8.7　应用举例 ……………………… 199

8.8　常见错误分析 ………………… 201

本章小结 ……………………………… 202

习题 …………………………………… 203

第9章　结构体与共用体 ………… 207

9.1　结构体 …………………………… 207

9.1.1　结构体类型的定义 ……… 208

9.1.2　结构体变量的定义 ……… 209

9.1.3　用 typedef 定义数据类型 …211

9.1.4　结构体变量的引用 ……… 211

9.1.5　结构体变量的初始化 …… 212

9.2　结构体数组 ……………………… 213

9.2.1　结构体数组的定义 ……… 213

9.2.2　结构体数组的初始化 …… 214

9.2.3　结构体数组的引用 ……… 214

9.3　结构体指针变量 ………………… 215

9.3.1　指向结构体变量的指针 … 215

9.3.2　指向结构体数组的指针 … 216

9.3.3　结构体变量和结构体指针变量作为

　　　　函数参数 …………………… 216

9.4　链表 ……………………………… 218

9.4.1　链表的类型及定义 ……… 219

9.4.2　处理动态链表的函数 …… 220

9.4.3　动态链表的基本操作 …… 221

9.4.4　栈和队列 ………………… 228

9.5　共用体 …………………………… 229

9.6　枚举类型 ………………………… 230

9.7　应用举例 ………………………… 230

9.8　常见错误分析 ………………… 234

本章小结 ……………………………… 236

习题 …………………………………… 237

第10章　文件 ……………………… 240

10.1　文件概述 ……………………… 240

10.2　文件类型指针 ………………… 241

10.3　文件的打开、读写和关闭 …… 241

10.3.1　文件的打开函数 fopen … 241

10.3.2　文件的关闭函数 fclose … 243

10.3.3　文件的读写 ……………… 243

10.3.4　文件读写函数的选择 …… 249

10.4　文件的定位 …………………… 250

10.5　应用举例 ……………………… 251

10.6　常见错误分析 ………………… 253

本章小结 ……………………………… 253

习题 …………………………………… 254

第2部分　项目实战

第11章　贪吃蛇游戏 ……………… 258

11.1　概述 …………………………… 258

11.2　需求分析 ……………………… 258

11.3　系统设计 ……………………… 258

本章小结 ……………………………… 270

第12章　学生成绩管理系统 ……… 271

12.1　概述 …………………………… 271

12.2　系统设计 ……………………… 271

12.2.1　系统功能设计 …………… 271

12.2.2　数据结构设计 …………… 272

12.3　功能设计 ……………………… 273

12.3.1　主控模块 ………………… 273

12.3.2　输入学生信息模块 …… 276

12.3.3　显示学生信息模块 …… 279

12.3.4　删除学生信息模块 …… 281

12.3.5　查询学生信息模块 …… 283

12.3.6　修改学生信息模块 …… 285

12.3.7　插入学生信息模块 …… 287

12.3.8　统计学生成绩模块 …… 289

12.3.9　学生成绩排序模块 …… 291

12.3.10　保存学生信息模块 …… 294

本章小结 ……………………………… 295

第13章　Ping 程序设计 …………… 296

13.1　设计原理 ……………………… 296

13.2　功能描述 ……………………… 297

13.3　总体设计 ……………………… 297

13.3.1　功能模块设计 …………… 297

13.3.2　数据结构设计 …………… 299

13.3.3　函数功能描述 …………… 301

13.4　程序实现 ……………………… 302

13.4.1　源码分析 ………………… 302

13.4.2　运行结果 ………………… 313

本章小结 ……………………………… 317

附录 ………………………………… 318

附录1　常用字符与 ASCII 代码对照表 …318

附录2　运算符的优先级和结合性表 …318

附录3　C 语言的关键字 …………… 319

附录4　常用标准库函数 …………… 319

参考文献 …………………………… 324

第 1 部分　基础知识

第1章 引　言

随着计算机的普及，接触计算机的人越来越多。人们发现利用计算机可以轻而易举地完成很多人类手工很难实现的任务，例如进行大规模的数学计算等。对计算机技术了解不多的人会以为电脑是万能的，它本来就具有这种能力，其实不然，计算机只能机械地执行一些命令，它之所以能完成很多复杂的任务是计算机的使用者告诉它的。人怎么来命令计算机呢？就是通过编程来告诉计算机每步该怎么做。

就像现实生活中人和人交流基本上是用语言，比如汉语、英语等（前提是交流的双方都会这种语言）。如果需要让电脑帮人们做一些事情，就要编写程序来告诉它怎么做，编写程序可以用不同的程序设计语言。C 语言就是一种程序设计语言，是人与计算机交流的一种语言，如果需要计算机来帮助你完成某些工作，则可以用 C 语言来表述你的思想并将它输入到计算机中，让计算机来"运行"它。学编程的过程，就是学习怎样用编程语言说话让计算机听懂的过程，本书介绍的编程语言为 C 语言。

1.1　C 语言的发展

C 语言是国际上广泛流行的计算机高级语言。它既可用来写系统软件，也可用来写应用软件。

C 语言的祖先是 BCPL 语言。1967 年英国剑桥大学的 Mattin Richards 推出了没有类型的 BCPL（Basic Combined Programming Language）语言。1970 年美国 AT&T 贝尔实验室的 Ken Thompson 以 BCPL 语言为基础，设计出了简单且接近硬件的 B 语言（取 BCPL 的第一个字母）。但 B 语言过于简单，功能有限。1972～1973 年间，美国贝尔实验室的 D.M.Ritchie 在 B 语言的基础上设计出了 C 语言。C 语言既保持了 BCPL 和 B 语言精练且接近硬件的优点，又克服了它们过于简单，无数据类型等的缺点，C 语言的新特点主要表现在具有多种数据类型。开发 C 语言的目的在于尽可能降低用它开发的软件对硬件平台的依赖程度，使之具有可移植性。

C 语言与 UNIX 操作系统有着密切的联系，开发 C 语言的最初目的是为了更好地描述 UNIX 操作系统。C 语言的出现，促进了 UNIX 操作系统的开发，同时，随着 UNIX 的日益广泛使用，C 语言也迅速得到推广，C 语言和 UNIX 可以说是一对孪生兄弟，在发展过程中相辅相成。

1.2　C 语言的特点

C 语言是一种通用性很强的结构化程序设计语言，它具有丰富的运算符号和数据类型，语言简单灵活，表达能力强等特点。C 语言的主要特点如下。

① 具有低级语言功能的高级语言：C 语言允许直接访问物理地址，能进行位操作，能实现汇编语言的大部分功能，可以直接对硬件进行操作。因此 C 语言既具有高级语言的功能，又具有低级语言的功能，C 语言的这种双重性，使它既是成功的系统描述语言，又是通用的程序设计语言。

② 模块化和结构化语言：C 语言用函数作为程序模块，以实现程序的模块化；C 语言具有结构化的控制语句（如 if…else 语句、while 语句、do…while 语句、switch 语句和 for 语句），语言简洁、紧凑。

③ 可移植性好：C 语言不包含依赖硬件的输入输出机制，使 C 语言本身不依赖于硬件系统，可移植性好。

④ 执行效率高：C 语言生成目标代码质量高，程序执行效率高。

1.3　C 程序结构

C 程序结构由头文件、主函数、系统的库函数和自定义函数组成，因程序功能要求不同，C 程序的组成也有所不同。其中 main 主函数是每个 C 语言程序都必须包含的部分。

1.3.1　C 程序的基本结构

由于读者刚开始接触 C 语言，在这里先不长篇论述 C 程序的全部组成部分，而是介绍 C 程序的基本组成部分。在读者会写简单的 C 程序的基础上，通过后面章节的学习逐步深入了解 C 程序的完整结构。

下面以一个简单的例子说明 C 程序的基本结构。

【例 1-1】　一个仅包含一条输出语句的简单 C 程序。

```
1    #include <stdio.h>
2    int main()
3    {
4        printf("这是我编写的第一个 C 语言程序，yeah！！\n");
5        return 0;
6    }
```

注：C 程序是没有行号的，例 1-1 程序左侧的行号（1，2，3，4，5，6）并非程序的一部分，这里的行号仅是为了对程序进行说明或叙述方便而添加的。

【运行结果】 程序运行结果如图 1-1 所示。

图 1-1　例 1-1 程序运行结果

【程序说明】 该运行结果的第 1 行是程序运行后输出的结果，第 2 行是 Visual C++6.0 系统在输出完运行结果后自动输出的一行信息（任何一个 C 程序，只要在 Visual C++6.0 环境下运行，最后都会出现这行信息），告诉用户："如果想继续，请按任意键"。当用户按任意键后，屏幕上不再显示运行结果，而返回程序窗口。

例 1-1 的程序是由头文件和主函数组成的一个简单的 C 语言程序。

第 1 行的作用是通知 C 语言编译系统在对 C 程序进行正式编译之前需做一些预处理工作，程序的第 4 行使用了库函数 printf，编译系统要求程序提供有关此函数的信息（例如对这些输入输出函数的声明和宏的定义、全局变量的定义等），stdio.h 是 C 语言的系统文件，stdio

是"standard input & output（标准输入输出）"的缩写，.h 是文件的扩展名，它说明该文件是一个头文件（head file），这些头文件都是放在程序各文件模块的开头的。

第 2 行 int main()是函数头，其中 main 是函数的名字，表示"主函数"，main 前面的 int 表示函数的返回值是 int 类型（整型）。每一个 C 语言程序都必须有一个 main 函数。

第 3 行～第 6 行由花括号{}括起来的部分是函数体，该程序主函数的函数体由两条语句构成，每条语句后都要加分号，表示语句结束。其中 printf 是 C 编译系统提供的函数库中的输出函数，用来在屏幕上输出内容；"return 0;"的作用是当 main 函数执行结束前将整数 0 作为函数值，返回到调用函数处。

通过对例 1-1 的了解，可以看到 C 程序的结构特点如下。

① C 程序是由函数构成的，函数是 C 程序的基本单位。任何一个 C 源程序都至少包含 main 主函数，也可以包含一个 main 主函数和若干个其他函数。

② 一个函数由两部分组成：函数头和函数体。

函数头即函数的第 1 行，如例 1-1 中的 int main()。函数体即函数头下面的花括号{}内的部分。若一个函数内有多个大括号，则最外层的一对{}为函数体的范围（关于函数的组成部分参见第 6 章函数）。

③ 一个 C 程序总是从 main 函数开始执行的，而不论 main 函数在整个程序中的位置如何（main 函数可以在程序的最前头，也可以放在程序的最后头，也可以放在一些自定义函数中间）。

④ C 程序的每个语句和数据定义的最后必须有一个分号。分号是 C 语句的必要组成部分，必不可少，即使是程序中最后一个语句也应包含分号。

⑤ C 程序书写格式自由，一行内可以写多条语句，一条语句可以分写在多行上。但为了有良好的编程风格，最好将一条语句写在一行。

⑥ 一个好的、有使用价值的源程序都应当加上必要的注释，以增加程序的可读性。C 语言允许用两种注释方式。

• 以"/*"开始，以"*/"结束的块式注释。这种注释可以单独占一行，也可以包含多行。编译系统在发现一个/*后，会开始找注释结束符*/，把二者间的内容作为注释，如例 1-2。

【例 1-2】 对例 1-1 的程序加上注释。

```
#include <stdio.h>        /*编译预处理指令*/
int main()                /*主函数的函数头*/
{                         /*函数体的开始标记*/
printf("这是我编写的第一个 C 语言程序，yeah!! \n");   /*利用库函数的输出函数在屏
幕上输出指定的信息*/
    return 0;             /*main 函数的返回值是 0*/
}                         /*函数的结束标记*/
```

【程序说明】例 1-2 和例 1-1 实现的功能是完全一样的，只不过例 1-2 的可读性更好，即使不是程序的开发者，也容易明白该程序的功能。

其中"/*"和"*/"中间内容为注释内容，注释部分内容不会被编译运行，只起到解释程序语句的作用。

• 以"//"开始的单行注释。这种注释可以单独占一行，也可以出现在一行中其他内容的右侧。此种注释的范围从"//"开始，以换行符结束，即这种注释不能跨行。若注释内容一行内写不下，可以用多个单行注释。如：

```
printf("这是我编写的第一个 C 语言程序，yeah!! \n");   //利用库函数的输出函数
```

//在屏幕上输出指定的信息。

对 printf 函数所在行的程序进行注释时，一行写不下，可以在下一行接着写，但在下一行的开头必须加上"//"。

在 Visual C++编译系统中，注释可以用英文或汉字书写。

1.3.2　C 语言的算法

算法是为解决一个问题而采取的方法和步骤。

【例 1-3】　某老师讲授《C 语言程序设计》课程的某节课，他是这样来完成这节课的：拿出《C 语言程序设计》教材——研读该节课程的内容——根据掌握的该节课程的重点、难点等制作电子课件——将制作好的电子课件拷到 U 盘中——领钥匙——到教室——开始上课。

他的这一系列步骤和完成每一步采用的方法就可以称之为"算法"。在计算机科学中，算法要用计算机算法语言描述，算法代表用计算机解一类问题的精确、有效的方法。算法和程序之间存在密切的关系。

算法具有以下特点。

① 确定性　算法的每一种运算必须有确定的意义，该种运算应执行何种动作应无二义性，目的明确。

② 有穷性　一个算法总是在执行了有穷步的运算后终止，即该算法是叫达的。

③ 输入　一个算法有 0 个或多个输入，在算法运算开始之前给出算法所需数据的初值，这些输入取自特定的对象集合。

④ 输出　作为算法运算的结果，一个算法产生一个或多个输出，输出是同输入有某种特定关系的量。

⑤ 有效性　要求算法中有待实现的运算都是有效的，每种运算至少在原理上能由人用纸和笔在有限的时间内完成；如若 x=0，则 y/x 是不能有效执行的。

算法的表示方法很多，通常有以下几种。

（1）用自然语言表示

自然语言表示算法可以用任何语言，比如汉语、英语、俄语等，当然也可以用数学表达式。用自然语言表示通俗易懂，但可能文字冗长，不严格，并且复杂的算法表示很不方便。所以除了简单的问题外，一般不用自然语言描述算法。

（2）用传统流程图表示

传统流程图可用一些图框和流程线来表示各种类型的操作。优点是直观形象，易于理解，缺点是传统流程图不易修改。

传统流程图常用符号如图 1-2 所示。

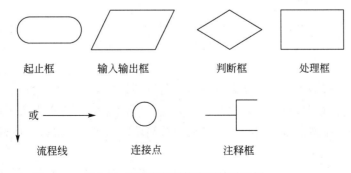

图 1-2　传统流程图的常用符号示例

（3）用 N-S 流程图表示

N-S 流程图是一种新的流程图形式。这种流程图完全去掉了带箭头的流程线，全部算法写在一个矩形框内，在该框内还可以包含其他从属于它的框。N-S 流程图适用于结构化程序设计。

（4）用伪代码表示

用流程图表示算法直观易懂，但不容易修改。伪代码可以克服流程图的这个弱点。

伪代码是用介于自然语言和计算机语言之间的文字和符号来描述算法的，它不用图形符号，因此书写方便，格式紧凑，好懂，也便于向计算机程序转换。

一般在写程序之前，先列出算法，会使编程思路清晰，虽然有些简单的程序可以直接写出，但建议刚开始学习编程或写较大程序时，最好写出算法，这样助于理顺思路。

本书中的算法都用传统流程图表示。

1.3.3　C 程序的三种基本结构

C 语言程序包含三种基本结构：顺序结构、选择结构（也称分支结构）和循环结构。将这三种基本结构用传统流程图表示如图 1-3 所示。

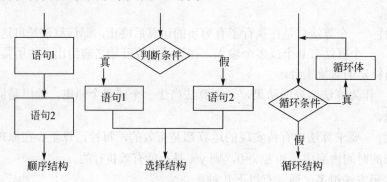

图 1-3　程序的三种基本结构

选择结构和循环结构将分别在第 3 章和第 4 章讲解。

顺序结构是最简单的一种基本结构，即顺序结构的程序一条条顺序执行。在图 1-3 的流程图中表示顺序结构中的程序执行完语句 1 接着执行语句 2。例 1-1 是顺序结构的程序，程序从第 1 行开始运行，依次执行直到程序最后一行。

1.4　C 程序的实现

1.4.1　C 程序的开发步骤

学习 C 语言就是学习编程的过程。程序是计算机的主宰，控制着计算机该去做什么事。所有要计算机做的事情都要编写程序。假如没有程序，那么计算机什么事情都干不了。

编程的第一步是"需求分析"，即要弄清楚到底想让计算机做什么。这个过程很多人都不太重视，但是忽视需求分析的结果就像考试时没有认真审题就开始答题一样，没有认真领会题目的要求，把题解得再漂亮，也得不到分数。"需求分析"在开发大型应用软件的时候，其作用尤为明显。虽然课本上讲授的题目相对较简单，但是大家最好养成好的编程习惯，别把这一步漏掉。

编程的第二步是"设计"，就是弄明白计算机该怎么做这件事。设计的内容包括两方面：

设计算法和设计程序的代码结构，使程序更易于修改、扩充、维护等。

编程的第三步是"编写程序"，即把设计的结果变成一行行代码，输入到程序编辑器中。

编程的第四步是"调试程序"，即编译源代码，变成可执行程序，运行，看是否能得到想要的结果，若不能得到想要的结果，就需要查找问题，修改代码，再重新编译、运行，直到得到正确的结果。

有的读者往往觉得把程序代码写出来就万事大吉了，其实不然，"调试程序"在整个编程过程中也很重要，特别是初学者，通过调试程序，可以掌握一些看书时忽视的问题。初学者将程序源代码写出来运行不了不要灰心丧气。试着慢慢调试程序，可能会发现，有时仅是一个分号或一个括号，导致程序运行出错。

C 语言程序是结构化的程序，是由顺序、选择、循环三种基本结构组成的。这种程序便于编写、阅读、修改和维护。

结构化程序设计强调程序设计风格和程序结构的规范化，提倡清晰的结构。其基本思路是：把一个复杂问题的求解过程分阶段进行，每个阶段处理的问题都控制在人们容易理解和处理的范围内。即采取以下方法保证得到结构化的程序：①自顶向下；②逐步细化；③模块化设计；④结构化编码。

在日常生活中，每做一件事情其实也都有算法，只不过因为对做这些事情的步骤非常熟悉不用特别考虑而使人们忽视罢了。

【例 1-4】 某位同学在晚上作了如下计划：若睡觉前作业做完了就上网查资料，上完网再睡觉；作业没做完就继续做作业，直到睡觉。这件事情所对应的算法流程图如图 1-4 所示。

对例 1-4 的分析采用结构化设计方法，自顶向下，逐步细化。首先分析这位同学一共有做作业、上网、睡觉这三项大的活动，再往下细化：作业包括数学、C 语言程序设计、英语三门课程，一门一门来完成，即整体采用顺序结构完成这次作业，流程图如图 1-5 所示。

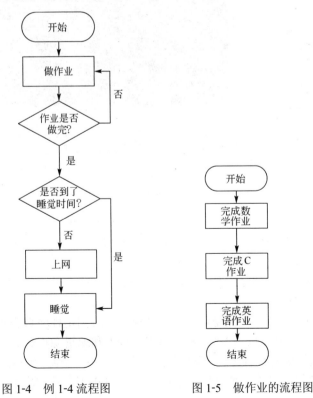

图 1-4　例 1-4 流程图　　　　图 1-5　做作业的流程图

其中数学作业是做课后习题 1.1 和 1.2，一题做完接着做下一题即可，相当于结构化程序中的顺序结构；

C 语言程序设计作业是编写程序计算 1+2+3+4+5+6 的结果，可以有多种计算方法：如法一，顺着算式一个一个数地加，即先算 1+2 再将结果与 3 相加，再依次加上 4,5,6；法二，因为 1+6=2+5=3+4，所以可以用算式(1+6)×3 来求解。在本例中可以有两种途径完成 C 语言程序作业，若想直接计算，选法一，若嫌直接计算麻烦，先找规律再做题，选法二。相当于结构化程序中的选择结构。

英语作业是背诵课文，需要反复阅读课文，直到背下为止，相当于结构化程序中的循环结构。

通过分析，每个子流程图读者就很容易画出来了。

模块化程序设计的思想是一种"分而治之"的思想，把一个大任务分成若干个子任务，每一个子任务就相对简单了。

1.4.2　C 程序的编辑

用 C 语言编写的源程序必须经过编译、连接，得到可执行的二进制文件，然后执行这个可执行文件，最后得到运行结果。这就需要用到 C 编译系统，本书中着重介绍在 Windows 环境下使用的 Visual C++ 6.0。

首先，启动 Visual C++ 6.0，得到如图 1-6 所示的主窗口。

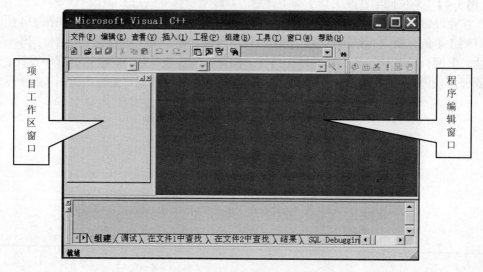

图 1-6　Visual C++ 6.0 主窗口

在 Visual C++主窗口的顶部是主菜单栏，包括 9 个菜单项：文件（File）、编辑（Edit）、查看（View）、插入（Insert）、工程（Project）、组建（Build）、工具（Tools）、窗口（Window）、帮助（Help）。

以上每个菜单项后的括号中是 Visual C++ 6.0 英文版中的英文显示，读者若使用的是英文版本，可以进行对照。

图 1-6 所示的主窗口的左侧是项目工作区窗口，右侧是程序编辑窗口。工作区窗口用来显示所设定的工作区的信息，程序编辑窗口用来输入和编辑源程序。

本节只介绍最简单的 C 程序的编辑情况——程序只由一个源程序文件组成，即单文件程序。

在 Visual C++主窗口的主菜单栏中选择"文件（File）"，然后在其下拉菜单中单击"新建

（New）"，如图 1-7 所示。

　　在弹出的"新建"对话框（见图 1-8）中，选择此对话框的左上角的"文件"选项卡，选择其中的"C++ Source File"选项，其功能是建立新的 C++源程序文件。

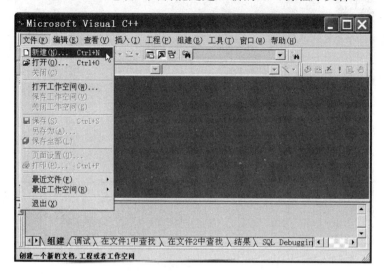

图 1-7　Visual C++ 6.0 的"文件"下拉菜单

　　在图 1-8 的右半部分的"文件名（File）"文本框中输入准备编辑的源程序文件的名字，如图中输入为"例 1-1.c"，表示要建立的是 C 源程序，这样即将进行输入和编辑的源程序就以"例 1-1.c"为文件名。

　　"位置（Location）"文本框中输入准备编辑的源程序文件的存储路径，如图中输入为"D:\C 示例"，表示源程序文件"例 1-1.c"将存放在"D:\C 示例"子目录下。

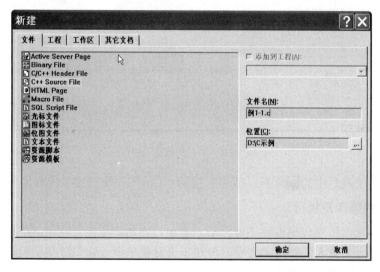

图 1-8　Visual C++ 6.0 的"新建"对话框

　　单击图 1-8 的"确定"按钮后，回到 Visual C++主窗口，此时光标在程序编辑窗口闪烁，表示程序编辑窗口已激活，可以输入和编辑源程序了。输入例 1-1 的程序，如图 1-9 所示。

　　在图 1-9 的最下面一行的椭圆形框中，显示了"行 7，列 41"，表示光标的当前位置是第 7 行第 41 列，当光标位置改变时，显示的数字也随之改变。

若源程序检查无误，则可将源程序保存在前面指定的文件中，方法是：在主菜单栏中选择"文件（File）"，在其下拉菜单中选择"保存（Save）"项，如图 1-10 所示。

图 1-9　在程序编辑窗口输入程序

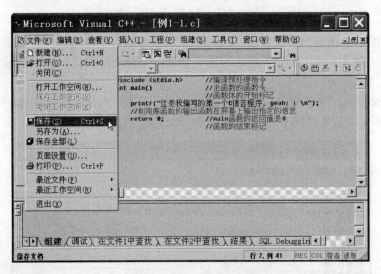

图 1-10　保存源程序文件

也可以单击工具栏中的■图标，或者直接用"Ctrl+S"快捷键来保存文件。

1.4.3　C 程序的编译及执行

例 1-1 的 C 语言程序代码编写完成之后，就可以在机器上运行它了。C 语言是一种程序设计语言，它很容易被人们看懂和接受，但对于计算机来说，它只能接受机器语言。为此必须首先把 C 语言程序翻译成相应的机器语言程序，这个工作叫编译。C 程序的编译及执行过程如图 1-11 所示。

在 Visual C++的环境中，源文件的编译可单击主菜单栏中的"组建（Build）"，在其下拉菜单中选择"编译[例 1-1.c]（Compile 例 1-1.c）"项，如图 1-12 所示。

也可以单击工具栏中的❤图标，或者直接用"Ctrl+F7"快捷键来编译程序文件。

在选择编译命令后，屏幕上出现一个对话框，如图 1-13 所示，该对话框的内容是"此编译命令要求一个有效的项目工作区，你是否同意建立一个默认的项目工作区？"

　　单击"是（Y）"按钮，表示同意由系统建立默认的项目工作区，然后开始编译。

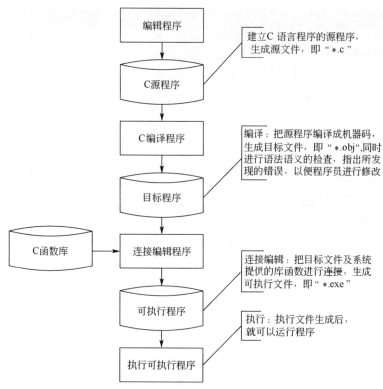

图 1-11　C 程序的编译及执行过程

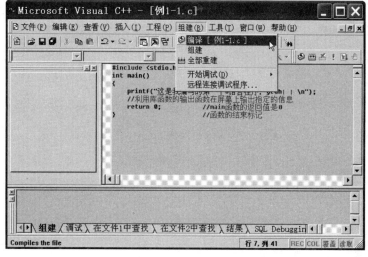

图 1-12　C 源程序的编译

图 1-13　编译文件时弹出的对话框

编译时，编译系统检查源程序中有无语法错误，然后在主窗口下部的调试信息窗口输出编译的信息，如果有错，就会指出错误的位置和性质，如图 1-14 所示。

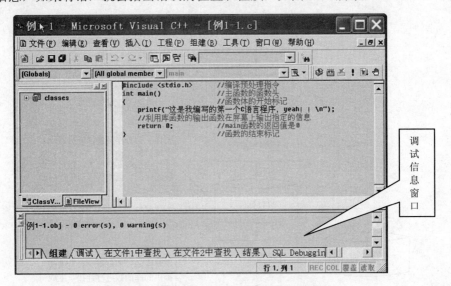

图 1-14　对文件编译后调试信息窗口的显示

由图 1-14 可看出，例 1-1 的编译结果为"0 error(s),0 warning(s)"，且产生了一个"例 1-1.obj"文件，可以接着进行连接和执行，若有错误则需根据提示信息对源程序进行调试。

在得到目标程序"例 1-1.obj"后，编译系统据此确定在连接后生成一个名为"例 1-1.exe"的可执行文件，此时选择"组建（B）"—"组建[例 1-1.exe]"，如图 1-15 所示。

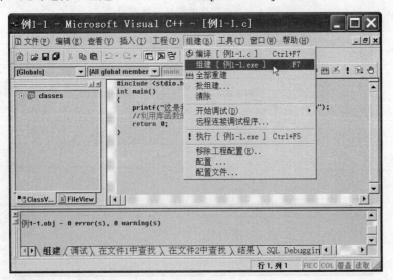

图 1-15　C 程序的组建

也可以单击工具栏中的图标，或者直接用"F7"快捷键来组建程序文件。组建程序后得到可执行文件"例 1-1.exe"。

在得到可执行文件后，就可以直接执行"例 1-1.exe"了。选择"组建（B）"—"执行[例 1-1.exe]"，如图 1-16 所示。

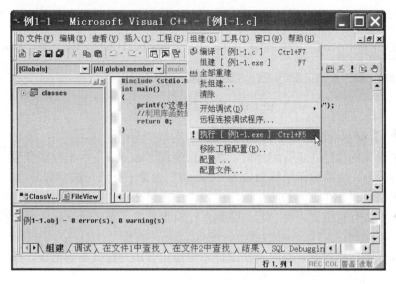

图 1-16 C 程序的执行

也可以单击工具栏中的 ! 图标，或者直接用"Ctrl+F5"快捷键来执行程序。
程序执行后，屏幕切换到输出结果的窗口，显示运行结果，如图 1-17 所示。

图 1-17 程序结果的输出窗口

1.5 常见错误分析

（1）语句后漏加分号

分号是 C 语言程序语句的不可缺少的一部分，每条语句的末尾必须有分号。有的初学者
没有注意，就会出错，例如：

```
#include <stdio.h>
int main()
{
        int data
        data=3;
        printf("data 的值为%d\n",data);
        return 0;
}
```

【编译报错信息】编译报错信息如图 1-18 所示。

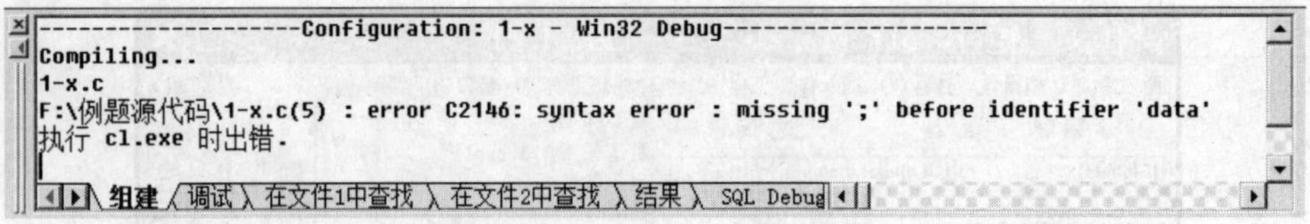

```
┌─────────────────────────────────────────────────────────────────┐
│×│──────────────────Configuration: 1-x - Win32 Debug──────────────│
│ │Compiling...                                                     │
│ │1-x.c                                                            │
│ │F:\例题源代码\1-x.c(5) : error C2146: syntax error : missing ';' before identifier 'data'│
│ │执行 cl.exe 时出错.                                              │
│ │                                                                 │
│ │◄│►│ 组建 ╲ 调试 ╲ 在文件1中查找 ╲ 在文件2中查找 ╲ 结果 ╲ SQL Debug◄│►│
└─────────────────────────────────────────────────────────────────┘
```

图 1-18　编译错误信息截图 1

【错误分析】提示语法错误，标识符"data"前缺少分号。

包含上述语句的程序在进行编译时，编译系统在"int data"后未发现分号，会接着检查下一行是否有分号，所以编译系统会认为"data=3"也是上行语句的一部分，直到分号结束，这就会出现语法错误。在上面的两行程序中，由于在第 2 行才能判断出语句有错，所以编译系统会提示在第 2 行有错误，用户若只在第 2 行检查就发现不了错误，而应该检查上一行是否漏了分号。

所以大家在调试程序时，有时若在编译系统指出有错的行找不到错误，应该在编译系统指出错误的行数的上一行或下一行检查。

但要注意#include <stdio.h>等预处理指令的行末不要加分号。

（2）使用标识符时，混淆了变量中字母的大小写

例如：

```c
#include <stdio.h>
int main()
    {
        int Score1=90, score2=80,sum;
        sum= score1+ score2;
        printf("总成绩为：%d\n",sum);
        return 0;
    }
```

【编译报错信息】编译报错信息如图 1-19 所示。

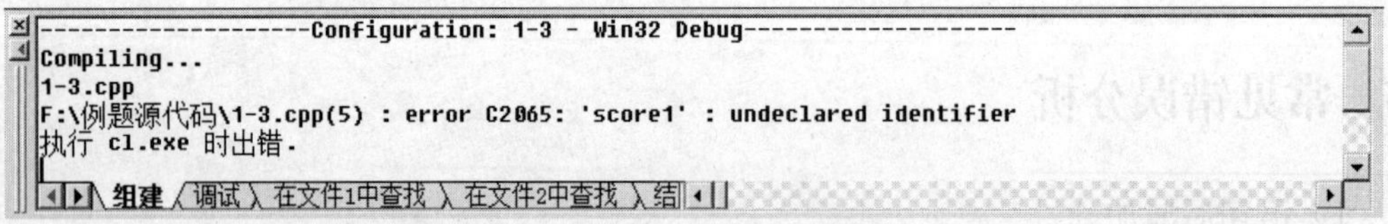

```
┌─────────────────────────────────────────────────────────────────┐
│×│──────────────────Configuration: 1-3 - Win32 Debug──────────────│
│ │Compiling...                                                     │
│ │1-3.cpp                                                          │
│ │F:\例题源代码\1-3.cpp(5) : error C2065: 'score1' : undeclared identifier│
│ │执行 cl.exe 时出错.                                              │
│ │                                                                 │
│ │◄│►│ 组建 ╲ 调试 ╲ 在文件1中查找 ╲ 在文件2中查找 ╲ 结╲│◄│►│       │
└─────────────────────────────────────────────────────────────────┘
```

图 1-19　编译错误信息截图 2

【错误分析】编译系统会提示变量 score1 未定义，这是因为 C 语言程序中字母的大写和小写代表不同的字符，编译系统认为 Score1 和 score1 是两个不同的变量，所以程序中定义了变量 Score1，但在下一行遇到 score1 时系统仍认为该变量未定义。

（3）程序语句中括号不匹配

程序语句中若有多层括号时，要注意括号的匹配。

例如：

```c
#include <stdio.h>
int main()
    {
```

```
    int a, b;
    printf("请输入两位同学的成绩：");
    scanf("%d%d",&a,&b);
    if((a+b)/2>90
        printf("学生成绩优秀！");
    return 0;
}
```

【编译报错信息】编译报错信息如图 1-20 所示。

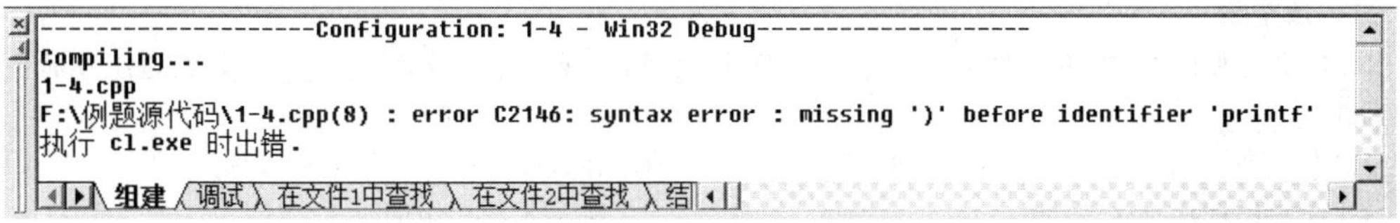

```
-------------------Configuration: 1-4 - Win32 Debug-------------------
Compiling...
1-4.cpp
F:\例题源代码\1-4.cpp(8) : error C2146: syntax error : missing ')' before identifier 'printf'
执行 cl.exe 时出错.
    组建 \ 调试 \ 在文件1中查找 \ 在文件2中查找 \ 结
```

图 1-20　编译错误信息截图 3

【错误分析】系统提示"printf"前少了一个右括号")"。因为系统检测到((a+b)/2>90 中括号不匹配。

另外函数体的花括号{}，以及函数中成对出现的引号等也需注意匹配。

本 章 小 结

本章通过一个简单程序介绍了 C 程序的基本结构，从而引出结构化程序设计方法以及 C 程序的开发步骤等，让读者对 C 语言程序设计有初步的了解。

C 语言程序设计是一门实践性非常强的课程，光纸上谈兵没用，只有多多编程，多调试程序，才能掌握这门课程的要领。

在编写程序时，为了增加程序的可读性，注意程序的缩行。

习 　 题

一、选择题

1. C 源程序文件的扩展名为（　　）。
   A．.exe　　　　　　　B．.txt　　　　　C．.c　　　　　　D．.obj

2. 算法具有五个特性,以下选项中不属于算法特性的是（　　）。
   A．简洁性　　　　　　B．有穷性　　　　C．确定性　　　D．可行性

3. 用 C 语言编写的代码程序（　　）。
   A．可立即执行　　　　　　　　　　B．是一个源程序
   C．经过编译即可执行　　　　　　　D．经过编译、连接后才能执行

4. 一个 C 程序的执行是从（　　）。
   A．本程序的 main 函数开始，到 main 函数结束
   B．本程序的第一个函数开始，到本程序文件的最后一个函数结束
   C．本程序的 main 函数开始，到本程序文件的最后一个函数结束
   D．本程序的第一个函数开始，到本程序 main 函数结束

5. C 语言规定，在一个源程序中，main 函数的位置（　　）。
   A．必须在最开始　　　　　　　　　B．必须在系统调用的库函数的后面

    C. 可以任意   D. 必须在最后

6. 一个 C 语言程序是由（   ）。

    A. 一个主程序和若干个子程序组成   B. 函数组成

    C. 若干过程组成   D. 若干子程序组成

7. 以下叙述不正确的是（   ）。

    A. 一个 C 源程序可由一个或多个函数组成

    B. 一个 C 源程序必须包含一个 main 函数

    C. C 程序的基本组成单位是函数

    D. 在 C 程序中，注释说明只能位于一条语句的后面

二、填空题

1. C 语言源程序文件的后缀是_____，经过编译后生成文件的后缀是_____，经过组建后生成文件的后缀是_____。

2. 在一个 C 源程序中，注释多行时以_____开始，并且以_____结束。

3. 结构化程序是由_____、_____、_____ 3 种基本结构组成。

4. 问题处理方案的正确而完整的描述称为_____。

5. C 语言源程序的基本单位是_____。

三、编程题

参照本章例题，编写一个 C 程序，输出以下信息：

This is my first C program!

第2章 数据类型及其运算

在介绍 C 语言的基本概念与结构之后，如果想应用 C 语言实现所需要的功能，首先要了解 C 语言的语法基础，C 程序的基本构成是数据与运算。广义的运算包含结构与函数的功能实现，这在后续章节会讲到；狭义的运算指基本运算，即各类运算符运算。作为编制程序的计算机语言，我们先了解 C 语言的基本元素：数据类型与基本运算。

2.1 基本字符和标识符

一个程序即一篇文章，如同人类语言具有其字符、单词及语法规则，计算机语言也同样，C 程序由 C 语言的基本字符组成，基本字符依据规则组成 C 语言的标识符与关键词（"单词"），再按照语法要求构成程序（"成文"）。C 语言的基本字符包括以下几项。

① 英文字母 a~z，A~Z；

② 阿拉伯数字 0~9；

③ 字符。可显示的包括!?~&_%*(){}[]:;"'<>,./|\。不显示的（或称空白符）包括一些特殊字符如空格符、换行符、制表符等。

注：C 语言基本字符需是英文输入法格式。

2.1.1 标识符

C 语言中用户命名的部分称为标识符，用来标明用户设定的变量名、数组名、函数名、结构体名、共用体名、类型名等。标识符必须由有效字符构成，所谓有效字符即是满足 C 语言命名规则的字符。

① 标识符只能由字母、下划线、数字组成，且第一个字符必须是字母或下划线，不能是数字。如 cla、_cla1、cla_2 都是合法的，但 2cla、2_cla、&123、%lsso、M.Jackson、-L2 都是错误的。

② 字母区分大小写，如 abc 和 ABC 是两个不同的标识符。

③ 不能是 C 语言中的关键字。

注：理论上 C 语言并不限制标识符的长度，但实际标识符的长度受不同 C 语言编译系统和机器系统的限制。同时应尽量使命名具备相应的意义，使标识符可以"顾名思义"，提高程序的可读性。一般来讲，可遵守"匈牙利命名法"。该命名法由名叫 Charles Simonyi 的微软匈牙利程序员发明，其基本原则是：变量名＝属性＋类型＋对象描述，以使程序员对变量的类型和其他属性有直观的了解，同时要基于容易记忆和容易理解的原则，保证名字的连贯性，为保持简洁，亦可取对象名字全称或名字的一部分。如 char cStuName，通过变量名便可以了解到此为字符型表征学生名字的变量。

2.1.2 关键字

C 语言中系统规定具有特别意义的字符串称为关键字（亦称保留字）。关键字不能作为用户标识符。在一些支持 C 语言的系统，如 VC 中，关键字会自动以蓝色显示，与一般符号区分开来。C 语言的关键字见表 2-1，分为以下几类。

① 类型说明符。如表明整型的 int、表明字符型的 char 等。

② 语句定义符。用于表示语句的功能，如条件选择结构中的 if、else，循环结构中的 for、

while、do 等。

③ 预处理命令字。表示一个预处理命令，如文件包含预处理命令 include 等。

表 2-1 C 语言中的关键字

int	long	short	float	double	char
const	signed	unsigned	if	else	for
while	do	switch	case	continue	break
default	auto	register	static	extern	void
return	struct	union	enum	typedef	volatile
goto	sizeof	include			

2.2 常量与变量

常量是程序运行过程中其值不变的量。变量则是程序运行过程中其值可以改变的量。

2.2.1 常量与符号常量

C 语言中常量有两种。一种为字面常量，字面常量不需定义，是非定义量，即通常的数字与字符，如 456、−23、67.9、3.1415926 或字符'A'、'b'，字符串 "China" 等。

第二种为自定义常量，或称符号常量，即以一个标识符来代表某一个字面常量，通常利用 C 语言的宏定义命令#define 来实现。如

#define PI 3.1415926

其含义是以标识符 PI 来代表数据 3.1415926，宏定义命令之后，程序中凡是用到 3.1415926 的地方都可以用更简单的标识符 PI 来替代。宏定义的作用是给常量起 "别名"，可以简化程序中的数据表示，减少重复书写的工作量，意义明确的 "别名" 还可以增强程序的可读性。同时使用宏定义符号常量的可维护性好，当需要修改某一常量时，只要修改宏定义中的常量即可，不必逐一修改。

有关宏定义进一步的内容在 "预处理命令" 一章中会详细介绍。

2.2.2 变量

值在程序中可改变的量称为变量。变量有三个属性：①变量名，即变量的名字，是用户定义的标识符。变量的使用即使用变量名。②存储空间，每个变量在内存中都占用一定的存储单元，如同名字为变量名的一个小房间。存储空间的大小由变量类型决定。③变量值，即存储空间中所存放的变量的值。

C 语言中，对任何变量都必须 "先定义，后使用"，只有在定义了变量的名字、数据类型之后，才能对变量进行各种运算。变量的定义即确定变量名并同时确定了变量所占据的存储空间，只有这两个条件满足后，才能对其进行操作，通常变量的操作即改变变量的值。

注：C 语言中不论变量、函数、数组等都必须符合 "先定义，后使用" 的原则。

2.3 数据类型

完整的变量定义语句包含两个元素：变量名与数据类型。数据类型规定了变量的三类限制：①变量所占存储空间的大小，存储空间以字节为单位，如整型变量占 2 个字节，浮点型占 4 个字节。②规定了变量的取值范围，变量的取值范围与存储空间大小有关，如整型取值范

围为-32768～32767，浮点型取值范围为-3.4×10^{-38}～3.4×10^{38}。③变量能进行的运算。如只有整型或字符型数据可以进行"取余"运算，而其他类型则不能。

C 语言的数据类型分为四类：基本类型、在基本类型基础上构建的构造类型、用于地址操作的指针类型、空类型。其中基本类型有四类：字符型、整型、实型、枚举型；构造类型包括数组类型、结构体类型及共用体类型。同时基本类型还可依长短及是否带符号细分。C 语言的数据类型如图 2-1 所示。

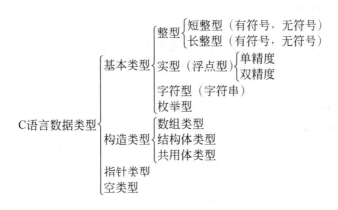

图 2-1　C 语言数据类型

注：存储类型以字节为单位，实际长度由机器字长决定。整型取值范围与存储长度一致，如 2 字节，即-2^{15}～2^{15}-1，但浮点型的取值范围还与其系统存储格式有关。

2.3.1　整型数据

整型数据即整常数（常量）和表示整数的变量，C 语言中整型数据可以有三种表示形式。

① 十进制。如 15，-1555。

② 八进制。C 语言中八进制以数字 0 开头，只能用 0～7 这 8 个数字组合表达。如 0271 对应十进制的 $2×8^2+7×8^1+1×8^0=185$。

③ 十六进制。C 语言中十六进制以 0x 或 0X 开头，只能用 0～9 这十个数字及字母 A～F 组合表达。如 0x61F 对应十进制的 $6×16^2+1×16^1+15×16^0=1567$。

整型数据按存储空间长度可分为三种。

① 基本型：关键字为 int。基本整型数据占 2 个字节（16 位），最高位为正负符号位，取值范围为-32768～32767。

如：int day;

定义了变量名为 day，类型为基本整型的一个变量。

② 短整型：关键字为 short int（int 可省略不写）。短整型与基本整型一致，亦是占 2 个字节，最高位为符号位，取值范围与基本型相同。

如：short int day,month;

或　short day,month;

定义了短整型的两个变量，变量名分别为 day 和 month。

③ 长整型：关键字为 long int（int 亦可省略不写）。长整型占 4 个字节（32 位），最高位为符号位，取值范围为-2^{31}～2^{31}-1，即-2147483648～2147483647。

如：long int avg;

或　long avg;

定义了变量名为 avg 的长整型变量。

以上基本整型、短整型及长整型定义的数据皆是可正可负的，可以看成是省略了关键字 signed 的有符号类型，即上述定义亦可写成：

signed int day;

signed short day,month;

signed long avg;

如需要规定变量的值必须为正，则需定义为无符号的数，关键字为 unsigned。定义无符号型只需在上述三种整型关键字之前加上 unsigned 即可，如：

unsigned int day;

unsigned short int day;

unsigned long int day,month;

无符号关键字只适应于整型。无符号基本型与短整型取值范围为 $0 \sim 2^{16}-1$ 即 $0 \sim 65535$，无符号长整型取值范围为 $0 \sim 2^{32}-1$，即 $0 \sim 4294967295$。

C 语言中变量必须"先定义，后使用"，由上面的示例可以看出，C 语言变量定义的格式为：

存储类型　数据类型标识符　变量 1,变量 2,…,变量 n;

其中存储类型表示变量在内存中的存储方式，可省略。关于存储类型后续"函数"一章中将会详细介绍。

下面通过一个程序示例看一下整型变量的定义与使用。

【例 2-1】　一个简单的计算程序。

```c
#include <stdio.h> /*将文件 stdio.h 包含进来*/
int main()
{
    int a,b; /*定义整型变量 a，b*/
    int cal; /*定义整型变量 cal*/
    a=20; /*为变量赋初值*/
    b=12; /*为变量赋初值*/
    cal=a*b+(a+b); /*进行计算*/
    printf("cal=%d\n",cal); /*输出 cal 的值*/
    return 0;
}
```

【运行结果】程序运行结果如图 2-2 所示。

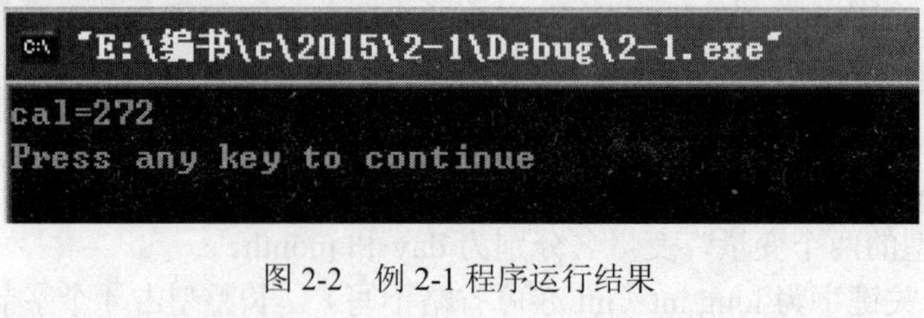

```
cn "E:\编书\c\2015\2-1\Debug\2-1.exe"
cal=272
Press any key to continue
```

图 2-2　例 2-1 程序运行结果

【程序说明】因为变量 a,b,cal 都是整型变量，所以输出结果用"%d"格式。

用格式输出函数 printf 输出整型时，输出格式采用%d 或%ld（长整型），标准输出函数 printf 在 2.6 节中会进一步介绍。

2.3.2　实型数据

实型数据即带小数的数值（实数），或称浮点数。C 语言中实型常量只用十进制形式，但其表示方式有两种，直接十进制形式，如 0.0123、−456.78，及指数形式，如 1.23e−2、−4.5678e2。

注：指数形式通常用来表示一些比较大的数值，格式为：实数部分+字母 E 或 e+正负号+整数部分，其中的 e 表示十次方，并非常规数学表达中的自然底数，正负号表示指数部分的符号，整数为幂的大小。字母 E 或 e 之前必须有数字，之后的数字必须为整数。

C 语言中实型变量按长度大小分为以下三类。

① 单精度型。关键字为 float，占 4 个字节（32 位），提供 7 位有效数字，取值范围为$-3.4 \times 10^{-38} \sim 3.4 \times 10^{38}$。

② 双精度型。关键字为 double，占 8 个字节（64 位），提供 16 位有效数字，取值范围为$-1.7 \times 10^{-308} \sim 1.7 \times 10^{308}$。

③ 长双精度型。关键字为 long double，占 16 个字节（128 位），取值范围为$-1.2 \times 10^{-4932} \sim 1.2 \times 10^{4932}$。

注：计算机中实型数据实际上是以指数形式存储的，用二进制数来表示小数部分以及用 2 的幂次来表示指数部分。但不同长度类型，如单精度，32 位中究竟用多少位来表示小数部分，多少位来表示指数部分（包括符号），各种 C 编译系统不尽相同。通常小数部分占的位数愈多，数的有效数字愈多，精度愈高，指数幂部分占的位数愈多，则能表示的数值范围愈大。由于实型变量由有限的存储单元组成，能提供的有效数字总是有限的，在有效位以外的数字将无法正确处理，由此可能会产生一些误差，称为实型数据的舍入误差。VC 系统中单精度有效数字为 7 位，超过 7 位将无法正确显示。如：

【例 2-2】　输出一个单精度实数。

```c
#include <stdio.h>/*将文件 stdio.h 包含进来*/
int main()
{
    float f; /*定义实型变量 f*/
    f=201212.2222; /*为变量赋初值*/
    printf("f=%f\n",f); /*输出 f 的值*/
    return 0;
}
```

【运行结果】程序运行结果如图 2-3 所示。

图 2-3　例 2-2 程序运行结果

【程序说明】float 型实数 f 只接受 7 位有效数字，所以，小数点前六位和小数点后一位能正确显示。

用格式输出函数 printf 输出实型时，输出格式采用%f（单精度）或%lf（双精度）。f 从第一位小数之后无法正确显示。通常可用 double 类型或 long double 类型来扩展有效数字范围。如采用 double 类型后可以正确显示。

【例 2-3】　输出一个双精度实数。

```c
#include <stdio.h> /*将文件 stdio.h 包含进来*/
int main()
{
    double f; /*定义实型变量 f*/
    f=201212.2222; /*为变量赋初值*/
    printf("f=%lf\n",f); /*输出 f 的值*/
    return 0;
}
```

【运行结果】程序运行结果如图 2-4 所示。

图 2-4　例 2-3 程序运行结果

【程序说明】double 型实数 f 以%lf 格式输出时，输出 6 位小数。

格式%f、%lf 默认输出 6 位小数，不足 6 位补 0，多于 6 位只保留 6 位，多余位数四舍五入。

2.3.3　字符型数据

C 语言中字符常量必须用单引号括起来，单引号中只能为单个字符。如 'A'、'a'、'8'、'&' 等。字符型数据在 C 语言中是以 ASCII 码形式存储的，字符常量的值就是其对应的 ASCII 码的值（见附录 ASCII 代码对照表）。如字符 'a' 的 ASCII 值为 97，'A' 的 ASCII 值为 65，'8' 对应的 ASCII 值为 24，由此亦可见字符 '8' 与数字 8 的区别。因为 ASCII 值为整型，故 C 语言中字符型数据与整型数据可以互用，如 'a'-32 相当于 97-32，等于 65，对应的字符为 'A'，同理 'A'+32 即字符 'a'，这也是字母大小写转换的一种方法。

C 语言中还有一类特殊字符，称为转义字符，以 "\" 开头，根据右斜杠后面的不同字符表达相应的特定含义。转义字符通常表示一些控制代码和功能定义。常用转义字符如下：

\n　回车换行

\b　退格

\r　回车

\t　水平制表，即横向跳到下一制表位置

\v　垂直制表，即竖向跳到下一制表位置

\\　反斜线符\

\'　单引号符'

\"　双引号符"

\a 鸣铃

\f 走纸换页

\ddd 1～3 位八进制数所代表的字符

\xhh 1～2 位十六进制数所代表的字符

实际上任何一个字符都可以用转义字符\ddd 或\xhh 来表示，ddd 和 hh 分别为八进制和十六进制的 ASCII 代码，如'\101'表示字母'A'、'\134'表示右斜杠，'\x0A'表示换行等。

字符型变量定义的关键字为 char，在内存中占一个字节。前面说过字符型数据和整型数据可以互用，但是整型占 2 个字节，字符型只占 1 个字节，故当整型量按字符型量处理时，只有低八位参与处理。

【例 2-4】 字符型变量的定义与使用。

```
#include <stdio.h> /*将文件 stdio.h 包含进来*/
int main()
{
    char low,upp; /*定义字符型变量 low，upp*/
    low='a'; /*为变量赋初值*/
    upp=low-32; /*进行计算*/
    printf("low=%c,upp=%c\n",low,upp); /*输出 low,upp 的值*/
    printf("low=%d,upp=%d\n",low,upp); /*输出 low,upp 的值*/
    return 0;
}
```

【运行结果】程序运行结果如图 2-5 所示。

图 2-5　例 2-4 程序运行结果

【程序说明】输出字符型数据时，输出格式为%c 时输出字符，输出格式为%d 时输出字符对应的 ASCII 值。

除单个字符，C 语言还可以处理多个字符组成的常量或变量，称为"字符串"。字符串是用一对双引号括起来的一个或多个字符，如"China"、"How are you！"等。C 语言中并没有字符串类型，字符串的处理需要通过字符型数组。关于数组在"数组"一章中将集中介绍，这里不作详述。要注意的是，字符'A'和字符串"A"是不同的。C 语言中规定字符串必须有结束标志，结束标志为字符'\0'（其 ASCII 值为 0），加在字符串末尾。因此此字符串"A"实际上包含两个字符：'A'与'\0'，占 2 个字节，而字符'A'只占 1 个字节，要注意它们的区别。

2.4　数据类型的转换

C 语言允许不同类型的数据混合运算，运算中可按照一定的自动规则或人为干预进行类型转换。数据类型的转换有两种方式：隐式类型转换和显式类型转换。

2.4.1 隐式类型转换

隐式类型转换由编译系统自动进行，不需人为干预，转换遵循以下三个基本规则。

① 如参与运算的变量类型不同，则先转换成同一类型，然后进行运算。

② "低级向高级转换"原则，如果运算中有几种不同类型的操作数，则统一转换为类型最高的数据的类型，再进行运算。如：

int a;

float b;

double c;

a=1;

b=2.0;

c=3.0;

则计算 a+b+c 时，先将 a,b 皆转成 double 型，然后计算，所得结果为 double 型。

各种类型转换方向如图 2-6 所示。

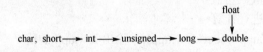

图 2-6　数据类型转换方向

注：float 型数据在运算时系统一律先转换成双精度型再进行计算，以提高运算精度。故整型向浮点型转换时不指向 float 类型，而是直接指向 double 类型。

③ 赋值运算两边的数据类型不同时，赋值号右边量的类型将转换为左边量的类型。如上面 a+b+c 计算结果为 double 型，如定义另一个整型变量 d，将计算结果赋给 d：

int d;

d=a+b+c;

则计算结果会再转换为整型赋给 d，d 得到的值仍为整型。因为右边量的数据类型高于左边，故会丢失一部分数据，此处只保留整数部分。

2.4.2 强制类型转换

强制类型转换即显式类型转换，作用是将表达式的结果强制转换成类型标识符所指定的数据类型。运算格式为：

(类型标识符)(表达式);

【例 2-5】 强制类型转换。

```
#include <stdio.h> /*将文件 stdio.h 包含进来*/
int main()
{
    int a=5; /*定义整型变量 a，并赋值*/
    float b=3.1415,c=1.17; /*定义实型变量 b，c*/
    a=2*(int)c;      /* 将 c 表示的浮点值强制转换为整型,结果为 1,乘法式等价于 a=2*1;
但 c 仍然为浮点型*/
    b=(int)(2.78+a);   /* 将 2.78+a 的结果强制转换为整型,结果为 4,但 b 仍为浮点型,
```

其值为 4.000000 */

```
        printf("a=%d,b=%f,c=%f\n",a,b,c); /*输出 a,b,c 的值*/
        return 0;
    }
```

【运行结果】程序运行结果如图 2-7 所示。

图 2-7 例 2-5 程序运行结果

【程序说明】类型转换只作用于表达式的结果，并不改变各个变量本身的数据类型。

2.5 运算符和表达式

运算表达式是对数据进行操作和处理的基本单位，一个运算表达式由两个元素组成：运算量与运算符。运算量包括常量与变量，而 C 语言提供了很多基本运算符来实现各种运算处理，这些运算符主要分为以下几类。

① 算术运算符：+、−、*、/、%（求余，或称模运算）。

② 自增自减运算符：++、−−。

③ 关系运算符：用于比较运算，包括>、<、>=、<=、==（相等）、!=（不相等）。

④ 逻辑运算符：用于逻辑运算，包括&&（与）、||（或）、!（非）三种。

⑤ 位运算符：按二进制位进行运算，包括&（位与）、|（位或）、~（位非）、^（位异或）、<<（左移）、>>（右移）六种。

⑥ 条件运算符：?:，条件运算符是 C 语言中唯一一个三目运算符，用于条件求值。

⑦ 赋值运算符：共 11 种，分为三类。

简单赋值：=。

复合算术赋值：+=、−=、*=、/=、%=。

复合位运算赋值：&=、|=、^=、>>=、<<=。

⑧ 逗号运算符：，。

⑨ 指针运算符：亦称取值运算符 *。

⑩ 地址运算符：亦称取址运算符 &。

⑪ 构造类型特殊运算符：包括 .（引用成员运算符）、→（指向成员运算符）、[]下标运算符。

⑫ 圆括号运算符：()。

⑬ 大括号运算符：{}。

⑭ 长度运算符：sizeof（类型标识符）用于计算数据类型所占的字节数。

⑮ 类型转换运算符：(类型标识符)(表达式)。

2.5.1 算术运算符和算术表达式

（1）算术运算符及其表达式

加法运算符：+，如 1+1。

减法运算符：−，如 2−1。

乘法运算符：*，如 3*7。

除法运算符：/，如 5/2。

模运算符，即取余运算符：%，如 9%2。

要注意的是以下两点。

① 除法运算符/，如果是两个整数相除，则结果亦为整数，小数部分将被去掉，如 5/2=2，而并非等于 2.5。只要有一个是浮点数，被除数也好除数也好，结果才为浮点数。

② 模运算符%，只适用于两个整数取余，其两个运算变量只能是整型或字符型（ASCII 码），不能是其他类型。其余数结果的符号由被除数决定，如 7%(−3)=1，而(−7)%3=−1。

（2）算术运算符的优先级与结合性

运算表达式的计算依运算符的优先级从高到低依次执行。算术运算符的优先级和基本四则运算法则一致，先乘除后加减，模运算符与乘除同级。

在一个运算量两侧同优先级的运算符，按结合律方向进行。算术运算符的结合律皆为"左结合性"，同优先级算术运算符按"自左向右"方向进行计算。如 a+b−c，先计算 a+b，再执行减 c 的运算。

2.5.2　赋值运算符和赋值表达式

（1）赋值运算符及其表达式

赋值运算符的作用是将一个数据赋给一个变量，分为简单赋值与复合赋值。复合赋值是将计算与赋值联系起来，将依变量计算的结果赋给该变量，既有计算的功能又有赋值的功能，复合赋值又分复合算术赋值及复合位运算赋值。

① 简单赋值运算符：= ，如 a=3，a=b。

② 复合算术赋值：

加赋值运算符：+=，如 a+=b，等价于 a=a+b；

减赋值运算符：−=，如 a−=b，等价于 a=a−b；

乘赋值运算符：*=，如 a*=b，等价于 a=a*b；

除赋值运算符：/=，如 a/=b，等价于 a=a/b；

模赋值运算符：%=，如 a%=b，等价于 a=a%b。

③ 复合位运算赋值：

按位与赋值运算符：&=，如 a&=b，等价于 a=a&b，即将 a 和 b 按位与所得结果赋给 a；

按位或赋值运算符：|=，如 a|=b，等价于 a=a|b，即将 a 和 b 按位或所得结果赋给 a；

按位异或赋值运算符：^=，如 a^=b，等价于 a=a^b，即将 a 和 b 按位异或所得结果赋给 a；

位右移赋值运算符：>>=，如 a>>=b，等价于 a=a>>b，即将 a 右移 b 位后所得结果赋给 a；

位左移赋值运算符：<<=，如 a<<=b，等价于 a=a<<b，即将 a 左移 b 位后所得结果赋给 a。

所有赋值运算符都是将右边的值赋给左边，因此运算符左边只能为变量。

（2）赋值运算符的结合性

赋值运算符都为同一优先级，遵循"右结合性"，其结合方向为"自右向左"。如以下例子。

【例 2-6】　赋值运算符的结合性。

```
#include <stdio.h> /*将文件 stdio.h 包含进来*/
int main()
{
    int a=5; /*定义整型变量 a，并赋值*/
    a*=a-=25; /*进行计算*/
    printf("a=%d\n",a); /*输出 a 的值*/
    return 0;
}
```

【运行结果】程序运行结果如图 2-8 所示。

图 2-8　例 2-6 程序运行结果

【程序说明】因为赋值运算符为右结合性，故先计算 a–=25，即 a=a–25，a 的值变为–20，再计算 a*=a,即 a=a*a，最后结果 a=400。

2.5.3　自增自减运算符

（1）自增自减运算符及其表达式

自增运算符++及自减运算符--的作用是让变量加 1 或减 1，常用于循环结构中。但自增自减运算符都有前置与后置之分，前置后置决定了变量使用与计算（加 1 或减 1）的顺序：

自增运算符前置，如++i，是先将 i 的值加 1，再使用加 1 后 i 的值；

自增运算符后置，如 i++，是先使用 i 当前的值，再将 i 加 1；

自减运算符前置，如--i，是先将 i 的值减 1，再使用减 1 后 i 的值；

自减运算符后置，如 i--，是先使用 i 当前的值，再将 i 减 1。

自增自减运算符只能作用于变量，不能用于常量或表达式，如 3++、(x*y)--都是不合法的。

【例 2-7】　利用自增自减运算符运算。

```
#include <stdio.h> /*将文件 stdio.h 包含进来*/
int main()
{
    int a=10,b,c; /*定义整型变量 a,b,c，并给 a 赋值*/
    b=a++;     /* 此处++后置，故先用 a 的当前值赋给 b，即 b=a，b 为 10，然后 a 加 1，
a 变为 11*/
    c=--a;    /* 此处--前置，故 a 先减 1，又变为 10，然后将此值赋给 c，c 为 10 */
    printf("a=%d,b=%d,c=%d\n",a,b,c); /*输出 a,b,c 的值*/
    return 0;
}
```

【运行结果】程序运行结果如图 2-9 所示。

图 2-9　例 2-7 程序运行结果

【程序说明】注意区分自增自减运算符前置与后置的区别。

与例 2-7 等价程序段如下：

```c
#include <stdio.h> /*将文件 stdio.h 包含进来*/
int main()
{
    int a=10,b,c; /*定义整型变量 a,b,c，并给 a 赋值*/
    b=a; /* 将 a 的值赋给 b*/
    a++; /* a 的值加 1*/
    a--; /* a 的值减 1*/
    c=a; /*将 a 的值赋给 c */
    printf("a=%d,b=%d,c=%d\n",a,b,c); /*输出 a,b,c 的值*/
    return 0;
}
```

【运行结果】程序运行结果如图 2-10 所示。

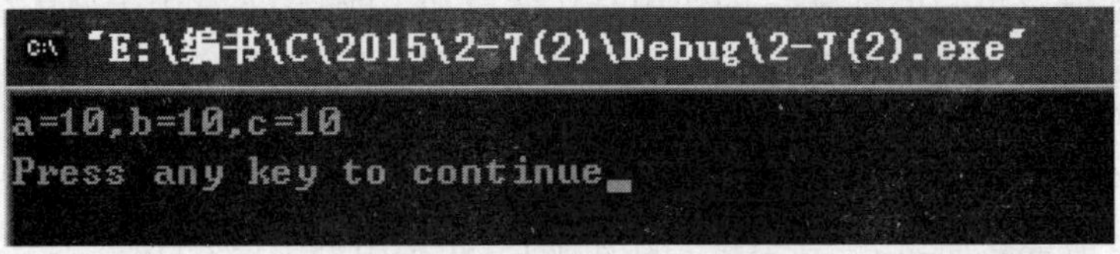

图 2-10　例 2-7 等价程序运行结果

（2）自增自减运算符的结合性

自增自减运算符为右结合性，结合方向为"自右向左"。需要注意的是，由于自增自减运算符不能作用于表达式，因此一个运算量两侧不能同时使用自增或自减运算，如--i++是不合法的。所谓自增自减运算符的结合性是与其他同优先级的运算符，如负号运算符-、逻辑非运算符!出现在一个运算量两侧时，按"自右向左"方向计算。

【例 2-8】　自增自减运算符的结合性。

```c
#include <stdio.h> /*将文件 stdio.h 包含进来*/
int main()
{
    int i=3,j; /*定义整型变量 i,j，并给 i 赋值*/
    j=-i++; /*先将-i 的值赋给 j,i 的值再加 1*/
    printf("j=%d,i=%d\n",j,i); /*输出 j,i 的值*/
    return 0;
}
```

【运行结果】程序运行结果如图 2-11 所示。

图 2-11 例 2-8 程序运行结果

【程序说明】因为负号运算符与++运算符优先级相同，则表达式 j=—i++等价于 j=—（i++）。因为 i++中自增运算符后置，所以 i 取负赋给 j,i 再加 1。

2.5.4 逗号运算符和逗号表达式

（1）逗号运算符及其表达式

C 语言中逗号可作间隔符，如 int a,b,c;亦可作为运算符，用于连接多个表达式，其一般形式为：

表达式 1,表达式 2,…,表达式 n

逗号表达式运算时将从左至右依次求取各个表达式的值（先求表达式 1，然后求表达式 2……直至求解完表达式 n），而整个逗号表达式的值为最后一个表达式的值。如 a=3,b=2，则表达式 c=(a+b,a–b);的结果为 1。

（2）逗号运算符的优先级及结合性

逗号运算符在全部运算符里优先级最低，因此最好将整个逗号表达式用圆括号括起来，否则意义可能会不同。如 a=3,b=2，则执行 c=a+b,a–b;后，c 的值为 5，这里是将 c=a+b 作为表达式 1，a–b 为表达式 2，构成逗号表达式，因此表达式 1 即 c=a+b 执行后，c 等于 5。

逗号运算符结合律为自左向右。因为逗号表达式将逗号连接的各个表达式从左至右依次计算，因此如果前后表达式用到相同的变量，则前面表达式中变量值发生变化将会影响后面的表达式。如 a=20，则 x=(a*=12，a+12)的结果为 252。

逗号表达式可嵌套使用，如 a+b,(a*b,a–b)，等价于 a+b,a*b,a–b。

2.6 数据的输入和输出

C 语言数据通过输入输出函数实现。C 语言提供了一批标准输入输出函数，这些函数包含在一些头文件中，称为库函数，要使用这些函数必须在程序开始先用文件包含命令#include 包含这些头文件。本节将介绍一些常用的标准输入输出函数，这些函数包含在 stdio.h 文件中，故在程序头必须添加命令#include"stdio.h"，或#include <stdio.h>。

2.6.1 格式输入函数 scanf

格式输入函数 scanf 将数据按规定的格式从键盘上读入到指定变量中。函数使用形式为：
scanf("格式控制字符串",输入项地址列表);
如 scanf("a=%d,b=%f",&a,&b);
说明以下两点。

① 格式控制字符串包含两部分：格式符与普通字符。格式符用于规定输入的格式，如%d、%f 等，规定了输入数据的类型、长度等；普通字符是需按原样输入的字符，如前面的 a=、b=及中间的逗号。

② 输入项地址列表，由需要输入数据的变量的地址组成。变量的地址需用取地址运算

符&得到。实际上，变量的地址是由 C 编译系统分配的，用户更需要关心变量的值，而不必关心具体的地址是多少。多个输入项之间用逗号分开。

利用 scanf 函数从键盘读入数据时，需注意以下几点。

① 输入多个数据时可用空格键、回车键或 TAB 键作分隔符进行分隔，最后以回车键作为结束。通常来讲，因为每个字符型变量对应一个字符，不存在二义性，因此字符的输入除非格式符中有空格或者其他分隔符，否则不可以用分隔符。如：

scanf("%c%c",&a,&b);

可输入：

AB<回车>

如输入：

A　B<回车>

则相当于 a 读入了字符 A，而 b 读入了空格，意义完全不一样。

如在两个格式符中加入空格，改为：

scanf("%c　%c",&a,&b);

则输入：

A　B<回车>

是正确的。

对于其他类型的变量，如整型、浮点型，数据之间必须用分隔符分开，否则可能存在分辨错误。如：

scanf("%d%d",&a,&b);

如想令 a 为 12，b 为 34，输入：

1234<回车>

此时未加分隔，则 a 将读入 1234，b 没有输入，出现错误。

正确输入法方式为：

12　34<回车>

或：

12<回车>

34<回车>

或：

12<TAB>

34<回车>

以上三种方式皆可。

② 输入数据个数与顺序要与 scanf 函数规定的一致。

③ 如果格式控制字符串中有普通字符，都必须依原样输入，否则可能发生严重错误。如前面的：

scanf("a=%d,b=%f",&a,&b);

如想令 a 为 3，b 为 4，则输入时必须完整输入：

a=3,b=4<回车>

其中的 a=及 b=包括当中的逗号都必须原样输入，否则出错。

下面对 C 语言中的格式符进行详细说明。这些格式符不仅用于格式输入函数 scanf，也用于格式输出函数 printf。

格式符皆以%为开始标记，其形式为：

%[m][l 或 h]数据类型说明字母

其中方括号中为任选项，可以没有，但数据类型说明字母不能缺少。

① 数据类型说明字母：

d 输入十进制整数；

o 输入八进制整数；

x 输入十六进制整数；

u 输入无符号十进制整数；

f 输入小数形式实型数；

e 输入指数形式实型数；

c 输入单个字符；

s 输入字符串。

② l 和 h 为长度格式符。l 用于规定长整型和双精度型，h 则规定输入为短整型。

%ld、%lo、%lx 表示输入数据为长整型（十进制、八进制、十六进制）；

%lf、%le 表示输入数据为双精度型（小数形式、指数形式）；

%hd、%ho、%hx 表示输入数据为短整型。

③ m 为十进制整数，用于指定输入数据的宽度（即数字个数）。如：

scanf("%4d",&a);

输入：

123456<回车>

则只读入 4 位给变量 a，即 a 为 1234，后面的 5、6 被去除。如输入小于 4 位则不影响。对指定了宽度的格式输入，数据之间可以无分隔符，将根据各自宽度来读入。如：

scanf("%3d%3d",&a,&b);

输入：

123456<回车>

则 a 等于 123，b 等于 456。

注：对于浮点型，数据宽度为数据的整体宽度，包括小数点在内，即数据宽度 m=整数位数+1（小数点）+小数位数。格式输入函数只能指定数据整体宽度，无法指定小数位数，这与后面讲到的格式输出函数 printf 是不同的。如：

scanf("%3f%3f",&a,&b);

输入：

1.23.4

则 a 等于 1.200000，b 等于 3.400000。

如输入：

1234.5

则 a 等于 123.000000，b 等于 4.500000。

如输入：

1.234.5

则 a 等于 1.200000，b 等于 34.000000。

2.6.2　格式输出函数 printf

格式输出函数 printf 将指定的数据按指定的格式输出到显示器上。其使用形式为：

printf("格式控制字符串"，输出项列表);

　　printf 函数中的格式控制字符串与 scanf 函数一致，包含格式符与普通字符。格式符用于控制输出的格式，普通字符将原样输出显示。如

　　printf("a=%d,b=%f",a,b);

　　其中%d、%f 即为格式符，a=、b=及中间的逗号即普通字符，会原样显示在屏幕上。a,b 为输出项列表。

　　printf 函数中的格式符与 scanf 函数一致，皆以%为开始标记，但相比要复杂一些，其形式为：

　　%[±][0][m][.n][l 或 h]数据类型说明字母

　　① 数据类型说明字母与 scanf 一致，有少许扩充：

　　d 以十进制整数形式输出；

　　o 以八进制整数形式输出；

　　x 或 X 以十六进制整数形式输出；

　　u 以无符号十进制整数形式输出；

　　f 以小数形式实型数输出；

　　e 或 E 以指数形式实型数输出；

　　c 以单个字符形式输出；

　　s 以字符串形式输出；

　　g 或 G 由系统决定采用%f 格式还是%e 格式，以使输出宽度最小，不输出无意义的 0；

　　% 打印百分号（%为格式符开始标记，因此要输出%本身，必须以"%%"形式方可）。

　　② l 或 h 的含义与 scanf 函数中相同，l 表输出长精度数据，如长整型或双精度，h 表输出短整型。

　　③ m.n 用于指定输出数据的宽度。

　　输出整数时：只有 m，没有.n 部分。m 表示整数的位数（数字的个数）。

　　输出浮点数时：m 指定数据总宽度，含义与 scanf 函数相同，m=整数位数+1（小数点）+小数位数。n 指定小数位数。如：float a=6.18033;

　　printf("%4.2f ",a);

　　输出结果：

　　6.18

　　输出字符时：m 为输出字符的总长度，n 为输出字符的实际个数。n 小于等于 m，当 n 小于 m 时，不足的部分补 0 或空格。m.n 只用于字符串，不用于输出单个字符。如：

　　printf("%4.2s","China");

　　输出结果：

　　□□Ch

　　此处□表示空格。

　　④ [0]指定输出数据空位置的填充方式，指定 0 则以 0 填充，不指定默认填充空格。如：float a=6.18033;

　　printf("%06.2f",a);

　　输出结果：

　　006.18

　　⑤ ±指定输出数据的对齐方式：指定+时，输出右对齐；指定−时，输出左对齐；不指定时缺省为+，默认右对齐。如：float a=6.18033;

　　printf("%6.2f\n",a);

printf("%-6.2f",a);

输出结果：

　　6.18

6.18

printf 亦用于直接打印字符串，这是 printf 最简单的输出功能。如：

printf("Please input an integral");

则运行后屏幕上显示：

Please input an integral

由于格式输入函数 scanf 中的格式控制字符串并不显示在执行窗中，因此一般最好在
scanf 函数前利用 printf 函数输出一些提示语句。

2.6.3　字符输入函数 getchar

字符输入函数 getchar 的功能是从输入设备上读入一个字符，其返回值即为所读入的字符，一般与赋值语句联用，将读取的字符赋给变量。如：

char c;

c=getchar();

getchar 函数只读取单个字符，如果输入多于一个字符，则只读取第一个字符。

2.6.4　字符输出函数 putchar

字符输出函数 putchar 的功能是向输出设备输出一个字符，其调用形式为：

putchar(c);

c 为欲输出的字符常量或变量，亦可为整型常量或变量（ASCII 码）。如：

putchar('A');

则输出字符 A。

char c='B';

purchar(c);

则输出字符 B。

putchar(65);

输出 ASCII 码为 65 对应的字符，即字母 a。

2.7　赋值语句和顺序结构程序设计

2.7.1　赋值语句

赋值语句即实现赋值功能的语句，使用赋值运算符。这里主要讨论 "=" 运算符构成的赋值语句。其形式为：

变量=表达式；

表达式可以为常量、变量或运算式。

对变量的赋值可在两个部分实现：一个是变量初始化；另一个是赋值语句。虽然都起到给变量赋值的作用，但两者在使用时是有区别的。

① 变量初始化指在对变量定义的同时赋值，如：

int a=3;

有初始化的变量在编译完成后便已赋值。赋值语句赋值主要指定义后赋值，变量在执行

过程中被赋值改变。如：

    int a,b;

    a=3;

    b=a;

② 赋值语句可嵌套，即表达式亦可为赋值表达式，因此赋值语句可以实现连等，如：

    a=b=c=d=4;

此语句是合法的。但变量初始化，不可实现连等，如：

    int a=b=c=d=4;

是不合法的。如需实现初始化，可写为：

    int a=4,b=4,c=4,d=4;

2.7.2　顺序结构程序设计

    C 语言为结构化程序设计语言，分为三种基本结构：顺序结构、选择结构、循环结构。顺序结构是最基本的结构，程序从上到下依次执行。实际上选择与循环结构都为局部结构，是在整体顺序结构框架中的。顺序结构程序按照需实现的功能逻辑顺序进行设计。

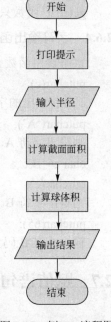

    【例 2-9】　输入球半径，分别求球的截面面积及体积，并输出。程序流程图如图 2-12 所示。

```
#include <stdio.h> /*将文件 stdio.h 包含进来*/
#define PI 3.1415926   /* 定义符号常量，以 PI 替代圆周率数值 */
int main()
{
    float r,area,vol; /*定义实型变量 r,area,vol */
    printf("Input the radius:\n");   /* 打印提示 */
     scanf("%f",&r);                /* 输入半径 */
     area=PI*r*r;                   /* 求截面面积 */
     vol=4.0/3.0*PI*r*r*r;          /* 求体积 */
    printf("area=%f,vol=%f\n",area,vol);        /*输出 area,vol 的值*/
     return 0;
}
```

图 2-12　例 2-9 流程图

【运行结果】程序运行结果如图 2-13 所示。

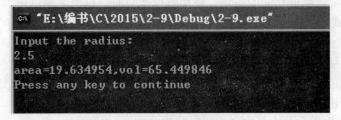

图 2-13　例 2-9 程序运行结果

    【程序说明】程序顺序执行，先输入半径，再求面积和体积，最后输出结果。

【例 2-10】　输入三角形边长，求三角形面积（三角形面积公式 $area = \sqrt{s(s-a)(s-b)(s-c)}$，其中 s 为 $\frac{1}{2}(a+b+c)$。程序流程图如图 2-14 所示。

```
#include <stdio.h> /*将文件 stdio.h 包含进来*/
#include <math.h> /*将文件 math.h 包含进来*/
int main( )
{
        float a,b,c,s,area; /*定义实型变量 a,b,c,s,area */
        printf("Input three length of side:\n");        /* 打印提示 */
        scanf("a=%f,b=%f,c=%f",&a,&b,&c);         /* 分别输入三
个边长 */
        s=1.0/2*(a+b+c);                          /* 计算 s */
        area=sqrt(s*(s-a)*(s-b)*(s-c));        /* 计算三角形面积 */
        printf("s=%7.2f,area=%7.4f\n",s,area); /*输出 s,area 的值*/
            return 0;
}
```

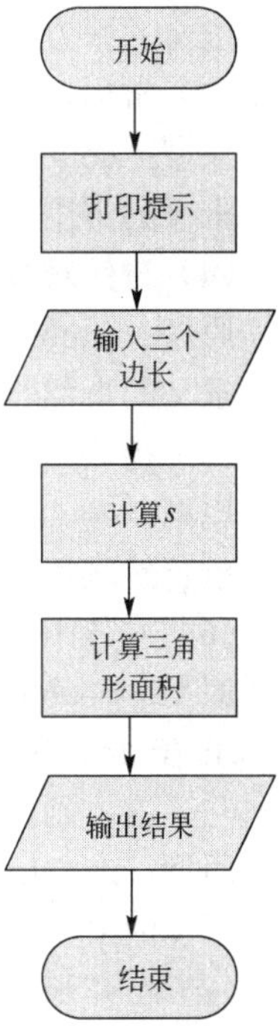

图 2-14　例 2-10 流程图

【运行结果】程序运行结果如图 2-15 所示。

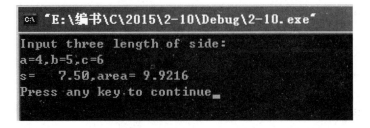

图 2-15　例 2-10 程序运行结果

【程序说明】程序顺序执行，先输入三个边长，再求面积，最后输出。

2.8　数学函数

　　例 2-10 中的开方运算用到了开方函数 sqrt()，这是 C 语言提供的数学函数，和前面的输入输出函数 printf、scanf、getchar、putchar 一样属于库函数。数学函数包含在头文件 math.h 中，因此要使用数学函数，必须在文件头先使用文件包含命令 #include"math.h" 或 #include<math.h>。C 语言提供了丰富的数学函数方便用户使用。下面举一些常用的数学函数。

　　（1）绝对值函数：abs()

　　原型：int abs(int i);

　　用于求整数的绝对值。如 a=abs(-5);则 a=5。labs()及 fabs()分别用于求长整型数和实数的绝对值。

　　（2）开方函数：sqrt()

　　原型：double sqrt(double x);

求 x 的平方根。如 a=sqrt(2);则 x=1.414214。

（3）常用对数函数：log10()

原型：double log10(double x);

求 x 的常用对数（10 为底）。如 a=log10(10);则 a=1.000000。

（4）自然对数函数：log()

原型：double log(double x);

求 x 的自然对数。如 a=log(10);则 a=2.302585。

（5）指数函数：exp()

原型：double exp(double x);

求自然底数 e 的 x 次方。如 a=exp(2);则 a=7.389056。

（6）次方函数（10 为底）：pow10()

原型：double pow10(int p);

求 10 的 p 次方。如 a=pow10(2);则 a=100。

（7）次方函数：pow()

原型：double pow(double x, double y);

求 x 的 y 次方。如 a=pow(5,3);则 a=125.000000。

（8）正弦函数：sin()

原型：double sin(double x);

求正弦。如 a=sin(3.14159);则 a=0.000003。

（9）余弦函数：cos()

原型：double cos(double x);

求余弦。如 a=cos(3.14159);则 a=−1.000000。

（10）正切函数：tan()

原型：double tan(double x);

求正切。如 a=tan(3.14159);则 a=−0.000003。

（11）反正弦函数：asin()

原型：double asin(double x);

求反正弦值。如 a=asin(1);则 a=1.570796。

（12）反余弦函数：acos()

原型：double acos(double x);

求反余弦值。如 a=acos(1);则 a=0.000000。

（13）反正切函数：atan()

原型：double atan(double x);

求反正切。如 a=atan(1);则 a=0.785398。

2.9　应用举例

【例 2-11】　用*组成大写字母 A 并打印。

【问题分析】根据分析可知，本题需要输出至少 5 行信息，本题可利用 printf 函数将双引号之间的字符内容原样显示出来。

【参考代码】

```
#include <stdio.h> /*将文件 stdio.h 包含进来*/
```

```c
int main( )
{
    printf("    *    \n"); /* 输出一个* */
    printf("   * *   \n"); /* 输出两个* */
    printf("  *****  \n"); /* 输出五个* */
    printf(" *     * \n"); /* 输出两个* */
    printf("*       *\n"); /* 输出两个* */
    return 0;
}
```

【运行结果】程序运行结果如图 2-16 所示。

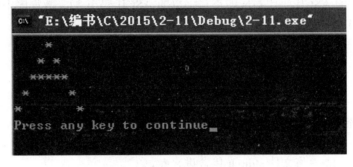

图 2-16   例 2-11 程序运行结果

【程序说明】

① 程序中 5 次使用了 printf 函数。每执行一个 printf 函数，在运行窗口都会显示一行字符。

② 在每一个 printf 函数要输出的字符串末尾都含有字符 "\n"，即在输出完一行字符后，显示屏上的光标位置移到下一行的开头。

【例 2-12】   输入一个小写字母，将其变成大写字母并显示。

【问题分析】根据分析可知，将小写字母的 ASCII 码通过算术运算转换成大写字母的 ASCII 码就能输出大写字母。

【参考代码】

```c
#include <stdio.h> /*将文件 stdio.h 包含进来*/
int main( )
{
    char c1,c2;   /*定义字符型变量 c1,c2 */
    printf("Please enter a lowercase letter:\n"); /*输出提示信息*/
    c1=getchar(); /*输入一个字符*/
    c2=c1-32; /*进行计算*/
    putchar(c2); /*输出一个字符*/
    printf("\n");/*回车换行*/
    return 0;
}
```

【运行结果】程序运行结果如图 2-17 所示。

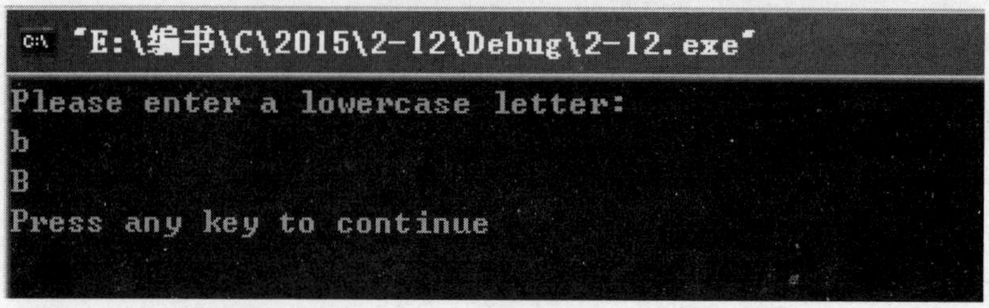

图 2-17　例 2-12 程序运行结果

【程序说明】

① 利用 getchar() 和 putchar() 函数来输入输出一个字符。

② 大写字母的 ASCII 码比对应的小写字母的 ASCII 码小 32，故程序中利用 c1-32 得到大写字母的 ASCII 码。

【例 2-13】　实现收银功能：输入货品 A-F 数量及顾客所付钱数，计算应付钱款及找零。货品 A 单价 5 元，货品 B 单价 6.8 元，货品 C 单价 3.6 元，货品 D 单价 7.2 元，货品 E 单价 8.5 元，货品 F 单价 2.3 元。

【问题分析】根据分析可知，货品数量乘以单价就得到该货品的应付款数，所有货品的应付款相加就得到顾客总的应付钱款，顾客已付款减去应付款就得到找零数。

【参考代码】

```c
#include <stdio.h> /*将文件 stdio.h 包含进来*/
#define PA 5 /*定义符号常量 PA*/
#define PB 6.8 /*定义符号常量 PB */
#define PC 3.6 /*定义符号常量 PC */
#define PD 7.2 /*定义符号常量 PD */
#define PE 8.5 /*定义符号常量 PE */
#define PF 2.3 /*定义符号常量 PF */
int main( )
{
    int a,b,c,d,e,f; /*定义整型变量 a,b,c,d,e,f */
    float sum,pay,change; /*定义实型变量 sum,pay,change */
    printf("Enter the number of A:\n"); /*输出提示信息*/
    scanf("%d",&a); /*输入一整数，存放在变量 a 中*/
    printf("Enter the number of B:\n"); /*输出提示信息*/
    scanf("%d",&b); /*输入一整数，存放在变量 b 中*/
    printf("Enter the number of C:\n"); /*输出提示信息*/
    scanf("%d",&c); /*输入一整数，存放在变量 c 中*/
    printf("Enter the number of D:\n"); /*输出提示信息*/
    scanf("%d",&d); /*输入一整数，存放在变量 d 中*/
    printf("Enter the number of E:\n"); /*输出提示信息*/
    scanf("%d",&e); /*输入一整数，存放在变量 e 中*/
    printf("Enter the number of F:\n"); /*输出提示信息*/
    scanf("%d",&f); /*输入一整数，存放在变量 f 中*/
    sum=PA*a+PB*b+PC*c+PD*d+PE*e+PF*f;
```

```
printf("The total price is %6.2f\n",sum); /*输出 sum 的值*/
printf("Enter the pay of custom:\n"); /*输出提示信息*/
scanf("%f",&pay); /*输入一实数，存放在变量 pay 中*/
change=pay-sum; /*进行计算*/
printf("The change is %6.2f\n",change); /*输出 change 的值*/
return 0;
}
```

【运行结果】程序运行结果如图 2-18 所示。

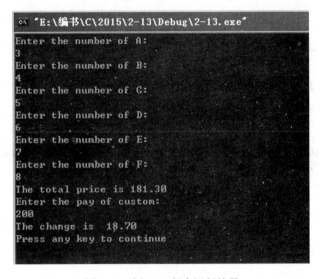

图 2-18　例 2-13 程序运行结果

【程序说明】

① 调用六次 scanf()函数输入六种商品数量，计算出应付款存放在变量 sum 中。

② 再次调用 scanf()函数输入实际付款数，计算出找零数存放在变量 change 中。

2.10　常见错误分析

C 语言编程需遵循其语法规则，现对初学者常见的错误作一些分析，写程序时要避免这些错误，并养成良好的编程习惯。

① 遗漏分号、引号、逗号等，是初学者容易疏漏的地方。

```
#include <stdio.h>
main( )
{
    int a=1
    printf("a=%d\n",a);
}
```

【编译报错信息】编译报错信息如图 2-19 所示。

```
-------------------Configuration: text1 - Win32 Debug-------------------
Compiling...
text1.c
e:\编书\c\2015\报错信息\text1.c(5) : error C2146: syntax error : missing ';' before identifier 'printf'
执行 cl.exe 时出错.
```

图 2-19　缺少分号编译错误信息截图

【错误分析】提示语法错误，缺少分号。

```
#include <stdio.h>
main( )
{
    char c;
    c=B;
    printf("c=%c\n",c);
}
```

【编译报错信息】编译报错信息如图 2-20 所示。

```
-------------------Configuration: text1 - Win32 Debug-------------------
Compiling...
text1.c
E:\编书\c\2015\报错信息\text1.c(5) : error C2065: 'B' : undeclared identifier
执行 cl.exe 时出错.
```

图 2-20　未定义编译错误信息截图

【错误分析】B 未定义，实际上是字符必须用单引号括起来，正确用法是：c='B'；

```
#include <stdio.h>
main( )
{
    int a;
    a=10;
    printf("a=%d\n,a);
}
```

【编译报错信息】编译报错信息如图 2-21 所示。

```
-------------------Configuration: text1 - Win32 Debug-------------------
Compiling...
text1.c
E:\编书\c\2015\报错信息\text1.c(6) : error C2001: newline in constant
E:\编书\c\2015\报错信息\text1.c(7) : error C2143: syntax error : missing ')' before '}'
执行 cl.exe 时出错.
```

图 2-21　缺失双引号编译错误信息截图

【错误分析】printf 函数中缺失了一个双引号"，使得系统无法正确判断，提示缺少函数及语句结束标志。

```
#include <stdio.h>
main( )
{
    int a b;
```

```
    a=10;
    b=10;
    printf("a=%d,b=%d\n",a,b);
}
```

【编译报错信息】编译报错信息如图 2-22 所示。

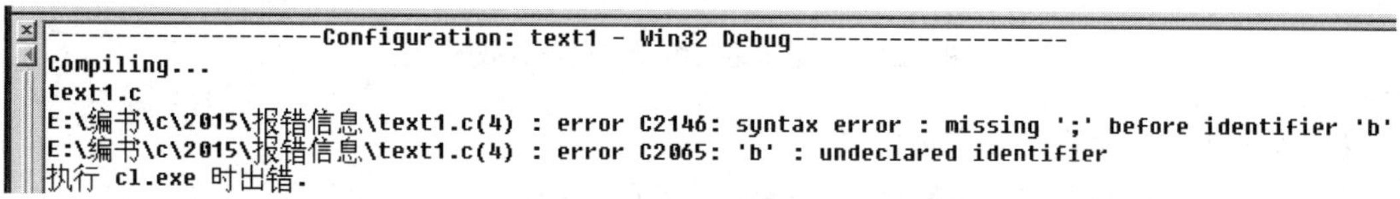

```
-------------------Configuration: text1 - Win32 Debug-------------------
Compiling...
text1.c
E:\编书\c\2015\报错信息\text1.c(4) : error C2146: syntax error : missing ';' before identifier 'b'
E:\编书\c\2015\报错信息\text1.c(4) : error C2065: 'b' : undeclared identifier
执行 cl.exe 时出错.
```

图 2-22　漏掉逗号编译错误信息截图

【错误分析】提示字符 b 前缺失分号及变量 b 未定义，实际是 a 和 b 之间漏掉了逗号，使得系统无法识别变量 b。

另外要注意的是 C 语言只识别英文输入，中文输入字符无法编译（注释中的内容不编译，故注释中可以使用中文输入）

```
#include <stdio.h>
main( )
{
    int a;
    a=10;
    printf("a=%d\n",a);
}
```

【编译报错信息】编译报错信息如图 2-23 所示。

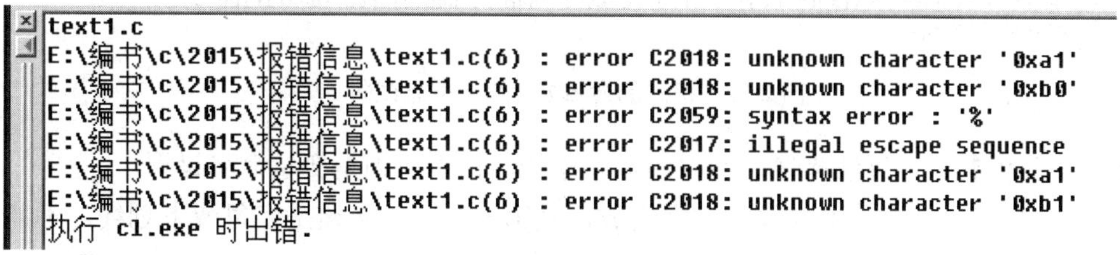

```
text1.c
E:\编书\c\2015\报错信息\text1.c(6) : error C2018: unknown character '0xa1'
E:\编书\c\2015\报错信息\text1.c(6) : error C2018: unknown character '0xb0'
E:\编书\c\2015\报错信息\text1.c(6) : error C2059: syntax error : '%'
E:\编书\c\2015\报错信息\text1.c(6) : error C2017: illegal escape sequence
E:\编书\c\2015\报错信息\text1.c(6) : error C2018: unknown character '0xa1'
E:\编书\c\2015\报错信息\text1.c(6) : error C2018: unknown character '0xb1'
执行 cl.exe 时出错.
```

图 2-23　中文输入编译错误信息截图

【错误分析】printf 函数中使用的是中文输入法的双引号。

② 变量必须"先定义，后使用"，否则编译报错。如：

```
#include <stdio.h>
main( )
{
    int a=1,b=2;
    int c;
    c=a+d;
    printf("%d\n",c);
}
```

【编译报错信息】编译报错信息如图 2-24 所示。

```
x  ------------------Configuration: text2 - Win32 Debug-------------------
   Compiling...
   text2.c
   e:\编书\c\2015\报错信息\text2.c(6) : error C2065: 'd' : undeclared identifier
   执行 cl.exe 时出错.
```

图 2-24　变量未定义编译错误信息截图

【错误分析】提示变量 d 未被定义。

③ C 语言标识符有其命名原则，错误的命名编译无法通过。如：

```
#include <stdio.h>
main( )
{
        int num1=1,2num=2;
        int A;
        A=num1+2num;
        printf("%d\n",A);
}
```

【编译报错信息】编译报错信息如图 2-25 所示。

```
x  Compiling...
   text3.c
   e:\编书\c\2015\报错信息\text3.c(4) : error C2059: syntax error : 'bad suffix on number'
   e:\编书\c\2015\报错信息\text3.c(4) : error C2059: syntax error : 'constant'
   e:\编书\c\2015\报错信息\text3.c(6) : error C2059: syntax error : 'bad suffix on number'
   e:\编书\c\2015\报错信息\text3.c(6) : error C2146: syntax error : missing ';' before identifier 'num'
   e:\编书\c\2015\报错信息\text3.c(6) : error C2065: 'num' : undeclared identifier
   执行 cl.exe 时出错.
```

图 2-25　错误的命名编译错误信息截图 1

【错误分析】提示语法错误，错误的数字添加，根本原因是变量命名错误。

标识符只能由字母、下划线、数字组成，且第一个字符必须是字母或下划线，不能是数字，因此报错。编译时因为这个错误还会提示一系列错误，但这个错误更正后，则所有错误消失，编译通过。这里 2num 改成 num2 即可通过。

又如：

```
#include <stdio.h>
main( )
{
        int num1=1,num2=2;
        int A;
        A=num1+num2;
        printf("%d\n",a);
}
```

【编译报错信息】编译报错信息如图 2-26 所示。

```
×|-------------------Configuration: text3 - Win32 Debug------------------
◄| Compiling...
  text3.c
  E:\编书\c\2015\报错信息\text3.c(7) : error C2065: 'a' : undeclared identifier
  执行 cl.exe 时出错.
```

图 2-26　错误的命名编译错误信息截图 2

【错误分析】提示变量 a 未定义，因为 C 语言中字母区分大小写，A 和 a 是两个不同的标识符，不能混淆。

又如：

```c
#include <stdio.h>
main( )
{
    int register=2;
    printf("%d\n",register);
}
```

【编译报错信息】编译报错信息如图 2-27 所示。

```
×|-------------------Configuration: text3 - Win32 Debug------------------
◄| Compiling...
  text3.c
  E:\编书\c\2015\报错信息\text3.c(4) : error C2513: 'int ' : no variable declared before '='
  E:\编书\c\2015\报错信息\text3.c(5) : error C2059: syntax error : 'type'
  执行 cl.exe 时出错.
```

图 2-27　错误的命名编译错误信息截图 3

【错误分析】提示 int 之后无变量定义，register 标识符存在语法错误，这是因为 register 为 C 语言关键字，关键字不能作为用户标识符。

④ 数据类型存在取值范围及有效位限制，如整数取值范围为−32768～32767，单精度有效位为 7 位，在变量赋值时不能超限，一些 C 系统对超限数据无法正确处理（一些 C 系统对整型仍可处理，如 VC6.0），但超限编译并不报错，是编程者需要小心的地方。同时数据类型还有所能参与的运算的限制，如取余运算只能用于整数，而两个整数相除与同值浮点数相除结果又不同。

超限错误可见例 2-2，又如：

```c
#include <stdio.h>
main( )
{
    char a,b;
    a=1270;
    printf("%d\n",a);
}
```

执行结果：

−10

字符型数据占一个字节，其取值范围为−128～127，ASCII 码一般取正数部分即 0～127，超出其取值范围，以整数形式显示时无法正确显示。

```c
#include <stdio.h>
main( )
{
    float a=5.0,b=2.0;
    int c;
    c=a%b;
    printf("%d\n",c);
}
```

【编译报错信息】编译报错信息如图 2-28 所示。

```
--------------------Configuration: text4 - Win32 Debug--------------------
Compiling...
text4.c
e:\编书\c\2015\报错信息\text4.c(6) : error C2296: '%' : illegal, left operand has type 'float '
e:\编书\c\2015\报错信息\text4.c(6) : error C2297: '%' : illegal, right operand has type 'float '
执行 cl.exe 时出错.
```

图 2-28　数据类型非法编译错误信息截图

【错误分析】提示取余运算符%左右数据类型非法。

```c
#include <stdio.h>
main( )
{
    float a1,a2;
    a1=5/2;
    a2=5.0/2;
    printf("a1=%f,a2=%f\n",a1,a2);
}
```

运行结果：

a1=2.000000,a2=2.500000

两个整数相除，其结果也是整数，因此小数部分被去掉，只保留整数部分作为结果，故 a1 只得到整数部分，等于 2.000000，只要除数或被除数有一个浮点数，则结果方为浮点数，a2 得到完整的结果。

⑤ 运算符的错误运用。如自增自减运算只适用于变量，不能用于常量和表达式：

```c
#include <stdio.h>
main( )
{
    int a;
    a=++5;
    printf("a=%d\n",a);
}
```

【编译报错信息】编译报错信息如图 2-29 所示。

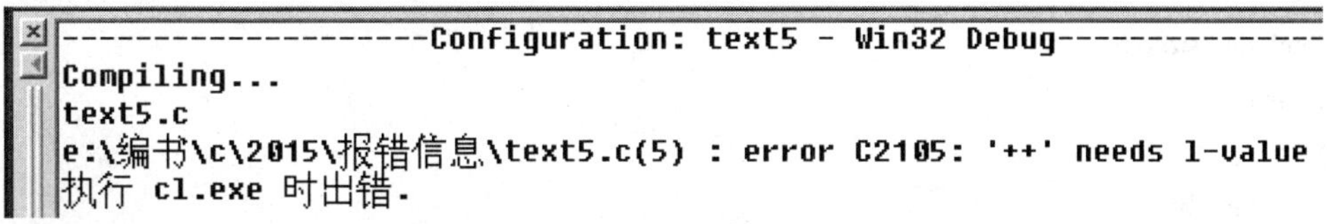

```
×□  --------------------Configuration: text5 - Win32 Debug--------------
 ▲  Compiling...
 ▼  text5.c
    e:\编书\c\2015\报错信息\text5.c(5) : error C2105: '++' needs l-value
    执行 cl.exe 时出错.
```

图 2-29　错误运用运算符编译错误信息截图

【错误分析】提示自增运算符需作用于变量。

⑥ 变量初始化错误。赋值语句中可实现连等，但变量初始化不可连等。

```c
#include <stdio.h>
main( )
{
    int a=b=c=2;
    printf("a=%d,b=%d,c=%d\n",a,b,c);
}
```

【编译报错信息】编译报错信息如图 2-30 所示。

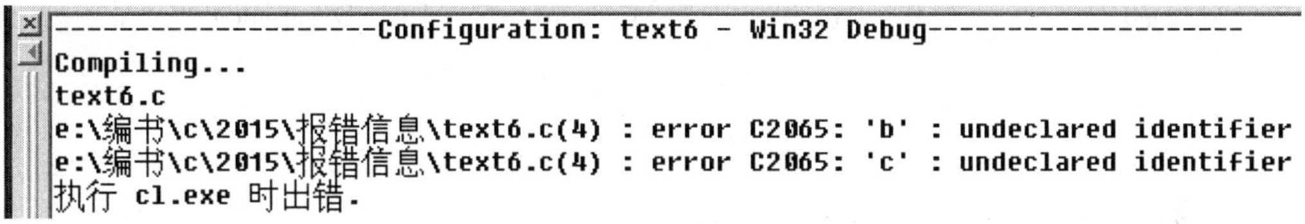

```
×□  --------------------Configuration: text6 - Win32 Debug--------------
 ▲  Compiling...
 ▼  text6.c
    e:\编书\c\2015\报错信息\text6.c(4) : error C2065: 'b' : undeclared identifier
    e:\编书\c\2015\报错信息\text6.c(4) : error C2065: 'c' : undeclared identifier
    执行 cl.exe 时出错.
```

图 2-30　变量初始化错误编译错误信息截图

【错误分析】提示 b,c 未定义，变量初始化同时起到说明变量的作用，不可连等。

本 章 小 结

本章介绍了 C 语言中标识符、几种基本的数据类型、运算符及标准输入输出函数。阐述 C 语言中相关的规则规定及基于它们的应用，包括顺序结构设计。最后对 C 语言这一章相关的常见错误作了简要介绍。

习　题

一、选择题

1. 在 C 语言中，用户能使用的正确标识符是（　　）。
   A. 5f　　　　　　　B. _for　　　　　　　C. int　　　　　　　D. _f.5

2. 以下为正确的 C 语言常量的是（　　）。
   A. 0678　　　　　　B. '\0101'　　　　　C. 1.2E3.5　　　　　D. 123

3. 设 char x='a';则 printf("x=%d,y=%c\n",x,97);的输出是（　　）。
   A. x=a,y=97　　　　B. x=97,y=a　　　　C. x=97,y=97　　　　D. x=a,y=a

4. 在以下运算符中，优先级最高的运算符是（　　）。
   A. <=　　　　　　　B. /　　　　　　　　C. !=　　　　　　　D. &&

5. 以下程序运行后，a 和 b 的值分别为（　　）。

```
#include <stdio.h>
main()
{
    int a,b;
    a=10%3,b=5;
    printf("%%%d,%%%d", a , b);
}
```

　　A．%%1,%%%5　　　　B．%1,%5　　　　　C．%%3,%%5　　　　D．1,5

6．若已定义 x 和 y 为 double 类型，则表达式 x=1，y=x+3/2 的值是（　　　）。

　　A．1　　　　　　　B．2　　　　　　　C．2.0　　　　　　　D．2.5

7．若有以下程序段：

```
int c1=1,c2=2,c3;
c3=1.0/c2*c1;
```

则执行后，c3 中的值是（　　　）。

　　A．0　　　　　　　B．0.5　　　　　　C．1　　　　　　　D．2

8．若变量 a、i 已正确定义，且 i 已正确赋值，合法的语句是（　　　）。

　　A．a==1　　　　　B．++(a+i);　　　　C．a=a+=5;　　　　D．a=int(i);

9．有如下程序：

```
main( )
{
    int y=3,x=3,z=1;
    printf("%d %d\n",(++x,y++),z+2);
}
```

运行该程序的输出结果是（　　　）。

　　A．3 4　　　　　　B．4 2　　　　　　C．4 3　　　　　　D．3 3

10．设有说明语句：char a='\72';则变量 a（　　　）。

　　A．包含 1 个字符　　B．包含 2 个字符　　C．包含 3 个字符　　D．说明不合法

11．设 int a,b,c;执行表达式 a=b=1，a++，b+1，c=a+b--后，a，b 和 c 的值分别是（　　　）。

　　A．2, 1, 2　　　　　B．2, 0, 3　　　　　C．2, 2, 3　　　　　D．2, 1, 3

12．设有定义：float a=2,b=4,h=3;以下 C 语言表达式与代数式计算结果不相符的是（　　　）。

　　A．(a+b)*h/2　　　B．(1/2)*(a+b)*h　　C．(a+b)*h*1/2　　D．h/2*(a+b)

二、填空题

1．初始化值是 0.618 的双精度变量 a 的定义形式为_____。

2．表达式 a=1,a+=1,a+1,a++的值是_____。

3．执行语句 a=5+(c=6);后，变量 a、c 的值依次为_____。

4．整型变量 x 的值为 23，语句 printf("%o\\n", x);的输出结果为_____。

5．有以下程序：

```
#include <stdio.h>
main()
{
    char ch1,ch2;  int n1,n2;
    ch1=getchar();  ch2=getchar();
    n1=ch1- '0' ;  n2=n1*10+(ch2- '0' );
```

```
      printf("%d\n",n2);
   }
```

程序运行时输入：12<回车>，执行后输出结果是_____。

三、编程题

1．编程：输入 a、b 两个整数，交换两数后输出。

2．编程：输入两个复数，求其积后输出。

3．编程：鹅兔同笼，已知鹅兔头总数为 10，脚总数为 28，求鹅和兔各有多少只？

第3章　选择结构及其应用

在现实生活中，人们经常需要根据不同的条件作出选择，而在计算机程序设计过程中，也可通过某一个或若干条件的判断，有选择地执行特定语句，这就是选择结构。选择结构是一种使程序具有判断能力的程序结构。

本章主要介绍在 C 语言中实现选择结构的程序设计方法，选择结构主要通过 if 语句或 switch 语句来实现。

3.1　关系运算符和关系表达式

3.1.1　关系运算符

在程序中经常需要比较两个量的大小关系，以决定程序下一步的工作。比较两个量的运算符称为关系运算符，所谓"关系运算"实际上就是"比较运算"，即将两个操作数进行比较并产生运算结果 0（假）或 1（真）。C 语言提供的关系运算符有 6 种，如表 3-1 所示。

表 3-1　关系运算符

运　算　符	功　　能	运　算　符	功　　能
<	小于	>=	大于等于
<=	小于等于	==	等于
>	大于	!=	不等于

说明以下几个问题。

① C 语言中的小于等于、大于等于、等于、不等于运算符（<=、>=、==、!=）的表示与数学中的表示（≤、≥、=、≠）不同。

② 在以上 6 种关系运算符中，前 4 种（<、<=、>、>=）的优先级相同，后两种（==、!=）的优先级相同，前 4 种的优先级高于后两种。例如，a>=b!=b<=3 等价于（a>=b）!=（b<=3）。

③ 关系运算符的结合性为从左到右。

④ C 语言中"=="是关系运算符，用来判断两个数是否相等，请读者注意与等号"="的区别，例如：x==3 是要判断 x 的值是否为 3，x=3 是使 x 的值为 3。

3.1.2　关系表达式

关系表达式是指用关系运算符将两个数（或表达式）连接起来，进行关系运算的式子，例如，以下均是合法的关系表达式。

3<2，a>b，a<b+c　，c>b==a　，a=b>c。

关系表达式的结果是逻辑值，即"真"或"假"，关系不满足，结果为假（用 0 表示），关系满足，结果为真（用 1 表示）。若 a=1，b=2，c=3，则：

关系表达式"3<2"的值为"假"，表达式的值为 0；

关系表达式"a>b"的值为"假"，表达式的值为 0；

关系表达式"a<b+c"的值为"真"，表达式的值为 1；

关系表达式"c>b==a"的值为"真"，因为 c>b 的值为 1，等于 a 的值，所以表达式的值为 1；

关系表达式"a=b>c"的值为"假"，因为 b>c 的值为 0，所以赋值后 a 的值为 0。

3.2　逻辑运算符和逻辑表达式

C 语言中，对参与逻辑运算的所有数值，都转换为"逻辑真"或"逻辑假"后才参与逻辑运算，如果参与逻辑运算的数值为 0，则把它作为"逻辑假"处理，将所有非 0 的数值都作为"逻辑真"处理。

3.2.1　逻辑运算符

有的时候，要求一些关系同时成立，有的时候可能要求其中的某一个关系成立就可以，这时，需要用到逻辑运算符。C 语言中有三种逻辑运算符：逻辑与(&&)、逻辑或(||)、逻辑非（!）。

逻辑运算符及其对应的功能及说明如表 3-2 所示。

表 3-2　逻辑运算符

运　算　符	功　　能
&&	逻辑与，双目运算符，左右两个数都为"真"时才为"真"，否则为"假"
||	逻辑或，双目运算符，左右两个数都为"假"时才为"假"，否则为"真"
!	逻辑非，单目运算符，改变当前数的值，真变假，假变真

逻辑运算的真值表如表 3-3 所示。

表 3-3　逻辑运算真值表

a	b	a&&b	a||b	!a	!b
真	真	真	真	假	假
真	假	假	真	假	真
假	真	假	真	真	假
假	假	假	假	真	真

说明如下。

① 三种运算符的优先级由高到低依次为：!、&&、||。

② 逻辑运算符中的"&&"和"||"的结合性为从左到右，"!"的结合性为从右到左。

③ 关系运算符的优先级低于算术运算符，逻辑运算符中的"&&"和"||"的优先级低于关系运算符，"!"的优先级高于算术运算符。

3.2.2　逻辑表达式

逻辑表达式是由逻辑运算符将逻辑量连接起来构成的式子。逻辑运算符两侧的运算对象可以是任何类型的数据，但运算结果一定是整型，并且只有两个值：1 和 0，分别表示"真"和"假"。例如以下几个例子。

① 若 a=2，则逻辑表达式 !a 的值为 0。因为 a 的值为非 0，逻辑值为"真"，对它进行"非"运算，得"假"，"假"以 0 代表。

② 若 a=2，b=3，则逻辑表达式 a&&b 的值为 1，因为 a 和 b 均非 0，逻辑值为"真"，所以进行"逻辑与"运算的值也为"真"，"真"以 1 代表。

③ 若 a=2, b=3, 则逻辑表达式 a||b 的值为 1。

④ 若 a=2, b=3, 则逻辑表达式 ! a||b 的值为 1。

说明如下。

① a&&b, 只有 a 为"真"（非 0）时, 才需要判断 b 的值, 如果 a 为"假", 就不必判断 b 的值。即&&运算符, 只有 a≠0, 才继续进行其右面的运算。

② a||b, 只要 a 为"真"（非 0）, 就不必判断 b 的值, 只有 a 为"假"时, 才判断 b 的值。即||运算符, 只有 a=0, 才继续进行其右面的运算。

③ 2<a<3 在 C 语言中的表示为（2<a）&&(a<3)。

3.3　if 语句

if 语句是条件选择语句, 它先对给定条件进行判断, 根据判定的结果（真或假）决定要执行的语句。

3.3.1　if 分支

if 分支是最简单的条件语句, if 分支语句的一般形式如下:

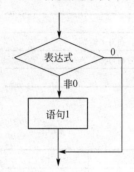

图 3-1　if 分支的流程图

if（表达式）

　　语句 1;

其中, 表达式一般为逻辑表达式或关系表达式。语句 1 可以是一条简单的语句或多条语句, 当为多条语句时, 需要用"{}"将这些语句括起来, 构成复合语句。if 分支语句的执行过程是: 当表达式的值为真（非 0）时, 执行语句 1, 否则直接执行 if 语句下面的语句。其执行流程图如图 3-1 所示。

【例 3-1】　若输入一个整数是 3 的倍数, 则显示"OK! ", 否则什么也不显示。

```c
#include <stdio.h>
int main()
{
    int a;                   /*定义整型变量 a*/
    printf("Please input a: ");   /*输出屏幕提示*/
    scanf("%d",&a);          /*从键盘输入 a 的值*/
    if(a%3==0)               /*判断 a 是否为 3 的整数倍*/
        printf("OK! \n ");   /*输出提示信息 OK!*/
    return 0;
}
```

【运行结果】程序运行结果如图 3-2 所示。

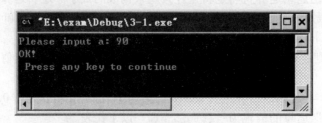

图 3-2　例 3-1 程序运行结果

【程序说明】因为 90 是 3 的倍数，所以屏幕输出"OK！"，当输入的整数不是 3 的倍数时，程序无输出。

【例 3-2】　输入两个整数，输出这两个数中较大的数。

```
#include <stdio.h>
int main()
{
    int a,b,max;            /*定义整型变量 a,b,max*/
    printf("Please input two integers:");/*输出信息提示*/
    scanf("%d%d",&a,&b);/*输入 a,b 的值*/
    max=a;                  /*假设 a 是较大的数，并赋值给 max*/
    if(a<b)   /*使用 if 语句进行判断*/
            max=b; /*如果 a<b 的值为真，则将 b 赋值给 max*/
    printf("the bigger integer is:%d\n",max);/*输出 max 的值*/
    return 0;
}
```

【运行结果】程序运行结果如图 3-3 所示。

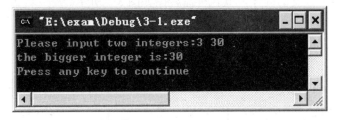

图 3-3　例 3-2 程序运行结果

【程序说明】

① 本实例中 a,b,max 均为基本整型。

② 使用输入函数获得任意两个值赋给 a,b。

③ 首先假设 a 是较大的数，将 a 的值赋给 max，然后使用 if 语句进行条件判断，如果 a 小于 b，则 b 为较大的数，将 b 的值赋给 max。

④ 使用输出函数输出 max 的值。

在使用 if 语句时，应注意以下几点。

① if 后面的表达式必须用圆括号括起来。

② if 后面的表达式可以为关系表达式、逻辑表达式、算术表达式等。例如：

if(a>=1&&a<=10) printf("x=%d,y=%d",x,3*x-1);

if(1) printf("OK!");/*条件永远为真*/

if(!a) printf("input error!");

③ 表达式中一定要区分赋值运算符"="和关系运算符"=="。例如：

y=10;

if（x==3）　y=2*x;

当 x 值为 3，表达式 x==3 取值为真，执行语句 y=2*x，则 y=6；当 x 取其他值时，表达式 x==3 取值为假，不执行语句 y=2*x，则 y=10。再例如：

y=10;

if（x＝3） y=2*x;

不管 x 原来取值多少，执行完 if 语句后，x 值为 3，为非 0 值，则条件永远为真，执行语句 y=2*x，则 y=6。

3.3.2 if-else 分支

if 分支语句只允许在条件为真时指定要执行的语句，而 if-else 分支还可在条件为假时指定要执行的语句。if-else 分支语句的一般形式如下：

if（表达式）
  语句 1；
else
  语句 2；

if-else 分支语句的执行过程是：当表达式为真（非 0）时，执行语句 1，否则执行语句 2，其执行流程图如图 3-4 所示。

【例 3-3】 编程表示下列函数，并输出 y 的值。

$$y = \begin{cases} 2x-1, & x < 0 \\ x, & x \geq 0 \end{cases}$$

这是一个有两个分支的程序，其执行流程图如图 3-5 所示。

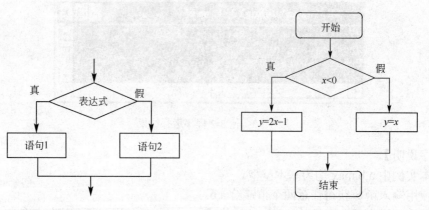

图 3-4 if-else 分支的流程图   图 3-5 例 3-3 流程图

```
#include <stdio.h>
int main()
{
    int x,y;                    /*定义整型变量 x,y*/
    printf("Please input x:");  /*输出信息提示*/
    scanf("%d",&x);             /* 输入 x 的值*/
    if(x<0)                     /*使用 if 语句进行判断*/
            y=2*x-1;            /*如果 x<0 的值为真，则 y=2x-1*/
    else
            y=x;                /*如果 x<0 的值为假，则 y=x*/
    printf("y=%d\n",y);         /*输出 y 的值*/
    return 0;
}
```

【运行结果】程序运行结果如图 3-6 所示。

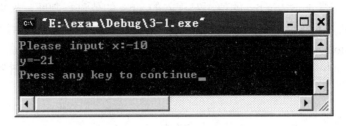

图 3-6　例 3-3 程序运行结果

【程序说明】

① 本实例中 x,y 均为基本整型。

② 使用输入函数获得任意值赋给 x。

③ 使用 if 语句进行条件判断，如果 x 小于 0，则 y=2x-1，否则 y=x。

④ 使用输出函数输出 y 的值。

【例 3-4】　输入两个整数，输出这两个数中较大的数。

```c
#include <stdio.h>
int main()
{
    int a,b;                          /*定义整型变量 a,b*/
    printf(" Please input a and b:"); /*输出信息提示*/
    scanf("%d,%d",&a,&b);             /*输入 a,b 的值*/
    if(a>b)                           /*使用 if-else 语句进行判断*/
            printf("max=%d\n",a);     /*如果 a>b 为真，则 a 为较大的数*/
    else
            printf("max=%d\n",b);     /*如果 a>b 为假，则 b 为较大的数*/
    return 0;
}
```

【运行结果】程序运行结果如图 3-7 所示。

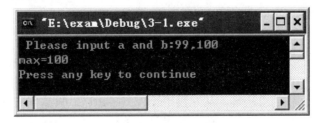

图 3-7　例 3-4 程序运行结果

【程序说明】

① 本实例实现的功能与例 3-2 相同，都是求两个数中较大的数，不同之处在于本实例使用 if-else 分支实现。

② 本实例中 a,b 均为基本整型。

③ 使用输入函数获得两个任意值赋给 a 和 b，注意 a 和 b 之间使用逗号进行间隔。

④ 使用 if-else 语句进行条件判断，如果 a 大于 b，则 a 为较大的数，输出 a 的值，否则

b 为较大的数，输出 b 的值。

【例 3-5】 从键盘上输入 a,b,c 的值，对读入的 a,b,c 的值进行判断，如果 3 个值均大于 0 而且符合任意两边之和大于第 3 边，则计算面积并输出，否则，输出提示信息 error input！

```c
#include <stdio.h>
#include <math.h>                    /*引用头文件，math.h 中定义了各种数学函数*/
int main()
{
    double a,b,c,s,area;        /*定义 5 个双精度浮点型变量*/
    printf("Please input a,b,c:"); /*输出信息提示*/
    scanf("%lf%lf%lf",&a,&b,&c);    /*输入三条边*/
    if(a>0&&b>0&&c>0&&a+b>c&&a+c>b&&b+c>a) /*判断 3 条边均大于 0，并且两边
之和大于第 3 边*/
    {
        s=(a+b+c)/2;
        area=sqrt(s*(s-a)*(s-b)*(s-c));/*计算面积*/
        printf("area=%lf\n",area);/*输出面积*/
    }
    else
        printf("Error  input!\n");/*如果两边之和小于第 3 边或有的边的值小于 0，
输出错误提示*/
    return 0;
}
```

【运行结果】 程序运行结果如图 3-8 所示。

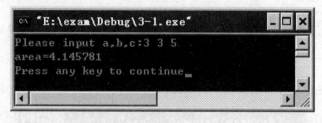

图 3-8　例 3-5 程序运行结果

【程序说明】

① 实现本实例之前必须知道三角形的一些相关知识，例如如何判断输入的三边是否能组成三角形、三角形面积的求法等。从键盘中输入三条边后，只需判断这三条边的值是否大于 0 并且任意两边之和是否大于第 3 边，如果满足条件，可以构成三角形，然后计算三角形的面积。

② 当需要表达多个条件同时满足的时候，这些子条件间以 "&&" 运算符连接，本实例中的 6 个小条件同时满足才能保证 a、b、c 能构成一个三角形。

③ 本例中 else 分支不能省略，如果省略了这一分支，在不能构成三角形时只是简单地不计算不输出，此时程序没有任何输出结果。

3.3.3　嵌套的 if 语句

简单的 if 语句只能通过给定条件的判断决定执行给出的两种操作之一，而不能从多种操

作中进行选择，此时可通过 if 语句的嵌套来解决多分支选择问题。if 语句中又包含一个或多个 if 语句称为 if 语句的嵌套。if 语句嵌套常用的有以下两种形式。

① if（表达式 1）

　　　　if（表达式 2）　语句 1;

　　　　else　语句 2;

　　else

　　　　if（表达式 3）　语句 3;

　　　　else　　语句 4;

此种结构的流程图如图 3-9 所示。

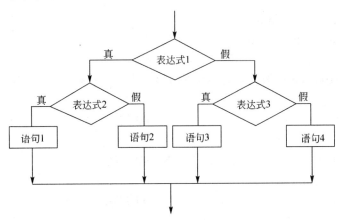

图 3-9　嵌套的 if 语句的流程图

在上述格式中，if 与 else 既可成对出现，也可不成对出现，且 else 总是与最近的 if 相配对。在书写这种语句时，每个 else 应与对应的 if 对齐，形成锯齿形状，这样能够清晰地表示 if 语句的逻辑关系。例如：

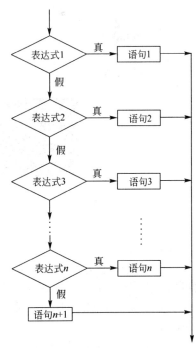

if(x>=0)

　　if(x>0)

　　　　y=1;

　　else

　　　　y=0;

else

　　y=-1;

② if（表达式 1）　语句 1;

　　else if（表达式 2）　语句 2;

　　else if（表达式 3）　语句 3;

　　...

　　else if（表达式 n）　语句 n;

　　else　　　　　　　语句 $n+1$;

此结构的程序流程是在多个分支中，仅执行表达式为真的那个 else if 后面的语句。若所有表达式的值都为假，则执行最后一个 else 后的语句。流程图如图 3-10 所示。

【例 3-6】 学生成绩可分为百分制和五分制，根据输入的百分制成绩 score，转换成相应的五分制输出，百分制与

图 3-10　多分支 if-else 的流程图

五分制的对应关系如表 3-4 所示。

表 3-4　百分制与五分制的对应关系

百　分　制	五　分　制	百　分　制	五　分　制
90≤score≤100	A	60≤score＜70	D
80≤score＜90	B	0≤score＜60	E
70≤score＜80	C		

```c
#include <stdio.h>
int main()
{
    int score; /*定义变量表示分数*/
    printf("Please enter    score:");/*输出信息提示*/
    scanf("%d",&score);    /*输入百分制的分数*/
    if(score>100||score<0) /*分值不合理时显示出错信息*/
            printf("Input error!\n");
    else if(score>=90)     /*分数范围在 90~100 的情况*/
            printf("A\n");
    else if(score>=80)     /*分数范围在 80~90 的情况*/
            printf("B\n");
    else if(score>=70)     /*分数范围在 70~80 的情况*/
            printf("C\n");
    else if(score>=60)     /*分数范围在 60~70 的情况*/
            printf("D\n");
    else                   /*分数范围低于 60 的情况*/
            printf("E\n");
    return 0;
}
```

【运行结果】程序运行结果如图 3-11 所示。

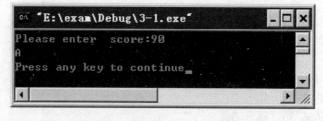

图 3-11　例 3-6 程序运行结果

【程序说明】

① 本实例定义一个变量 score 用来表示分数，使用嵌套的 if 语句对分数的范围进行检查判断，根据表 3-4 的对应关系，输出相应的分数等级。

② if 和 else 的配对关系，else 总是与其前方最靠近的，并且没有其他 else 与其配对的 if 相配对。

③ 每一个 else 本身都隐含了一个条件，如例 3-6 中的第 1 个 else 实质上表示条件 0=<score&&score<=100 成立，此隐含条件与对应的 if 所给出的条件完全相反，在编程时要善

于利用隐含条件，使程序代码清晰简洁。

3.4　switch 语句

上面介绍的 if 语句，常用于两种情况的选择结构，要表示两种以上的条件选择，可以采用 if 语句的嵌套形式，多级嵌套的 if-else 语句，可以用简洁的多分支选择语句 switch 代替。swich 语句的一般形式如下：

```
switch(表达式)
{
case  常量表达式 1：[语句系列 1]
case  常量表达式 2：[语句系列 2]
…
case  常量表达式 n：[语句系列 n]
       [default ： 语句系列 n+1]
}
```

其中，方括号括起来的内容是可选项。

switch 语句的执行过程是：首先计算 switch 后表达式的值，然后将其结果值与 case 后常量表达式的值依次进行比较，若此值与某 case 后常量表达式的值一致，即转去执行该 case 后的语句系列；若没有找到与之匹配的常量表达式，则执行 default 后的语句系列。

【例 3-7】 从键盘上输入 1~7 之间的数字时，显示对应的星期几的英文单词，当输入数字不在 1~7 的范围内时，输出"Error！"。

```
#include <stdio.h>
int main()
{
    int a;                              /*定义整型变量 a 表示输入的星期*/
    printf("Please enter an integer :");   /*输出信息提示*/
    scanf("%d",&a);                     /*输入星期*/
    switch(a)                           /*switch 语句判断*/
    {
    case 1:                             /*a 的值为 1 的情况*/
            printf("Monday\n");         /*输出"Monday"*/
            break;                      /*跳出*/
    case 2:                             /*a 的值为 2 的情况*/
            printf("Tuesday\n");        /*输出"Tuesday"*/
            break;                      /*跳出*/
    case 3:                             /*a 的值为 3 的情况*/
            printf("Wednesday\n");      /*输出"Wednesday"*/
            break;                      /*跳出*/
    case 4:                             /*a 的值为 4 的情况*/
            printf("Thursday\n");       /*输出"Thursday"*/
            break;                      /*跳出*/
    case 5:                             /*a 的值为 5 的情况*/
```

```
            printf("Friday\n");              /*输出"Friday"*/
            break;                           /*跳出*/
        case 6:                              /*a 的值为 6 的情况*/
            printf("Saturday\n");            /*输出"Saturday"*/
            break;                           /*跳出*/
        case 7:                              /*a 的值为 7 的情况*/
            printf("Sunday\n");              /*输出"Sunday"*/
            break;                           /*跳出*/
        default:                             /*默认情况*/
            printf("Error!\n");              /*提示错误*/
            break;                           /*跳出*/
    }
    return 0;
}
```

【运行结果】程序运行结果如图 3-12 所示。

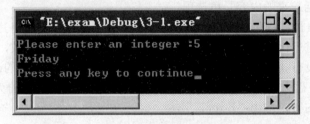

图 3-12　例 3-7 程序运行结果

【程序说明】本实例中使用 switch 判断整型变量 a 的值，利用 case 语句检验 a 值的不同情况。假设 a 的值为 2，那么执行 case 为 2 时的情况，执行后跳出 switch 语句。如果 a 的值不是 case 中所检验列出的情况，那么执行 default 中的语句。在每一个 case 语句或 default 语句后都有一个 break 关键字。break 语句用来跳出 switch 结构，不再执行 switch 下面的代码。

在使用 switch 语句时，应注意以下几点。

① switch 后的表达式和 case 后的常量表达式可以是整型、字符型、枚举型，但不能是实型。

② 同一个 switch 语句中，各个 case 后的常量表达式的值必须互不相等。

③ case 后的语句系列可以是一条语句，也可以是多条语句，此时多条语句不必用花括号括起来。

④ default 可以省略，此时如果没有与 switch 表达式相匹配的 case 常量，则不执行任何语句，程序转到 switch 语句的下一条语句执行。

⑤ break 语句和 switch 最外层的右花括号是退出 switch 选择结构的出口，遇到第 1 个 break 即终止执行 switch 语句，如果程序没有 break 语句，则在执行完某个 case 后的语句系列后，将继续执行下一个 case 中的语句系列，直到遇到 switch 语句的右花括号为止，因此，通常在每个 case 语句执行完后，增加一个 break 语句来达到终止 switch 语句执行的目的。

在例 3-7 中，若每个 case 语句中没有 break 语句，则输入"5"，输出结果变为：

Friday

Saturday

Sunday

Error!

⑥ 各个 case 及 default 的次序是任意的，default 可以位于 case 之前。

```
int a=4;
switch(a)
{
case 1:a++;
default:a++;
 case 2:a++;
}
 printf("a=%d",a);
```

此程序段的运行结果为：a=6。

由此可以看出，在上述情况下，执行完 default 后的语句系列后，程序将自动转移到下一个 case 继续执行。

⑦ 如果多种情况都执行相同的程序块，则对应的多个 case 可以执行同一语句系列。

【例 3-8】　使用 switch 语句实现例 3-6 中百分制与等级分制的转换。

```
#include <stdio.h>
int main()
{
        int score;                          /*定义变量表示分数*/
        printf("Please enter  score:");     /*输出信息提示*/
        scanf("%d",&score);                 /*输入百分制的分数*/
        switch(score/10)                    /*使用 switch 语句判断分数的十位数*/
        {
                case 10:
                case 9:                     /*分数十位数为 10 和 9 的情况*/
                        printf("A\n");      /*输出 A*/
                        break;              /*跳出*/
                case 8:                     /*分数十位数为 8 的情况*/
                        printf("B\n");      /*输出 B*/
                        break;              /*跳出*/
                case 7:                     /*分数十位数为 7 的情况*/
                        printf("C\n");      /*输出 C*/
                        break;              /*跳出*/
                case 6:                     /*分数十位数为 6 的情况*/
                        printf("D\n");      /*输出 D*/
                        break;              /*跳出*/
                case 5:                     /*分数十位数为 5,4,3,2,1,0 的情况*/
                case 4:
                case 3:
                case 2:
                case 1:
                case 0:
```

```
            printf("E\n");                 /*输出 E*/
            break;                         /*跳出*/
        default:                           /*默认情况*/
            printf("Input error!\n");      /*提示错误*/
            break;                         /*跳出*/
    }
    return 0;
}
```

【运行结果】程序运行结果如图 3-13 所示。

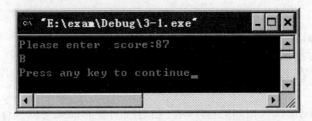

图 3-13　例 3-8 程序运行结果

【程序说明】本实例中使用整型变量 score 表示百分制分数，switch 判断 score/10 的值来确定分数的十位上的值，利用 case 语句检验 score/10 值的不同情况。当分数低于 60 分时，即十位数为 5,4,3,2,1,0 时，均对应等级"E"，即多个分支执行同样的处理语句，只在最后一个分支后写上处理语句即可。

if 嵌套语句与 switch 语句都能解决多分支的选择问题，编程时可根据实际需要选择使用。switch 语句简洁清晰，但是对表达式类型有要求，实型表达式不能直接使用，if 嵌套语句方式灵活，数据类型上无严格要求，适用范围更广。

3.5　条件运算符和条件表达式

条件运算符很特殊，它是 C 语言中唯一的一个三目运算符，它要求有三个运算对象。条件表达式的一般形式为：

表达式 1？表达式 2：表达式 3

条件表达式的执行过程是：若表达式 1 为真，则条件表达式的值等于表达式 2 的值，否则等于表达式 3 的值。例如：

c=a>b?a:b

若 a 大于 b，则条件表达式的值为 a，赋值给 c，否则，条件表达式的值为 b，赋值给 c，即找出 a 和 b 两个数中较大的数。

说明如下。

① 条件运算符的优先级低于算术运算符、关系运算符及逻辑运算符，仅高于赋值运算符和逗号运算符。

② 条件运算符的结合性为从右到左，当有条件运算符嵌套时，按照从右到左的顺序依次运算。例如：

int a=1,b=2,c;

则条件表达式：a<b?(c=3):a>b?(c=4):(c=5)的值为 3，变量 c 的值也为 3。首先计算表达式 a>b?(c=4):(c=5)，因为 a>b 的值为 0，所以这一条件表达式的结果为 5，此时 c=5；接着运算

a<b?(c=3):5，因为 a<b 的值为 1，所以这一条件表达式的结果为 3，此时 c=3。

　　③ 条件表达式中 3 个表达式的类型可以不同，其中表达式 1 表示条件，一般关系表达式或逻辑表达式居多，当然其他类型的表达式也可以，只要是 0 与非 0 的结果即可；当表达式 2 与表达式 3 类型不同时，条件表达式值的类型为二者中较高的类型。例如：

　　int a=1,b=2;

　　则条件表达式 a<b?3:4.0 的值为 3.0，而非整型数 3。

3.6　应用举例

【例 3-9】　键盘输入任一年的公元年号，编写程序，判断该年是否是闰年。

【问题分析】设 year 为任意一年的公元年号，若 year 满足下面两个条件中的任意一个，则该年为闰年。若两个条件都不满足，则该年不是闰年。闰年的条件是：

　　① 能被 4 整除，但不能被 100 整除。

　　② 能被 400 整除。

　　用变量 leap 作为闰年的标志，若 year 是闰年，则令 leap=1；否则，leap=0。最后根据 leap 的值输出"闰年"或"非闰年"的信息。程序流程图如图 3-14 所示。

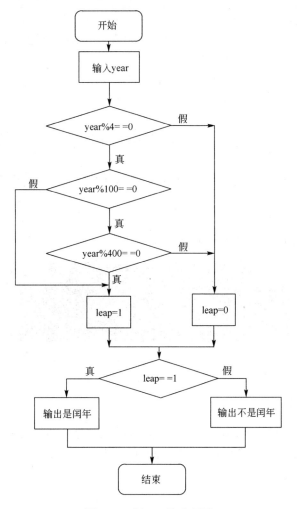

图 3-14　例 3-9 的流程图

【参考代码】

```c
#include <stdio.h>
int main()
{
    int year,leap;        /*定义基本整型变量 year，闰年标志 leap*/
    printf("enter year:");/*输出信息提示*/
    scanf("%d",&year);/*从键盘输入表示年份的整数*/
    if(year%4==0)/*能被 4 整除*/
    {
        if(year%100==0)
        {
            if(year%400==0)/*能被 400 整除*/
                leap=1;/*闰年标志为 1*/
            else
                leap=0;
        }
        else
            leap=1;/*不能被 100 整除，闰年标志为 1*/
    }
    else
        leap=0; /*不能被 4 整除*/
    if(leap)
        printf("%d is a leap year\n",year);/*满足条件时输出是闰年*/
    else
        printf("%d is not a leap year\n",year);/*不满足条件输出不是闰年*/
    return 0;
}
```

【运行结果】程序运行结果如图 3-15 所示。

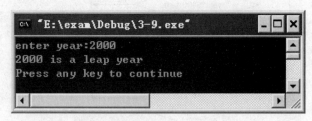

图 3-15　例 3-9 程序运行结果

【程序说明】

① 本程序中定义整型变量 year，使用输入函数从键盘中获得表示年份的整数。

② 也可将程序中的第 7~20 行改成以下的 if 语句：

```c
if(year%4!=0)
    leap=0;
else if(year%100!=0)
```

```
        leap=1;
    else if(year%400!=0)
        leap=0;
    else
        leap=1;
```

也可以用一个逻辑表达式包含所有闰年条件，将上述 if 语句用下面的 if 语句代替：

```
if((year%4==0&&year%100!=0)||(year%400==0))
        leap=1;
    else
        leap=0;
```

【例 3-10】 运输公司对用户计算运费。距离（s）越远，每公里运费越低。标准如表 3-5 所示：

表 3-5　运输费用计算表

里程 s/km	折　扣　率	里程 s/km	折　扣　率
s＜250	0	1000≤s＜2000	8%
250≤s＜500	2%	2000≤s＜3000	10%
500≤s＜1000	5%	3000≤s	15%

设每公里每吨货物的基本运费为 p（price 的缩写），货物重量为 w（weight 的缩写），距离为 s，折扣为 d（discount 的缩写），则总运费 f（freight 的缩写）计算公式为：

$$f=p*w*s*(1-d)$$

【问题分析】 折扣的变换是有规律的：折扣的"变化点"都是 250 的倍数（250，500，1000，2000，3000）。利用这一特点，可以在横轴上加一坐标 c，它代表 250 的倍数。当 c＜1 时，无折扣；1≤c＜2 时，折扣 d=2%；2≤c＜4 时，折扣 d=5%；4≤c＜8 时，折扣 d=8%；8≤c＜12 时，折扣 d=10%；12≤c 时，折扣 d=15%；实现的程序如下。

【参考代码】

```c
#include <stdio.h>
int main()
{
    int c,s;/*定义整型变量 c 表示单价、s 表示距离*/
    float p,w,d,f;/*定义实型变量 p 表示基本运费、w 货物重量、d 折扣、f 总运费*/
    printf("Please enter price,weight,distance:");/*输出信息提示*/
    scanf("%f,%f,%d",&p,&w,&s);/*输入单价 p、重量 w、距离 s*/
    if(s>=3000)
            c=12;/*3000km 以上为同一折扣*/
    else
            c=s/250;/*3000km 以下各段折扣不同，c 的值不相同*/
    switch(c)
    {
    case 0:d=0;break;/*c=0，代表 250km 以下，折扣 d=0*/
    case 1:d=2;break;/*c=1，代表 250km~500km，折扣 d=2%*/
    case 2:
```

```
case 3:d=5;break;/*c=2 和 3，代表 500km~1000km，折扣 d=5%*/
case 4:
case 5:
case 6:
case 7:d=8;break;/*c=4~7，代表 1000km~2000km，折扣 d=8%*/
case 8:
case 9:
case 10:
case 11:d=10;break;/*c=8~11，代表 2000km~3000km，折扣 d=10%*/
case 12:d=15;break;/*c=12，代表 3000km 以上，折扣 d=15%*/
      }
      f=p*w*s*(1-d/100.0);/*计算总运费*/
      printf("freight=%10.2f\n",f);/*输出总运费，取两位小数*/
      return 0;
}
```

【运行结果】程序运行结果如图 3-16 所示。

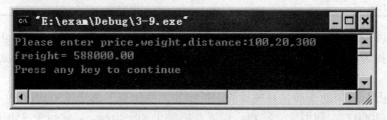

图 3-16　例 3-10 程序运行结果

【程序说明】程序中，c,s 是整型变量，因此 c=s/250 为整型数，switch 判断 c 变量的值，利用 case 语句检验 c 值的不同情况。依据题意，当 s≥3000 时，令 c=12，而不是 c 随着 s 增大，这是为了在 switch 语句中便于处理，用一个 case 可以处理所有 s≥3000 的情况。

3.7　常见错误分析

① 忘记必要的逻辑运算符　例如：

if(2<x<3)

这种写法在程序编译过程中，没有任何报错信息，但是无法实现对 x 数值的判断功能。

【错误分析】本意为 x>2 并且 x<3，而在 C 语言中，关系运算符的结合性为从左至右，2<x<3 的求值是先求 x>2，得到一个逻辑值 0 或 1，再拿这个数与 3 作比较，结果恒为真，失去了比较的意义。对于这种情况，应使用逻辑表达式，应写成：

if((2<x)&&(x<3))

② 误把"="作为等于运算符　例如：

if(x=1)

这种写法在程序编译过程中，没有任何报错信息，但是无法实现对 x 数值的判断功能。

【错误分析】C 语言中"=="是关系运算符，用来判断两个数是否相等，x==1 是判断 x 的值是否为 1；"="是赋值运算符，x=1 是使 x 的值为 1，这时不管 x 原来是什么值，表达式的值永远为真（非 0）。上面的式子应写成：

if(x==1)

③ 该用复合语句时，忘记写花括号　例如：

if(a>b)

temp=a;

a=b;

b=temp;

这种写法在程序编译过程中，没有任何报错信息，但是无法实现变量交换的功能。

【错误分析】由于没有花括号，if 的影响只限于"temp=a;"一条语句，而不管（a>b）是否为真，都将执行后两条语句，正确的写法应为：

if(a>b){

temp=a;

a=b;

b=temp;}

④ 在不该加分号的地方加分号　例如：

if(a==b);

c=a+b;

这种写法在程序编译过程中，没有任何报错信息，但是 if 的条件判断没有起到任何作用。

【错误分析】本意是如果 a 等于 b，则执行 c=a+b，但由于 if(a==b)后跟有分号，c=a+b 在任何情况下都执行。因为 if 后加分号相当于后跟一个空语句，正确的写法应是：

if(a==b)

　c=a+b;

再例如：

switch(a);

{

…

}

【编译报错信息】编译之后系统提示如图 3-17 所示。

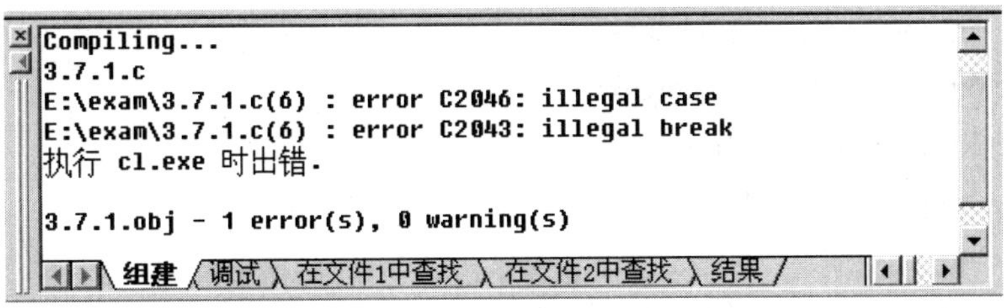

```
Compiling...
3.7.1.c
E:\exam\3.7.1.c(6) : error C2046: illegal case
E:\exam\3.7.1.c(6) : error C2043: illegal break
执行 cl.exe 时出错.

3.7.1.obj - 1 error(s), 0 warning(s)
组建 ╲ 调试 ╲ 在文件1中查找 ╲ 在文件2中查找 ╲ 结果 ╱
```

图 3-17　编译报错信息

正确的写法应是：

switch(a)

{

…

}

⑤ switch 语句中忘掉了必要的 break　例如：

```
switch(a)
{
case 1:printf("Monday ");
case 2:printf("Tuesday ");
case 3:printf("Wednesday ");
case 4:printf("Thursday ");
case 5:printf("Friday ");
case 6:printf("Saturday ");
case 7:printf("Sunday ");
default:printf("Error! ");
}
```

这种写法在程序编译过程中，没有任何报错信息，当 a 是 1 时，运行结果如图 3-18 所示：

```
 "E:\exam\Debug\3-9.exe"
MondayTuesday Wednesday Thursday Friday Saturday Sunday Error! Press any key
continue_
```

图 3-18　程序运行结果

原因是丢失了 break 语句，正确的写法应是：

```
switch(a)
{
    case 1:printf("Monday ");break;
    case 2:printf("Tuesday ");break;
    case 3:printf("Wednesday ");break;
    case 4:printf("Thursday ");break;
    case 5:printf("Friday ");break;
    case 6:printf("Saturday ");break;
    case 7:printf("Sunday ");break;
    default:printf("Error! ");
}
```

⑥ switch 语句中把多个常量表达式写在同一个 case 后面　例如：

```
switch(x)
{
    case 1,2：printf("*\n");
    case 3:printf("**\n");
}
```

【编译报错信息】编译之后系统提示如图 3-19 所示。

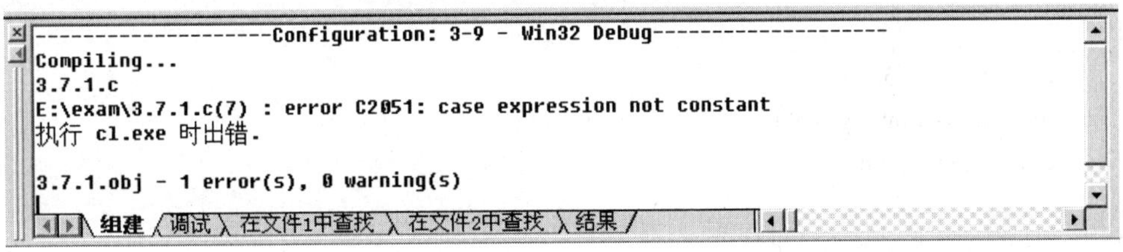

```
x                      -------------------Configuration: 3-9 - Win32 Debug------------------
                       Compiling...
                       3.7.1.c
                       E:\exam\3.7.1.c(7) : error C2051: case expression not constant
                       执行 cl.exe 时出错.

                       3.7.1.obj - 1 error(s), 0 warning(s)

                       ◄ ►   组建   调试   在文件1中查找   在文件2中查找   结果      ◄ ►
```

图 3-19　编译报错信息

【错误分析】根据提示信息可知，case 表达式不正确，如果多个分支执行同样的处理时，只需要在最后一个分支后写上处理语句。正确的写法是：

```
switch(x)
{
      case 1：
      case 2：printf（"*\n"）；
      case 3:printf（"**\n"）；
}
```

本 章 小 结

本章主要介绍了 C 语言三种基本结构中的选择结构。选择结构主要有两种语句：if 语句和 switch 语句。if 语句用来实现两个分支的选择结构，switch 语句用来实现多分支的选择结构。在 C 语言中，主要运用关系表达式、逻辑表达式等强调数值结果的表达式构成选择结构中的条件，正确表达问题的条件设置是程序设计的基础。

本章介绍的主要内容如下：
① 关系运算符、逻辑运算符及其对应的表达式；
② 简单的 if 语句和 if 语句嵌套的应用；
③ switch 语句的应用；
④ 条件运算符的应用。

习　　题

一、填空题
1. 以下程序运行后的输出结果是_____。
```c
#include <stdio.h>
main()
{
      int a=1,b=3,c=5;
      if(c=a+b) printf("yes\n");
      else    printf("no\n");
}
```
并与下列程序运行后的结果进行比较：
```c
#include <stdio.h>
main()
```

```
{
    int a=1,b=3,c=5;
    if(c==a+b) printf("yes\n");
    else    printf("no\n");
}
```

2. 以下程序运行后的输出结果是_____。

```
#include <stdio.h>
main()
{
    int a,b,d=241;
    a=d/100%9;
    b=(-1)&&(-1);
    printf("%d,%d",a,b);
}
```

3. 以下程序运行后的输出结果是_____。

```
#include <stdio.h>
main()
{
    int a=0,b=1,c=0,d=20;
    if(a)
            d=d-10;
    else if(!b)
            if(!c) d=15;
            else d=25;
    printf("d=%d\n",d);
}
```

4. 以下程序运行后的输出结果是_____。

```
#include <stdio.h>
main()
{
    int x=1,y=1;
    int m,n;
    m=n=1;
    switch(m)
    {
    case 0:x=x*2;
    case 1:{
            switch (n)
            {   case 1 : x=x*2;
                case 2 : y=y*2;break;
                case 3 : x++;
            }
        }
    case 2 : x++;y++;
    case 3 : x*=2;y*=2;break;
```

```
    default:x++;y++;
    }
        printf("x=%d,y=%d",x,y);
}
```

5．将下列数学式改写成 C 语言的关系表达式或逻辑表达式。

（1）$a \neq b$ 或 $a \leqslant c$

（2）$|x| \geqslant 4$

（3）$-1 < x < 3$

二、编程题

1．编程判断输入的正整数是否既是 5 又是 7 的整数倍，若是输出 yes，否则输出 no。

2．输入一个字符，判别它是否为大写字母，如果是，将它转换成小写字母；如果不是，不转换，然后输出最后得到的字符。

3．输入 x，计算并输出 y 的值：

$$y = \begin{cases} x + 100, & x < 20 \\ x, & 20 \leqslant x \leqslant 100 \\ x - 100, & x > 100 \end{cases}$$

4．要求按照考试成绩的等级输出百分制分数段，A 等为 85 分以上，B 等为 70～84 分，C 等为 60～69 分，D 等为 60 分以下。成绩的等级由键盘输入。

5．从键盘输入年号和月号，试计算该年该月共有几天。

6．已知银行整存整取存款不同期限的月利息率分别为：0.315%（期限一年）；0.330%（期限二年）；0.345%（期限三年）；0.375%（期限五年）；0.420%（期限八年）。

要求：输入存款的本金和期限，求到期时能从银行得到的利息和本金的合计。

第4章 循环结构及其应用

循环结构是程序中的一种基本结构,它在解决许多问题中是很有用的。在实际应用中,经常会遇到需要处理具有规律性的同样事情、重复进行同样操作的情况,如求 1~100 的和,连续生成 100 个随机整数等,这些操作都需重复执行某些语句。为了有效地描述这种相同或相似操作的重复执行,C 语言提供了循环语句。在循环语句中,对于需要重复执行的操作只需描述一次即可。对操作的重复执行由循环控制机制完成。

循环语句涉及三个要素:循环的初始状态、循环执行的条件以及在每次循环中需要执行的操作,即循环体。对一个循环过程的描述需要首先说明循环开始前的初始状态,然后判断当前状态是否满足循环执行的条件,并在满足循环执行的条件下执行循环体中的操作。在每次执行完循环体中的操作后,需要修改与循环条件相关的状态,然后再判断是否满足继续执行循环的条件。

在 C 语言中,有三种类型的循环语句:for 语句、while 语句和 do-while 语句。

4.1 while 循环语句

while 语句的语法格式为:

　　while(表达式)

　　　　语句;/*循环体*/

该循环语句流程如图 4-1 所示。

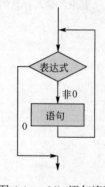

执行该语句时,先检查表达式的值,如果它为真,则执行循环体。在循环体中通常包括改变表达式值的语句。每次执行循环体后,再次检查表达式,如果它仍为真,继续执行循环体,否则循环结束,执行 while 语句后的下一语句。循环体可以是一个单独的语句,也可以是一复合语句。

图 4-1　while 语句流程

注意,while 语句是"先判断,后执行"。如果刚进入循环时条件就不满足,则循环体一次也不执行。它相当于一条空语句。再有,循环条件一定要有不满足的时候,否则将出现"死循环"。

在 while 语句中没有包含设置初始状态的功能,因此这一工作需要在 while 语句之前使用其他语句完成。对与循环相关的状态的修改是在循环体中完成,因此除了少数特殊情况下,while 语句的循环体一般都是复合语句。

【例 4-1】 计算从 1~n 的 n 个自然数的累加。

执行流程如图 4-2 所示。

```c
#include <stdio.h>
int main()
```

```
{
int i,n,s;/*定义整型变量 i,n,s*/
    printf("Please input n:"); /*输入提示*/
    scanf("%d",&n); /*输入 n 值*/
    i=1; /*初始化整型变量 i*/
    s=0; /*初始化整型变量 s */
    while(i<=n){ /*循环，当 i>n 结束循环 */
     s+=i; /*求和，将结果放入 s 中*/
     i++;/*循环控制变量 i 加 1 */
    }
    printf("sum=%d\n",s); /*输出结果 */
    return 0;
}
```

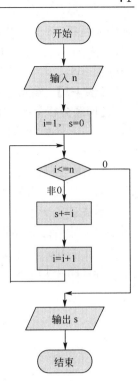

图 4-2　例 4-1 流程图

【运行结果】程序运行结果如图 4-3 所示。

【程序说明】在这段代码中，循环开始时初始状态的设置是由变量 i 和 s 的初始化操作来完成的。循环的执行条件是 i<=n。在满足这一条件的情况下，i 的值被累加到变量 s 中，然后由语句 i++修改循环控制变量 i 的值。当 while 语句执行完毕后，变量 s 中就保存了从 1 到 n 的 n 个自然数的累加结果。

图 4-3　例 4-1 程序运行结果

在使用 while 语句时有两点需要注意。第一点是对初始状态的描述需要完整、准确。在上面的例子中，不仅要正确地设置循环控制变量 i 的初始值，而且要正确地设置累加变量 s 的初始值，即将其清零，否则计算结果将是错误的。第二点需要注意的是，对<表达式>的循环求值应最终导致循环结束。如果在<表达式>中不包括读取输入数据等对外部条件的判断，则在循环体中必须有影响<表达式>求值的操作，而且对<表达式>的影响要导致循环结束。在例 4-1 中，循环执行的条件是 i<=n，因此在循环体中不仅必须要有对变量 i 的修改，而且 i 的值必须是递增的，以便使得循环条件执行了一定的次数之后不再被满足，因此循环得以结束。忘记对与循环条件相关的变量修改，或者修改的方向与循环判断条件不一致，都会造成执行结果的错误或者死循环，使得程序一直执行循环语句而不会停止。

循环体中语句顺序也很重要。例如，本例中若把循环体中的两条语句的位置颠倒：

i++;

s+=i;

当 n 为 10 时，则最后输出：sum=65，显然是错误的结果。这是因为 i 的初值为 1，循环体中先执行 i++;，后执行 s+=i;，所以第一次累加的是 2，而不是 1。执行最后一次循环（i=10）时，先执行 i++;，则 i=11，再执行 s+=i;，所以最后一次累加的是 11。即实际计算的是：2+3+…+10+11=65。

【例 4-2】 输入一串字符，以 '?' 结束，输出其中小写字母个数和数字个数。

【问题分析】输入字符包括字母（'A'，'B'，…，'Z'，'a'，'b'，…，'z'），数字（'0'，'1'，…，'9'）和其他符号（'+'，'='，'&' …）。这里只统计其中的小写字母个数和数字个数。

用 ch 表示输入字符，并说明为字符类型。用 num1、num2 分别表示小写字母个数和数字个数，并说明为整型。

首先读入一个字符，当输入字符不是 '?' 时，应重复执行循环，然后判断它是否为小写字母，是则将小写字母个数加 1，否则，判断它是否为数字，是则将数字个数加 1，然后读入下一个字符，若不是 '?'，则继续循环。直到输入 '?' 时结束循环，输出统计结果。执行流程如图 4-4 所示。

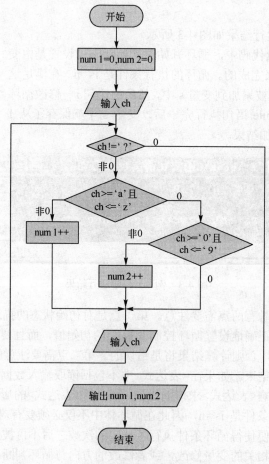

图 4-4   例 4-2 流程图

```c
#include <stdio.h>
int main()
{
    char ch; /*定义字符型变量 ch*/
```

```
    int num1=0,num2=0; /*定义整型变量 num1,num2，并初始化为 0 */
    printf("Please input ch:"); /*输入提示*/
    scanf("%c",&ch); /*输入 ch 值*/
    while(ch!='?') /*循环，当 ch 等于'?'结束循环 */
  {
    if(ch>='a'&&ch<='z') /*若 ch 为小写字母，则 num1 加 1*/
     num1++;
    else
       if(ch>='0'&&ch<='9') /*若 ch 为数字，则 num2 加 1*/
       num2++;
    scanf("%c",&ch); /*输入 ch 值*/
  }
  printf("Number of letter:%d\n Number of digit:%d\n",num1,num2);
  /*输出结果 */
      return 0;
  }
```

【运行结果】程序运行结果如图 4-5 所示。

图 4-5　例 4-2 程序运行结果

【程序说明】在程序中，if 语句为复合 if 语句。它首先判断 ch 是否为小写字母，若是小写字母则将小写字母个数加 1，若不是小写字母再判断是否为数字，若是数字则将数字个数加 1，否则（既不是小写字母也不是数字）什么也不执行，然后读入下一字符。

该复合 if 语句也可以用下面两个简单 if 语句来代替。

```
if(ch>='a'&&ch<='z')
   num1++;
if(ch>='0'&&ch<='9')
   num2++;
```

但是不如写成复合语句好。因为在复合 if 语句中，判断是小写字母后，将 num1 加 1，if 语句就结束了。而在后一种形式中，判定是小写字母后，将 num1 加 1，然后还需执行第二个 if 语句，判定它是否为数字，这显然是多余的。

注意，if 语句中条件的写法，以下两种写法都是错误的：

```
    if(ch>=a &&ch<=z )
    if('a'<=ch<='z')
```

在第一种写法中，将字符型数据'a'，'z'错写成 a，z。

第二种写法也是错误的。因为在 C 语言表达式中不允许连续执行几个关系运算。

　　还需注意，在程序的两个不同的地方安排了读字符 ch 的语句，这是很必要的。如果没有第一个读 ch 的语句，在 while 语句头部的表达式 ch!='?'就无法确定其值。如果没有第二个读 ch 的语句（它放在循环中）就无法读其余字符，循环也无法结束，因为 ch 将永远是第一次读入的字符，它不等于'?'。

　　此段程序还可写成如下，使得程序更精炼。

```
#include <stdio.h>
int main()
{
    char ch; /*定义字符型变量 ch*/
    int num1=0,num2=0; /*定义整型变量 num1,num2，并初始化为 0 */
    printf( "Please input ch:" ); /*输入提示*/
while((ch=getchar())!='?')
/*循环，输入 ch 值，并当 ch 等于'?'结束循环 */
  {
    if(ch>='a'&&ch<='z') /*若 ch 为小写字母，则 num1 加 1*/
     num1++;
    else
     if(ch>='0'&&ch<='9') /*若 ch 为数字，则 num2 加 1*/
       num2++;
  }
    printf("Number of letter:%d\n Number of digit:%d\n",num1,num2);
/*若 ch 为小写字母，则 num1 加 1*/
    return 0;
}
```

　　这个程序只用了一个读入语句 ch=getchar()，放在 while 语句头部的表达式中，这样在执行时先读入一个字符，再判断字符是否为'?'，当输入字符不是'?'时，执行循环体，循环体执行结束，再通过 while 语句头部的 ch=getchar()语句读入一个字符，并判断字符是否为'?'，这样反复执行，直到输入'?'时结束循环。

4.2　for 循环语句

　　对循环状态的初始化和对循环控制变量的修改是循环语句中必不可少的两个组成部分。为便于描述、阅读和检查，C 语言中提供了与 while 语句功能相近的 for 语句。for 语句是循环控制结构中使用最广泛的一种循环控制语句。其功能是将某段程序代码反复执行若干次，特别适合已知循环次数的情况。for 语句的语法格式如下：

　　for(表达式 1;表达式 2;表达式 3)
　　　　语句; /*循环体*/

　　说明如下。

　　表达式 1：通常为赋值表达式，用来确定循环结构中的控制循环次数的变量的初始值，实现循环控制变量的初始化。

　　表达式 2：通常为关系表达式或逻辑表达式，用来判断循环是否继续进行的条件，将循环控制变量与某一值进行比较，以决定是否退出循环。

表达式 3：通常为表达式语句，用来描述循环控制变量的变化，多数情况下为自增/自减表达式（复合加/减语句），实现对循环控制变量的修改。

这三个表达式之间用";"分开。

循环体（语句）：当循环条件满足时应该执行的语句序列。可以是简单语句、复合语句。若为复合语句，则须用{}括起来。

for 语句流程如图 4-6 所示。

执行过程如下。

① 计算表达式 1 的值，为循环控制变量赋初值。

② 计算表达式 2 的值，如果其值为"真"（非 0）则执行循环体语句，即执行第③步，否则退出循环，执行 for 循环后的语句。

③ 执行循环体语句。

④ 计算表达式 3 的值，调整循环控制变量的值。

⑤ 返回执行第②步，重新计算表达式 2 的值，依此重复过程，直到表达式 2 的值为"假"（0）时，退出循环。

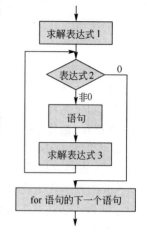

图 4-6　for 语句流程图

for 语句把循环的初始化操作、条件判断和循环控制状态的修改都一并放在了关键字 for 后面的括号中，可以很好地体现正确表达循环结构应注意的三个问题：循环控制变量的初始化、循环控制的条件以及循环控制变量的更新。

例如：

        for(i=1;i<=10;i++)
        语句;

上例中先给 i 赋初值 1，判断 i 是否小于等于 10，若是则执行语句，之后值增加 1。再重新判断，直到条件为假，即 i>10 时，结束循环。

【例 4-3】 用 for 语句完成从 1～n 的 n 个自然数的累加。

```
#include <stdio.h>
int main()
{
    int i,n,s; /*定义整型变量 i,n,s*/
    printf("Please input n:"); /*输入提示*/
    scanf("%d",&n); /*输入 n 值*/
    s=0; /*初始化整型变量 s 为 0 */
    for(i=1;i<=n;i++)/*循环，当 i>n 结束循环 */
      s+=i; /*求和，将结果放入 s 中*/
    printf("sum=%d\n",s); /*输出结果 */
    return 0;
}
```

【运行结果】程序运行结果如图 4-7 所示。

【程序说明】在这段代码中，变量 s 用来存放 1 到 n 的和,所以 s 的初始化语句"s=0;"在 for 语句之前。

图 4-7　例 4-3 程序运行结果

注意以下几点。

① for 循环中语句可以为复合语句，但要用"{"和"}"将参加循环的语句括起来。

② for 循环中的"表达式 1"、"表达式 2"和"表达式 3"都是选择项，即可以缺省，但分号";"绝对不能缺省。

③ 省略表达式 1，表示不对循环控制变量赋初值。语句格式为：

for(;表达式 2;表达式 3)语句；

实际上表达式 1 可以写在 for 语句结构的外面。

例如：

```
n=20;
for(;n<k;n++)
    语句;
```

它等价于

```
for(n=20;n<k;n++)
    语句;
```

一般使用这种格式的原因是：循环控制变量的初值不是已知常量，而是需要通过前面语句的执行计算得到。

④ 省略表达式 2，表示不用判断循环条件是否成立，循环条件总是满足的，则不作其他处理时便成为死循环。语句格式:for(表达式 1;;表达式 3)，它等价于 while(1) 格式。

例如：

```
for(i=1;;i+=2) 语句;
```

⑤ 省略表达式 3，则不对循环控制变量进行操作，这时可在语句体中加入修改循环控制变量的语句。语句格式为:for(表达式 1;表达式 2;)

C 语言允许在循环体内改变循环控制变量的值，这在某些程序设计中很有用。一般当循环控制变量呈非规则变化，并且在循环体中有更新循环控制变量的语句时使用。

例如：

```
for(n=1;n<=100;)
{…
  n=3*n-1;
 …
}
```

循环控制变量的变化为：1, 2, 5, 8, …

⑥ 省略 3 个表达式，语句格式为：for(;;)

这是一个无限循环语句，与 while(1)的功能相同，一般处理方法是：在循环体内的适当位置，利用条件表达式与 break 语句的配合中断循环，即当满足条件时，用 break 语句跳出 for 循环。

例如：

for(;;)

{ …

　　if(x==0) break;

　　…

　　}

表示当 x 等于 0 时，使用 break 语句退出循环。

⑦ for 语句的循环体可以是空语句，表达当循环条件满足时空操作。一般用于延时处理。语句格式为:for(表达式 1;表达式 2;表达式 3) ;

例如：for(n=1;n<=10000;n++);

表示循环变量空循环了 10000 次，占用了一定的时间，起到了延长时间的效果。

⑧ 在 for 语句中，表达式 1 和表达式 3 都可以是一项或多项。当多于一项时，各项之间用逗号 "," 分隔，形成一个逗号表达式，语句格式为：for（逗号表达式 1；表达式 2；逗号表达式 3）

例如：

for(n=1,m=100;n<m;n++,m−−)

　{…}

其中：表达式 1 同时为 n 和 m 赋初值，表达式 3 同时改变 n 和 m 的值。表示循环可以有多个控制变量，但是，逗号表达式可以与循环有关，也可以与循环无关。

⑨ 循环的条件一开始就是为假，即表达式 2 一开始就为 0，就不执行循环体，而是执行 for 结构之后的语句。这一点与 while 语句一致，都是先判断条件后执行循环体语句。"while" 语句和 "for" 语句具有相似性，多数情况下，for 循环结构可以用等价的 while 循环表示。

for(表达式 1;表达式 2;表达式 3)

　　语句;

等价于:

表达式 1;

while(表达式 2)

{

　语句;

　表达式 3;

}

⑩ 表达式 3 不仅可以自增，也可以自减，还可以是加/减一个整数。

例如：

　　for(i=100;i>=1;i−−)/*循环控制变量从 100 递减到 1*/

　　for(i=0;i<=10;i+=2)/*循环控制变量从 1 变化到 10，每次增加 2*/

　　for(i=10;i>=0;i−=2)/*循环控制变量从 10 变化到 0，每次减少 2*/

for 结构不是狭义上的计数式循环，是广义上的循环结构，它不仅能进行已知循环次数的循环，也能够处理循环次数未知的情况。

【例 4-4】　检测给定整数是否素数。

一个自然数，若除了 1 和它本身外不能被其他整数整除，则称为素数。例如 2,3,5,7，… 根据定义，测试自然数 k 能否被 2,3，…,k−1 整除，只要能被其中一个整除，则 k 不是素数，否则是素数。程序中设立标志量 tag,tag 为 0 时，k 不是素数，tag 不为 0 时，k 是素数。执行流程如图 4-8 所示。

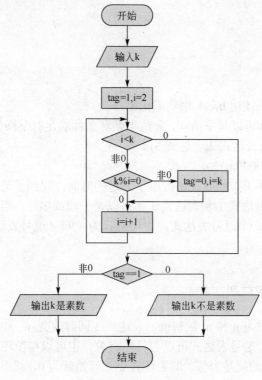

图 4-8　例 4-4 流程图

```c
#include <stdio.h>
int main ( )
{
    int i, k, tag; /*定义整型变量 i,k,tag*/
    printf( "Please input k:" ); /*输入提示*/
    scanf ("%d",&k ); /*输入 k 值*/
    tag=1;
/* 若标志变量 tag 等于 0，k 不是素数，若 tag 不等于 0，则 k 是素数。*/
    for ( i=2; i<k; i++ ) /* i 循环中分别检测 k 能否被 i 整除，i=2,3…,k–1 */
        if ( k%i==0 )
        { tag=0; /* k 能被 i 整除，k 不是素数,令 tag=0 */
          i=k; /* 令 i 为 k，使 i<k 不成立,其作用是退出循环 */
        }
    if ( tag==1 ) /*若 tag 为 1，则 k 为素数，否则为非素数 */
        printf("%d is a prime\n",k);
    else
        printf("%d is not a prime\n",k);
    return 0;
}
```

【运行结果】程序运行结果如图 4-9、图 4-10 所示。

 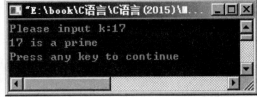

图 4-9　例 4-4 程序运行结果 1　　　　　图 4-10　例 4-4 程序运行结果 2

【程序说明】可以证明，k 若不能被 2，3，…，$\sqrt{k}$ 整除，则 k 是素数。$\sqrt{k}\leqslant k$，可以减少循环次数，提高效率。所以程序中 for 语句的 i<k 可以改为 i<=sqrt(k)，但要在程序开头增加预处理命令#include <math.h>，因为 sqrt( )函数在 math.h 文件中定义。

4.3　do-while 循环语句

无论是 while 语句还是 for 语句，对循环条件的判断都是在执行循环体之前进行的。因此如果在初始条件下循环就不满足，那么循环体中的语句就一次也不执行。在有些计算中，需要首先执行循环体中的语句，然后再判断循环条件是否成立。也就是说，循环体中的语句无论在什么条件下都需要执行至少一次。为了便于描述这种情况，C 语言中提供了 do-while 语句，其语法格式为：

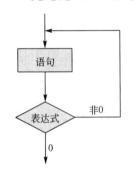

图 4-11　do-while 流程图

do
语句; /*循环体*/
while(表达式）;
该循环语句流程如图 4-11 所示。

do-while 语句首先执行循环体中的语句一次，然后计算表达式的值，若为真（非 0）时则继续执行循环体，并再计算表达式的值，当表达式的值为假（0），则终止循环，执行 do-while 语句后的下一语句。

【例 4-5】　求 n!。
s=n!=1*2*3*…*(n−1)*n
这是若干项的连乘问题。与求和的算法类似，连乘问题的算法可以归纳为：
s=1
s=s*i (i=1, 2,…, n)
执行流程如图 4-12 所示。

```
#include <stdio.h>
int main ( )
{
    int i, n; /*定义整型变量 i,n */
    long s; /*定义长整型变量 s*/
    s=1; /*初始化长整型变量 s */
```

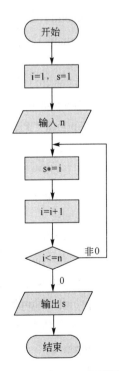

图 4-12　例 4-5 流程图

```
i=1; /*初始化整型变量 i 为 1 */
printf ("Please input n: ");/*输入提示*/
scanf ("%d", &n ); /*输入 n 值*/
do {
i++;/*循环控制变量 i 加 1 */
} while (i<=n); /*循环，当 i>n 结束循环 */
    printf ("%d!=%ld\n", n, s); /*输出结果 */
    return 0;
}
```

【运行结果】程序运行结果如图 4-13 所示。

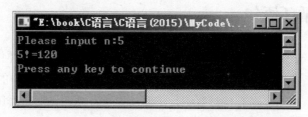

图 4-13　例 4-5 程序运行结果

【程序说明】这里 s 的初值为 1，而不是 0，这是为了保证做第一次乘法后，s 中存放第一项的值。

【例 4-6】　用 do-while 语句完成例 4-2，即输入一串字符，以 '？' 结束，输出其中小写字母个数和数字个数。

```
#include <stdio.h>
int main()
{
    char ch; /*定义字符型变量 ch*/
    int num1=0,num2=0; /*定义整型变量 num1,num2，并初始化为 0 */
    printf("Please input ch:"); /*输入提示*/
    do{ scanf("%c",&ch); /*输入 ch 值*/
     if(ch>='a' &&ch<='z') /*若 ch 为小写字母，则 num1 加 1*/
        num1++;
     else
        if(ch>='0' &&ch<='9') /*若 ch 为数字，则 num2 加 1*/
           num2++;
}while(ch!='?'); /*循环，当 ch 等于'？'结束循环 */
printf("Number of letter:%d\n Number of digit:%d\n",num1,num2);
/*输出结果 */
return 0;
}
```

【运行结果】程序运行结果如图 4-14 所示。

图 4-14　例 4-6 程序运行结果

【程序说明】这里可以看出用 do-while 语句来完成这个程序更合适。因为只有 scanf("%c",&ch); 语句执行后才能用 ch 的值来判断 ch 是否为 '?'，这正符合 do_while 语句是先执行循环体，后进行循环控制条件判断的特点。如果使用 while 语句或 for 语句来完成这个程序就需要在程序两次写 scanf("%c",&ch);语句，一次在循环前，一次在循环体中。

4.4　三种循环语句的比较

C 语言中构成循环结构的有 while 语句、do-while 语句和 for 语句。也可以通过 if 和 goto 语句的结合构造循环结构。从结构化程序设计角度考虑，不提倡使用 if 和 goto 语句构造循环。一般采用 while、do-while 和 for 循环语句。下面对它们进行粗略比较。

① 在一般情况下，三种循环语句均可处理同一个问题，它们可以相互替代。

【例 4-7】　求 10 个数中的最大值。

从键盘上输入第一个数，并假定它是最大值存放在变量 max 中。以后每输入一个数便与 max 进行比较，若输入的数较大，则最大值是新输入的数，把它存放到 max。当全部 10 个数输入完毕，最大值也确定了，即 max 中的值。执行流程如图 4-15 所示。

使用 for 语句来完成这个程序：

```
#include <stdio.h>
int main ( )
{
int i, k, max; /*定义整型变量 i,k,max*/
printf( "Please input k:" ); /*输入提示*/
scanf ( "%d", &max ); /*输入 max 值*/
for ( i=2; i<11; i++ ) /*循环，当 i>=11 结束循环 */
{
    scanf ("%d",&k); /*输入 k 值*/
    if ( max<k ) /*若 max 小于 k，则将 k 的值赋给 max*/
    max=k;
```

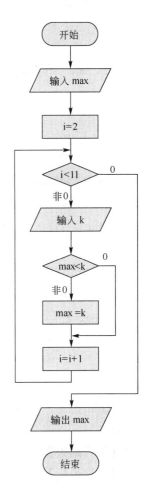

图 4-15　例 4-7 流程图

```
}
printf ("max=%d\n", max ); /*输出结果 */
return 0;
}
```

【运行结果】程序运行结果如图 4-16 所示。

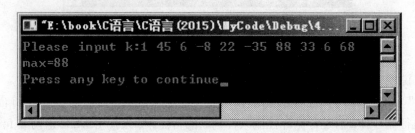

图 4-16　例 4-7 程序运行结果

【程序说明】从键盘上输入第一个数，并假定它是最大值存放在变量 max 中。以后每输入一个数便与 max 进行比较，若输入的数大于 max，则最大值是新输入的数，把它存放到 max。当全部 10 个数输入完毕，最大值也确定了，即 max 中的值。

用 while 语句来完成这个程序。

```
#include <stdio.h>
int main ( )
{
int i, k, max; /*定义整型变量 i,k,max*/
printf( "Please input k:" ); /*输入提示*/
scanf("%d",&max); /*输入 max 值*/
i=2; /* for 语句中的表达式 1*/
while (i<11) /* for 语句中的表达式 2*/
    {
    scanf("%d",&k); /*输入 k 值*/
    if (max<k) /*若 max 小于 k，则将 k 的值赋给 max*/
    max=k;
    i++; /* for 语句中的表达式 3*/
    }
printf ("max=%d\n",max); /*输出结果 */
return 0;
}
```

【运行结果】程序运行结果如图 4-16 所示。

【程序说明】在使用 while 循环完成这个程序时，需要将"i=2;"语句放在 while 循环之前，在循环体中不要忘记加入循环控制变量的改变语句"i++;"。

用 do_while 语句改写如下：

```c
#include <stdio.h>
int main ( )
{
int i, k, max; /*定义整型变量 i,k,max*/
printf("Please input k:"); /*输入提示*/
scanf("%d",&max); /*输入 max 值*/
i=2; /* for 语句中的表达式 1*/
do
{
    scanf("%d",&k); /*输入 k 值*/
    if(max<k) /*若 max 小于 k，则将 k 的值赋给 max*/
    max=k;
    i++, /* for 语句中的表达式 3*/
} while(i<11); /* for 语句中的表达式 2 */
printf("max=%d\n",max); /*输出结果 */
return 0;
}
```

【运行结果】程序运行结果如图 4-16 所示。

【程序说明】在这个程序中，使用 do_while 语句与使用 while 语句来完成基本上是一样的，如在循环控制变量的初始化，循环控制条件的设置和循环控制变量的改变等。

② for 语句和 while 语句先判断循环控制条件，后执行循环体；而 do-while 语句是先执行循环体，后进行循环控制条件的判断。for 语句和 while 语句可能一次也不执行循环体；而 do-while 语句至少执行一次循环体。

③ 用 while 和 do-while 循环时，循环变量初始化的操作应在 while 和 do-while 语句之前完成。而 for 语句可以在表达式 1 中实现循环变量的初始化。

④ while 和 do-while 循环，只在 while 后面指定循环条件，在循环体中应包含使循环趋于结束的语句（如 i++，或 i=i+1 等）。for 循环可以在表达式 3 中包含使循环趋于结束的操作，甚至可以将循环体中的操作全部放到表达式 3 中。因此 for 语句的功能更强，凡用 while 循环能完成的，用 for 循环都能实现。

⑤ do-while 语句更适合于第一次循环肯定执行的场合。

例如，输入学生成绩，为了保证输入的成绩均在合理范围内，可以用 do-while 语句进行控制。

```c
do
    scanf("%d",&n);
while (n>100||n<0);
```

只要输入的成绩 n 不在[0，100]中（即 n>100||n<0），就在 do-while 语句的控制下重新输

入，直到输入合法成绩为止。这里肯定要先输入成绩，所以采用 do-while 循环较合适。

用 while 语句实现：

```
scanf ("%d", &n);
while ( n>100 || n<0 )
    scanf("%d",&n);
```

用 for 语句实现：

```
scanf ("%d", &n );
for ( ; n>100||n<0; )
    scanf ("%d", &n );
```

显然，用 for 语句或 while 语句不如用 do-while 语句更自然。

4.5　break 语句和 continue 语句

前面例题中循环的结束是通过判断循环控制条件为假而正常退出。然而，在某些场合，只要满足一定的条件就应当提前结束循环的执行或只结束本次循环、转入下次循环。例 4-4 中，当满足 k%i==0 时,k 不是素数,应立即结束循环。程序通过令 i 的值为 k,从而通过判断循环控制条件 i<k 为假而正常退出。其实,这里使用 break 语句直接退出循环是最自然的。因此，循环体中常使用 break 语句或 continue 语句改变循环的执行流程。break 语句用于终止循环的执行；continue 语句用来结束本次循环，而不是结束整个循环。

4.5.1　break 语句

在介绍 switch 语句时已经提到 break 语句，其实 break 语句还可以出现在循环语句中。

break 语句的格式：

```
    break;
```

功能如下。

① 在 switch 语句中，用 break 语句终止正在执行的 switch 流程，跳出 switch 结构，继续执行 switch 语句下面的一个语句。

② while、do-while 和 for 语句的循环体中使用 break 语句,强制终止当前循环,即从 break 语句所在的循环体内跳出来，接着执行循环语句的下一个语句。

说明：break 语句只能出现在 switch 语句或循环语句的循环体中。

在循环结构中，break 语句通常与 if 语句一起使用，以便在满足条件时中途跳出循环。如：

```
while(表达式 1)
{
    语句组 1;
    if(表达式 2)
        break;
    语句组 2;
```

}

在执行循环体的过程中，当 break 被执行后，不管循环条件表达式 1 是否成立，当前循环将被立即终止。其执行流程如图 4-17 所示。

现在可以用 break 语句替换例 4-4 循环体中的 i=k;，直接用 break 语句退出循环。即：

```
for ( i=2; i<k; i++ )
if ( k%i==0 )
{ tag=0;
  break; /* 用 break;代替 i=k; */
}
```

【例 4-8】　break 语句示例程序。

```
#include <stdio.h>
int main ( )
{
int n, sum=0; /*定义整型变量 n,sum，并初始化 sum 为 0*/
printf ("Please input n: ");/*输入提示*/
while(1) /*循环*/
{
scanf( "%d" ,&n); /*输入 n 值*/
if(n==-1) /*若 n 等于-1，则退出循环 */
    break;
if(n%2==0) /*若 n 能被 2 整除，则求和，将结果赋给 sum */
    sum=sum+n;
}
printf( "sum=%d\n" ,sum); /*输出结果 */
return 0;
}
```

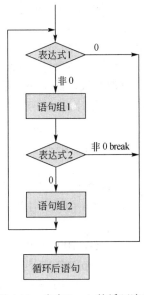

图 4-17　含有 break 的循环流程

【运行结果】程序运行结果如图 4-18 所示。

图 4-18　例 4-8 程序运行结果

【程序说明】在这个程序中，while 语句的条件表达式为一个常数值 1，这就需要在循环体中使用结束循环的语句。循环终止语句 break 与 if(n==-1)一起使用，当输入值为-1 时，break 语句就被执行，当前的 while 循环即被强行终止，转到 while 语句的下一个语句继续执行程序，即循环终止后执行 printf("sum=%d\n" ,sum);语句，输出累加结果。

【例 4-9】　在 3 位数中找第一个满足下列要求的正整数 n：其各位数字的立方和恰好等于它本身。例如，$371=3^3+7^3+1^3$。

要判断 n 是否满足要求，必须将它的各位数字分拆开。

百位数字：n/100。n 是整数，所以 n/100 不保留商的小数位，甩掉的是十位和个位数字，结果必然是百位数字。例如 371/100 的结果是 3。

十位数字：n/10%10。n/10 的结果甩掉的是个位数字，保留 n 的百位和十位数字，再除以 10 取余数，结果必然是 n 的十位数字。例如 371/10 的结果是 37，37%10 的结果是 7。

个位数字：n%10。n 除以 10 取余数，结果一定是 n 的个位数字。371%10 的结果是 1。

```c
#include <stdio.h>
int main ( )
{
    int n, i, j, k; /*定义整型变量 i,n,j,k*/
    for( n=100; n<1000; n++ ) /* 对所有的 3 位数循环 */
    {
        i=n/100; /* 的百位数字 */
        j=n/10%10; /* 的十位数字 */
        k=n%10; /* 的个位数字 */
        if ( n == i*i*i+j*j*j+k*k*k)
/*若 i 的立方加上 j 的立方加上 k 的立方之和等于 n，则打印输出 */
        {
            printf ("%d = %d*%d*%d+%d*%d*%d+%d*%d*%d\n",n,i,i,i,j,j,j,k,k,k);
            break; /* 只要求找第一个满足条件的数，所以找到后立即退出循环 */
        }
    }
    return 0;
}
```

【运行结果】程序运行结果如图 4-19 所示。

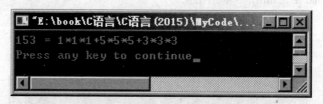

图 4-19　例 4-9 程序运行结果

【程序说明】3 位数的范围是[100,999]，所以用 n 循环在 3 位数中寻找满足条件的数，先把 n 的百位、十位和个位数字拆开（用 i,j 和 k 表示），然后判断是否满足条件。由于只要求找一个数，所以在循环中一旦找到一个满足条件的数，应立即用 break 语句退出循环。若要求找出 3 位数中全部满足要求的数，则去掉 break 语句即可。

4.5.2　continue 语句

continue 语句的格式：

　　continue ;

功能：结束本次循环（不是终止整个循环），即跳过循环体中 continue 语句后面的语句，开始下一次循环。

　　说明如下。

　　① continue 语句只能出现在 while、do-while 和 for 循环语句的循环体中。

　　② 若执行 while 或 do-while 语句中的 continue 语句，则跳过循环体中 continue 语句后面的语句，直接转去判别下次循环控制条件；若 continue 语句出现在 for 语句中，则执行 continue 语句就是跳过循环体中 continue 语句后面的语句，转而执行 for 语句的表达式 3。

　　在循环结构中，continue 语句通常与 if 语句一起使用，用来加速循环。如：

```
while(表达式 1)
{
    语句组 1;
    if(表达式 2)
      continue;
    语句组 2;
}
```

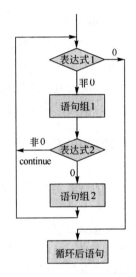

　　在执行循环体的过程中，当 continue 被执行后，立即转回到循环体开始位置去判断循环条件，其下的语句组 2 在这次循环中不被执行，即在 continue 被执行的这次循环中，凡是循环体中处于 continue 之后的所有语句都将被忽略。其执行流程如图 4-20 所示。

　　【例 4-10】 输出 2 位数中所有能同时被 3 和 5 整除的数。

　　2 位数的范围是[10，99]，能同时被 3 和 5 整除的数 n 满足条件：n%3==0&&n%5==0。不能同时被 3 和 5 整除的数 n 满足条件：n%3!=0||n%5!=0。

图 4-20　含有 continue 的循环流程

```
#include <stdio.h>
int main ( )
{
    int n; /*定义整型变量 n */
    for( n=10;n<100;n++)/*循环，当 i>100 结束循环 */
    {
        if (n%3!=0 || n%5!=0)
/*若 n 不能被 3 整除，或 n 不能 5 整除，则退出本次循环，开始下次循环*/
            continue ; /* n 不满足要求，结束本次循环*/
        printf (" %5d", n); /*输出 n */
    }
    printf("\n");/*换行*/
    return 0;
}
```

【运行结果】程序运行结果如图 4-21 所示。

图 4-21　例 4-10 程序运行结果

【程序说明】对 2 位数循环，即 n=10，11，…，99。若不满足要求，应跳过输出语句转而考察下一个 n。所以用 continue 语句结束本次循环。若 n 满足要求，则输出 n。

若把程序中 continue 语句换成 break 语句，则执行程序将无任何输出。因为 n=10 时，满足条件 n%3!=0 || n%5!=0，所以执行 break 语句，终止循环。

continue 语句和 break 语句的区别如下。

① continue 语句只能出现在循环语句的循环体中；而 break 语句既可以出现在循环语句中，也可以出现在 switch 语句中。

② break 语句终止它所在的循环语句的执行；而 continue 语句不是终止它所在的循环语句的执行，而是结束本次循环，并开始下一次循环。

4.6　循环嵌套

一个循环语句的循环体内包含另一个完整的循环结构，称为循环的嵌套。嵌在循环体内的循环称为内循环，嵌有内循环的循环称为外循环。这种嵌套的过程可以有很多重，一个循环的外面包围一层循环叫双重循环，如果一个循环的外面包围两层循环叫三重循环，一个循环的外面包围三层或三层以上的循环叫多重循环。这种嵌套在理论上来说可以是无限的。

设计多重循环程序的关键，是首先要明确每一重循环完成的任务，通常外循环用来对内循环进行控制，内循环用来实现具体的操作。对于双重循环，外层循环控制变量每变化一次，内层的循环从头到尾执行一遍。例如，对于双重循环，内层循环体被执行的次数应为：内层次数*外层次数。

三种循环语句 while、do-while、for 可以互相嵌套，自由组合。外层循环体中可以包含一个或多个内层循环结构，但要注意的是，各循环必须完整包含，相互之间绝对不允许有交叉现象。因此每一层循环体都应该用 { } 括起来。下面的形式是不允许的：

```
do
{ …
  for(; ;)
  { …
}while();
}
```

在这个嵌套结果中出现了交叉。

下面通过例子说明多重循环的执行流程：

```
for  (i=1; i<3; i++) /* 外层 i 循环 */
  { printf ("i=%d→", i );
     for (j=1; j<3; j++) /* 内层 j 循环 */
```

```
        printf ("j=%d    ", j );
      printf ("*j=%d\n", j ); /*  内层 j 循环结束时的 j 值  */
      }
printf ("*i=%d\n", i ); /*  外层 i 循环结束时的 i 值  */
```

运行该程序段输出：

i=1→j=1 j=2 *j=3

i=2→j=1 j=2 *j=3

*i=3

从输出可以看出，对外层循环控制变量 i=1 时，内层循环控制变量 j 从 1 变化到 2，j=3 时退出内循环；然后外层循环控制变量 i 增加 1（i=2），对 i=2 时，内层循环控制变量 j 仍然从 1 变化到 2，j=3 时退出。外层循环控制变量 i 又增加 1（i=3），退出 i 循环。所以，执行多重循环时，对外层循环变量的每一个值，内层循环的循环变量从初值变化到终值。对外层循环的每一次循环，内层循环要执行完整的循环语句。

【例 4-11】　求 3 到 100 之间的所有素数。

在例 4-4 中介绍了如何判断给定整数 k 是否是素数的方法，即用循环考察 k%i (i=2, 3,…, k-1)，若存在某个 i 使 k%i 为 0，则 k 不是素数，否则 k 是素数。k 是通过输入提供的。本例要求 3～100 之间的所有素数，可以在外层加一层循环，用于提供要考察的整数: k=3, 4,…, 99, 100。即外层循环提供要考察的整数 k，内层循环则判别 k 是否是素数。

为了提高效率，可对素数的判定作下面的改进。

① 在 3～100 间的素数，应均为奇数，因此，外层循环可以改为：

```
      for ( k=3; k<=100; k+=2 )
```

这样减少一半数的判断，节省了时间。

② 若自然数 k 是素数，则 k 不能被 2, 3,…, $\sqrt{k}$ 整除。所以内层循环可以改为：

```
      for ( i=2; i<=sqrt(k); i++ )
```

这样当 k 较大时，用这种办法，除的次数大大减少，提高了运行效率。

```
#include <math.h>
#include <stdio.h>
int main ( )
{
   int tag, i, k; /*定义整型变量 i,tag,k*/
   for( k=3; k<=100; k+=2 ) /*循环，当 i>100 结束循环  */
   {
     tag=1; /*初始化 tag 为 1 */
     for ( i=2; i<=sqrt(k); i++ ) /* i 循环中分别检测 k 能否被 i 整除，i=2,3…, sqrt(k)*/
     if ( k%i==0 ) /* k 能被 i 整除，k 不是素数,令 tag=0 */
     {
        tag=0;
        break;
     }
     if ( tag==1 ) /*若 tag 为 1，则 k 为素数，否则为非素数  */
        printf ("%5d", k);
```

```
    }
    printf("\n"); /*换行 */
    return 0;
}
```

【运行结果】程序运行结果如图 4-22 所示。

```
"E:\book\C语言\C语言 (2015)\MyCode\Debug\4-3.exe"
     3    5    7   11   13   17   19   23   29   31   37   41   43   47   53   59
    61   67   71   73   79   83   89   97
Press any key to continue
```

图 4-22　例 4-11 程序运行结果

【程序说明】在程序开头增加命令 #include <math.h>，因为 sqrt( )函数在 math.h 文件中定义。

【例 4-12】　输出以下#三角图形，共 10 行，#数目逐行加 1。

```
#
##
###
####
…
##########
```

先来看输出第 i 行的情况：第 i 行有 i 个 "#" 符，可以用 for 循环实现，语句如下：

```
for(j=1;j<=i;j++)
    printf("#");
```

若在上述 for 语句之外再加一个外循环，使 i 由 1～10 依次取值，每次取值后执行上述 for 语句，将很容易实现所要求图案的输出。由分析可知，使用一个两重循环的控制结构，即可实现图案输出。

执行流程如图 4-23 所示。

```
#include <stdio.h>
int main()
{
int i,j; /*定义整型变量 i,j*/
for(i=1;i<=10;i++) /*循环，当 i>10 结束循环 */
{
for(j=1;j<=i;j++)/*循环，当 j>i 结束循环 */
        printf("#");
printf("\n");/*换行 */
}
return 0;
}
```

【运行结果】程序运行结果如图 4-24 所示。

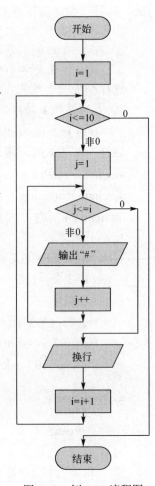

图 4-23　例 4-12 流程图

图 4-24 例 4-12 程序运行结果

【程序说明】这是由 for 语句构成的两重循环，外循环对输出的行数进行控制，内循环控制每行输出的"#"的个数。程序执行过程中，当由外循环进入内循环后，便执行内循环的循环体，在一行上连续输出"#"符，内循环结束后，继续执行外循环的循环体，"printf("\n")"产生换行操作，使下一次输出"#"符时输出在新行上。

【例 4-13】 计算算式 xyz+yzz=532 中的 x,y,z 值(其中 xyz 和 yzz 分别代表一个三位数)。

```c
#include <stdio.h>
int main()
{
int x,y,z,i,result=532; /*定义整型变量 i,x,y,z,result*/
for( x=1;x<10;x++ ) /*循环，当 x>=10 结束循环 */
{
    for(y=1;y<10;y++)/*循环，当 y>=10 结束循环 */
    {
        for(z=0;z<10;z++)/*循环，当 z>=10 结束循环 */
        {
                i=100*x+10*y+z+100*y+10*z+z; /*根据公式，求 i 值 */
                if (i==result) /*若 i 等于 result，则输出结果*/
                    printf("x=%d,y=%d,z=%d\n" ,x,y,z);
        }
    }
}
    return 0;
}
```

【运行结果】程序运行结果如图 4-25 所示。

图 4-25 例 4-13 程序运行结果

【程序说明】由于 xyz 和 yzz 分别代表一个三位数，所以 x 的取值范围是 1~9，y 的取值范围是 1～9，z 的取值范围则为 0～9。

注意以下几点。

① 在使用循环嵌套时，要注意外循环和内循环在结构上不能出现交叉。

② 在同一个循环体中，允许出现多个并列的内循环结构，各个循环的嵌套重数没有限制。

③ C 语言的三种循环语句可以互相嵌套,任何一种循环语句都可以用在其他循环语句的循环体中。

4.7　goto 语句和标号

goto 语句是无条件转移语句。其功能是改变程序控制的流程，无条件地将控制转移到语句标号所在处。

语句格式：

goto 语句标号；

其中，语句标号用标识符来命名，当它放在某个语句行的前面作该语句行的标识时，它的后面需要有 ":"。

例如：error: 语句；

在 C 语言中，语句标号通常与 goto 语句配合使用，表示无条件跳转到语句标号指定的语句位置。程序中，标号必须与 goto 语句同处于一个函数中，但可以不在一个循环层中。goto 语句通常与 if 条件语句配合使用，实现条件转移、循环以及中断循环处理等功能。

例如：

```
goto error;
……
error: if(x==0)
        printf("error information");
```

goto 语句不常用，主要因为它的大量使用会破坏程序的结构化，使程序的流程控制混乱，可读性降低，调试困难。但是，对于多层循环嵌套（三层以上），采用 goto 语句可以直接从内循环跳转到循环外。这种"直接跳转"没有任何限制，提高程序的执行效率。通常情况下不允许使用 goto 语句从循环体外跳转到循环体内。

【例 4-14】 输出 1～100 之间的自然数之和。

```
#include <stdio.h>
int main()
{
int i,sum=0; /*定义整型变量 i, sum，并初始化 sum 为 0*/
i=1;/* 赋初值*/
loop: if(i <=100) /*若 i 小于等于 100，则求和*/
{
sum=sum+i; /*求和，将结果放入 sum 中*/
i=i+1;/* 修改循环控制变量*/
goto loop; /*转向 loop*/
}
```

```
printf("sum=%d\n",sum); /*输出结果 */
return 0;
}
```

【运行结果】程序运行结果如图 4-26 所示。

图 4-26　例 4-14 程序运行结果

【程序说明】goto 语句的跳转只能在函数内部，不能在不同的函数之间进行，因此 goto 语句与语句标号必须在同一个函数体。

4.8　应用举例

【例 4-15】　用递推法求 Fibonacci 数列的前 20 项。

【问题分析】斐波那契数列的发明者，是意大利数学家列昂纳多·斐波那契。斐波那契数列又因数学家列昂纳多·斐波那契以兔子繁殖为例子而引入，故又称为"兔子数列"。 问题是这样给出的：假设兔子在出生两个月后，就有繁殖能力，每对兔子每个月能生出一对小兔子来。如果所有兔子都不死，第一个月兔子没有繁殖能力，所以还是一对兔子，同样第二个月还是一对兔子，第三个月，生下一对小兔，共有两对兔子，第四个月，老兔子又生下一对小兔子，因为小兔子还没有繁殖能力，所以一共是三对小兔子，以此类推，Fibonacci 数列为：1,1,2,3,5,8,13,21,34，…。

不难发现：

$$f_1 = 1$$
$$f_2 = 1$$
$$f_3 = f_1 + f_2$$
$$f_4 = f_2 + f_3$$
$$\vdots$$
$$f_n = f_{n-2} + f_{n-1}$$

可以用如下递推公式求它的第 n 项：

$$\begin{cases} f_1 = 1, & n = 1 \\ f_2 = 1, & n = 2 \\ f_n = f_{n-2} + f_{n-1}, & n \geqslant 3 \end{cases}$$

为了程序设计方便，我们只使用三个变量 fn,f1,f2，且均说明为长整型。

开始让 f1=1,f2=1，根据 f1 和 f2 可以计算出 fn（f=f1+f2）。此后 f1 的值不再需要，将 f2 的值复制到 f1 中，将 fn 的值复制到 f2 中，仍旧执行语句 fn=f1+f2，这时计算出的 fn 值实际上是 f4 的值。如此反复，可以计算出 Fibonacci 数列的每项值。

【参考代码】

```c
#include <stdio.h>
int main ( )
{
long fn, f1, f2; /*定义长整型变量 fn,f1,f2*/
int i; /*定义整型变量 i */
f1 = f2 = 1; /*初始化变量 f1 和 f2 为 1 */
printf ("%-6ld%-6ld", f1,f2); /*输出 f1，f2 */
for ( i=3; i<=20; i++ ) /* 产生第 3 到 20 项 */
{
fn=f1+f2; /* 递推出第 i 项 */
printf("%-6ld", fn); /*输出 fn */
if ( i%4==0 )
printf("\n"); /* 每行输出 4 个数 */
f1=f2;
f2=fn; /* 为下一步递推做准备 */
}
return 0;
}
```

【运行结果】程序运行结果如图 4-27 所示。

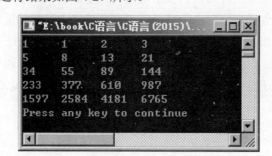

图 4-27　例 4-15 程序运行结果

【程序说明】以上程序还可以改进。当 f1+ f2 → fn 时，f1 对下次递推已无作用，所以用 f1 存放当前递推结果是很自然的。下次递推公式为 f2+ f1 →f2，注意，此时 f1 是上次的递推结果，同样，本次递推后，f2 已经无用了，故用 f2 存放当前递推结果。

例如，f1=f2=1

f1=f1+f2 → f1=1+1=2

f2=f2+f1 → f2=1+2=3

f1=f1+f2 → f1=2+3=5

     ⋮

这样，循环体中可用如下语句进行递推：

f1=f1+f2;

f2=f2+f1;

一次可产生两项。循环次数减少一半。下面是改进后的程序：

#include <stdio.h>

```
int main ( )
{
long f1,f2; /*定义长整型变量 f1,f2*/
int i; /*定义整型变量 i */
f1 = f2 =1; /*初始化变量 f1 和 f2 为 1 */
printf ("%10ld%10ld", f1,f2); /*输出 f1，f2 */
for ( i=2; i<=10; i++ ) /* 产生第 3 到 20 项 */
{
f1 = f1+f2; /* 递推出 2 项 */
f2 = f2+f1;
printf ("%10ld%10ld", f1,f2); /*输出 f1，f2 */
if ( i%2==0 ) /*若 i 能被 2 整除，则换行 */
printf("\n"); /* 每行输出 4 个数 */
}
return 0;
}
```

【例 4-16】 编写一个程序，输出以下乘法表。

```
1*1=1
1*2=2    2*2=4
1*3=3    2*3=6    3*3=9
1*4=4    2*4=8    3*4=12    4*4=16
……      ……      ……       ……       ……
1*9=9    2*9=9    3*9=27    4*9=36    ……      9*9=81
```

【问题分析】乘法表的特点是：

① 共有 9 行；

② 每行的式子数很有规律，即属于第几行，就有几个式子；

③ 对于每一个式子，既与所在的行数有关，又与所在行的具体位置有关。

【参考代码】

```
#include <stdio.h>
int main ( )
{
int i,j; /*定义整型变量 i 和 j */
for(i=1;i<=9;i++)    /*外循环控制输出的行数*/
{
for(j=1;j<=i;j++)    /*内循环输出表中的一行*/
    printf("%d*%d=%-3d",j,i,i*j);
    printf("\n");    /*换行控制，使下一次的式子输出在新行上*/
}
return 0;
}
```

【运行结果】程序运行结果如图 4-28 所示。

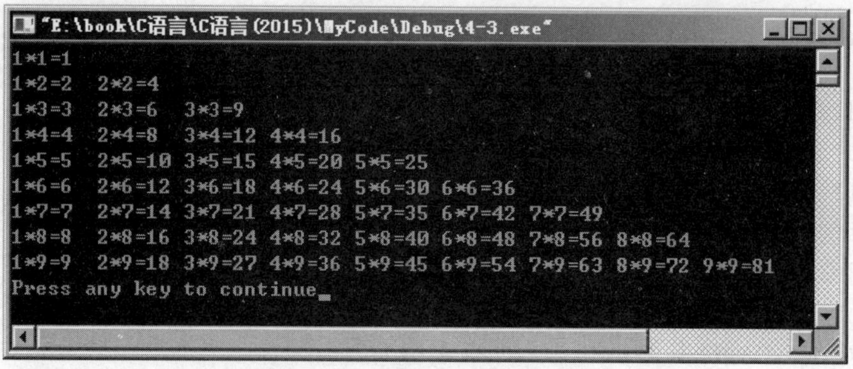

图 4-28　例 4-16 程序运行结果

【程序说明】

① 设要输出的行为第 i 行，对于该行有 i 个式子，因此 j 的取值为初值为 1，最大为 i。

② 语句"printf("\n");"是在内循环之后，也就是输出第 i 行后换行。

【例 4-17】 百钱买百鸡问题。公鸡一只 5 钱，母鸡一只 3 钱，小鸡 3 只一钱，现有 100 个铜钱要买 100 只鸡，问 100 只鸡中公鸡、母鸡、小鸡各多少？

【问题分析】这是一个古典数学问题，利用现有的数学知识，依然没有办法求解，此问题为具有两个等式和三个未知数的方程组。如何处理这类问题，主要是用到了穷举遍历的方法。

首先，为了程序设计方便，我们使用三个变量 i,j,k，且均说明为整型。其中 i 表示公鸡个数，j 表示母鸡个数，k 表示小鸡个数。由于鸡的总数为 100 只，因此 i,j,k 的取值范围为 1～100。其次，根据总的钱数为 100，可以进一步确认 i,j,k 的取值范围。

① i 的取值范围为 1～20；

② j 的取值范围为 1～33；

③ k 的取值范围为 1～100。

接下来，遍历 i,j,k 的所有可能组合：

for(i=1;i<20;i++)

for(j=1;j<33;j++)

for(k=1;k<100;k++)

if(((i*5+j*3+k/3==100)&&((i+j+k)==100))

printf("cock=%d,hen=%d,chicken=%d\n",i,j,k);

【参考代码】

```c
#include <stdio.h>
int main()
{
int i,j,k; /*定义整型变量 i,j,k*/
for(i=1;i<20;i++)/*循环，当 i>=20 结束循环 */
for(j=1;j<33;j++)/*循环，当 j>=33 结束循环 */
for(k=1;k<100;k++)/*循环，当 k>=100 结束循环 */
if(((i*15+j*9+k)==300)&&((i+j+k)==100)) /*(i*5+j*3+k/3==100)*/
printf("cock=%d,hen=%d,chicken=%d\n",i,j,k); /*输出结果 */
return 0;
```

}

【运行结果】程序运行结果如图 4-29 所示。

图 4-29　例 4-17 程序运行结果

【程序说明】由于在整除运算过程中近似处理，将会造成计算误差，因此将
i*5+j*3+k/3==100 修改为 i*15+j*9+k==300。

4.9　常见错误分析

在进行循环程序设计时，一定要搞清楚在循环前做什么事，在循环中做什么事，在循环后做什么事。通常在循环前要做一些准备工作，例如累加和变量置 0，累乘积变量置 1 等。在循环中进行计算、处理。在循环后输出计算结果，但有时要在循环内一边计算，一边输出。在编写多循环时，首先要确定它是几重循环，在每一重循环前、循环中、循环后应做什么事。当内外循环次数有依赖关系时，可以通过 for 语句的三个表达式，或 while 语句、do-while 语句的表达式正确地反映这个依赖关系。总之，如果把该做的事情忘了，或把它们放错了位置，就不能得出正确和满意的结果。

① 误把=作为==使用。

这与条件语句中的情况一样，如：

while(x=1){

　…

}

这是一个恒真条件的循环，正确地写法应是

while(x==1){

　…

}

② 忘记用花括号括起循环体中的多个语句，这也与条件语句类似，如：

while(x<=10)

　printf("%d",x);

x++;

由于没有用花括号，循环体就只剩下"printf("%d",x);"一条语句。正确的写法应为

while(x<=10){

　printf("%d",x);

　x++;

}

③ 在不该加分号的地方加了分号。如

```
for(i=1;i<=10;i++);
    s+=i;
```

由于 for 后加了一个分号，表示循环体只有一个空语句，而"s+=i;"与循环无关。正确地写法应为

```
for(i=1;i<=10;i++)
    s+=i;
```

④ 花括号不匹配。

由于各种控制结构的嵌套，有些左右花括号相距可能较远，这就可能会忘掉右侧的花括号而造成花括号不匹配，这种情况在编译时可能产生许多莫名其妙的错误，而且错误提示与实际错误无关。解决的办法是可以在括号后加上表示层次的注释，如

```
while(){     /*1*/
    …
    while(){     /*2*/
      …
      if(){    /*3*/
      …
      for(){/*4*/
      …
        }/*4*/
      …
    }/*3*/
    …
    for(){/*3*/
      …
    }/*3*/
    …
    }/*2*/
  …
  }/*1*/
```

每次遇到嵌套左括号时就把层次加 1，每次遇到右括号时就把层次减 1，当括号不匹配时最后的右括号的层次号就不是 1，可以肯定有括号丢失。

⑤ 死循环。

由于某种原因使循环无休止地运行，或直到出错才结束循环，如：

```
i=1;
while(i<=10)
    s+=i;
```

由于 i 没有改变，所有 i<=10 永远为真，循环将一直延续下去。另一种情况是，虽然有改变循环条件的运算，但改变的方向不对，如：

```
i=1;
while(i>=0){
    s+=i;
    i++;
```

}

i 开始就大于 0，而以后每次都增加 i 的值，使条件 i>=0 总是成立，直到 i 值为 32767 后再加 1，超越正数的表示范围而得到负值时才结束，这时的结果肯定与希望的不同。

再有一种情况是循环条件被跳过去造成的，如：

for(i=1;i==10;i+=2)　{

　　…

}

由于 i 值每次增加 2，所以取值为 1,3,5,7,9,11,…把 10 跳过去了，正确的写法应为

for(i=1;i<=10;i+=2) {

　　…

}

当 i 值超过 10 时循环就结束了。

本 章 小 结

循环控制结构是 C 语言程序的三种控制结构之一，它由循环语句实现。本章介绍了构成循环结构的三种循环语句：while 语句、do-while 语句和 for 语句。一般用某种循环语句写的程序段，也能用另外两种循环语句实现。while 语句和 for 语句属于"当型"循环，即"先判断，后执行"；而 do-while 语句属于"直到型"循环，即"先执行，后判断"。在实际应用中，一般 for 语句多用于循环次数明确的问题，而无法确定循环次数的问题采用 while 语句或 do-while 语句比较自然。for 语句的三个表达式有多种变化，例如省略部分表达式或全部表达式，甚至把循环体也写进表达式 3 中，循环体为空语句，以满足循环语句的语法要求。

出现在循环体中的 break 语句和 continue 语句能改变循环的执行流程。它们的区别在于：break 语句能终止整个循环语句的执行；而 continue 语句只能结束本次循环，并开始下次循环。break 语句还能出现在 switch 语句中；而 continue 语句只能出现在循环语句中。

任何循环语句实现的循环都允许嵌套，但在循环嵌套时，要注意外循环和内循环在结构上不能出现交叉。

if 语句和 goto 语句虽然可以构成循环，但效率不如循环语句，更重要的是，结构化程序设计不主张使用 goto 语句，因为它会搅乱程序流程，降低程序的可读性。

习 题

一、选择题

1. 语句 while(!E);中的表达式!E 等价于（　　）。

　　A. E==0　　　　B. E!=1　　　　C. E!=0　　　　D. E==1

2. 设有程序段

int k=10;

while(k=0)k=k-1;

则下面描述中正确的是（　　）。

　　A. while 循环执行 10 次　　　　　　　B. 循环是无限循环

　　C. 循环体语句一次也不执行　　　　　D. 循环体语句执行一次

3. 下面程序段的运行结果是（　　）。

```
int n=0;
while(n++<=2);
printf("%d",n);
```
  A. 2   B. 3   C. 4   D. 有语法错

4. 执行语句 for(i=1;i++<4;);后，i 的值是（ ）。

  A. 3   B. 4   C. 5   D. 不定

5. 下列说法中正确的是（ ）。

  A. break 用在 switch 语句中，而 continue 用在循环语句中

  B. break 用在循环语句中，而 continue 用在 switch 语句中

  C. break 能结束循环，而 continue 只能结束本次循环

  D. continue 能结束循环，而 break 只能结束本次循环

6. 若 int x；则执行下列程序段后输出是（ ）。

```
for   ( x=10; x>3; x-- )
{   if   ( x%3 )
  x--;
  --x;
  --x;
 printf("%d ",x);
}
```
  A. 6 3   B. 7 4   C. 6 2   D. 7 3

7. 以下程序段的循环次数是（ ）。

```
for   (i=2; i==0; )
  printf("%d" ,  i--) ;
```
  A. 无限次 B. 0 次   C. 1 次   D. 2 次

8. 以下不是死循环的程序段是（ ）。

  A. int i=100;   B. for (; ;) ;

   while (1) {

    i=i%100+1 ;

    if   (i>100)

    break ;}

  C. int k=0;   D. int s=36;

   do   {   while   (s)

    ++k; }   --s ;

   while (k>=0);

9. 下述语句执行后，变量 k 的值是（ ）。

  int k=1;

  while (k++<10);

  A. 10   B. 11   C. 9   D. 无限循环，值不定

10. 下面程序的输出结果是（ ）。

```
int main( )
{int i,j;
 float s;
 for(i=6;i>4;i--)
```

```
  { s=0.0;
    for(j=i;j>3;j--)
      s=s+i*j;
  }
printf("% f\n",s);
return 0;
}
```

　　　A．135.000000　　　　　B．90.000000　　　　　C．45.000000　　D．60.000000

二、填空题

1．C 语言三个循环语句分别是_____语句、_____语句和_____语句。

2．至少执行一次循环体的循环语句是_____。

3．下面程序的运行结果是_____。

```
#include <stdio.h>
int main()
{  int a,s,n,count;
   a=2;s=0;n=1;count=1;
   while(count<=7)
  {n=n*a;
   s=s+n;
   ++count;
    }
printf("s=%d",s);
return 0;
}
```

4．下面程序段的运行结果是_____。

```
i=1;a=0;s=1;
do{
 a=a+s*i;
 s= -s;
 i++;
 }while(i<=10);
 printf("a=%d",a);
```

5．下面程序段的运行结果是_____。

```
i=1;s=3;
do{s+=i++;
   if(s%7==0)
    continue;
   else
    ++i;
  }while(s<15);
printf("%d",i);
```

6.下面程序段是从键盘输入的字符中统计数字字符的个数，用换行符结束循环。请填空。

```
int n=0,c;
c=getchar();
while(____)
 {  if(____)
     n++;
    c=getchar();
}
```

7. 下面程序的功能是用"辗转相除法"求两个正整数的最大公约数，请填空。

```
#include <stdio.h>
int main()
{ int r,m,n;
  scanf("%d%d",&m,&n);
  if(m<n)
    _____;
  r=m%n;
  while(r)
{ m=n;
  n=r;
  r=_____;
  }
 printf("%d\n",n);
return 0;
}
```

8. 以下程序的输出结果是_____。

```
int main( )
{   int i;
  for(i=1;i<=5;i++)
  {  if(i%2)
    printf("*");
   else
     continue;
 printf("#");
 }
 printf("$\n");
return 0;
}
```

9. 以下程序的输出结果是_____。

```
int main( )
{   int y=10;
  for  (  ;  y>0;  y-- )
  {  if  (y%3)
    continue;
```

```
    printf ("%4d",--y);
  }
return 0;
}
```

10. 以下程序的功能：从键盘上输入若干学生的成绩，统计并输出最高成绩和最低成绩，当输入负数时结束输入。填空，使程序正确。

```
int main( )
{ float x,amax,amin;
  scanf("%f",&x);
  amax=x;
  amin=x;
  while (_____)
  { if （  x>amax ）
     amax=x;
   if (_____)
     amin=x;
  scanf("%f",&x);
  }
 printf("\namax=%f\namin=%f\n",amax,amin);
return 0;
}
```

三、编程题

1. 求 1−3+5−7+⋯−99+101 的值。

2. 任意输入 10 个数，计算所有正数的和、负数的和以及这 10 个数的总和。

3. 任意输入小于 32768 的正整数 s，从 s 的个位开始输出每一位数字，用逗号分开。

4. 连续输入一批正整数直到输入 0 时就停止输入，求其中的最大者。

5.编写程序，求 e 的近似值。

e ≈ 1+1/2！ +1/3！ +⋯+1/n！

① 计算前 60 项。

② 计算各项，直到最后一项的值小于 10^{-4} 为止（计算的项均大于等于 10^{-4}）。

6.用 40 元买苹果、西瓜和梨共 100 个，3 种水果都要。已知苹果 0.4 元一个，西瓜 4 元一个，梨 0.2 元一个。问可以各买多少个？输出全部购买方案。

7. 编写程序，用循环嵌套输出以下图形：

```
      *
     ***
    *****
   *******
    *****
     ***
      *
```

8. 输出所有大于 1010 的 4 位偶数，且该偶数的各位数字两两不相同。

9. 输入一串字符，长度不超过 80 个，分别统计出其中大写英文字母、小写英文字母、空格和其他字符的个数，并分别输出。

10. 用循环嵌套打印出所有的"水仙花数"，水仙花数是指一个 3 位数，它的每个位上的数字的 3 次幂之和等于它本身（例如：$1^3 + 5^3 + 3^3 = 153$）。

第5章 数　　组

大家在前面的章节中已经碰到过这样的例子：求两个整数中的较小的那个，或者求三个整数中的最小数。那么大家想一下，如果题目中要求大家找出 10 个整数中的最小数呢，甚至 100 个整数中的最小数呢？

在计算机应用领域中，也常常遇到这类处理大量数据的问题，其特点也是：数据量很大，数据之间存在一定的内在关系。那么，对于这样的一组数据，计算机如果用前面讲过的简单变量来处理就很不方便，甚至不能处理。考虑上面的求出 10 个整数中的最小数，先要设 10 个变量 a1, a2, a3, …, a10，然后这 10 个变量之间又要相互比较，求出最小数。显然是非常麻烦。为了解决这一问题，C 语言引入了一个重要的数据结构——数组，它是具有相同数据类型的变量集合，这些变量具有相同的名字，但用不同的下标表明数据的位置，一般称这些变量为数组元素。将数组与循环结合起来，可以有效地处理大批量的数据，大大提高了工作效率，十分方便。

本章介绍在 C 语言中怎样定义和使用数组，包括一维数组、二维数组和字符串。

5.1　一维数组

5.1.1　一维数组的定义和引用

【例 5-1】　要求从键盘中输入 10 个互不相同的整数，求其中的最小数并输出。

```
10    #include <stdio.h>
20    int main()
30    {
40        int a[10];                        /*定义数组 a*/
50        int i,min;                        /*定义变量 i 和 min*/
60        for(i=0;i<=9;i++)                 /*循环 10 次*/
70            scanf("%d",&a[i]);            /*从键盘输入数给数组元素赋值*/
80        for(i=0;i<=9;i++)                 /*循环 10 次*/
90            printf("%d\t",a[i]);          /*输出数组元素的值*/
100       min=a[0];                         /*给 min 变量赋初值*/
110       for(i=1;i<=9;i++)                 /*循环 9 次*/
120           if(min>a[i])                  /*如果 min 大于 a[i]*/
130               min=a[i];                 /*将较小的赋给 min */
140       printf("The min is %d\n",min);    /*输出最小值*/
150       return 0;
160   }
```

该程序的流程图如图 5-1 所示。

【运行结果】程序运行结果如图 5-2 所示。

【程序说明】

① 行号为 40 的语句"int a[10];"是数组的定义。表示定义一个名为 a 的数组，其中这个数组里包含 10 个元素，均为整型。

② 行号为 70、90、100、120 和 130 的语句都是对该数组的引用。

（1）一维数组的定义

在 C 语言中使用数组必须先进行定义。一维数组的定义方式为：

类型说明符　数组名[常量表达式];

① 类型说明符是任一种基本数据类型或构造数据类型，即 int、float、char 等这些基本数据类型。从这里可以看出，数组是建立在基本数据类型的基础之上的，因此数组为构造类型。在上面的例子中 int 表示数组元素为整型数据。

② 数组名是用户定义的数组标识符。对于数组元素来说，具有一个共同的名字，即数组名，用标识符表示，上面例子中 a 为一维数组名。

③ 方括号中的常量表达式表示数据元素的个数，也称为数组的长度。

例如：

float b[10],c[20];　　定义实型数组 b，有 10 个元素，实型数组 c，有 20 个元素。

char ch[20];　　　　　定义字符数组 ch，有 20 个元素。

对于数组定义应注意以下几点。

① 数组的类型实际上是指数组元素的取值类型。对于同一个数组，其所有元素的数据类型都是相同的。

② 数组名不能与其他变量名相同。

例如：

main()

{

　　int a;

　　float a[10];

...

}

是错误的。

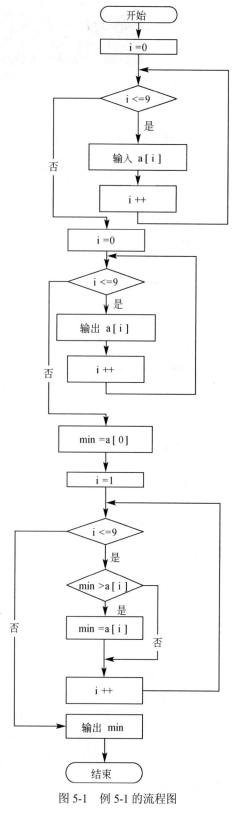

图 5-1　例 5-1 的流程图

图 5-2　例 5-1 程序运行结果

③ 方括号中常量表达式表示数组元素的个数，如 a[5] 表示数组 a 有 5 个元素。但是其下标从 0 开始计算。因此 5 个元素分别为 a[0],a[1],a[2],a[3],a[4]。

④ 不能在方括号中用变量来表示元素的个数，但是可以是符号常数或常量表达式。例如：

```
#define D 5
main()
{
    int a[3+5],b[4+D];          /*合法的定义*/
    …
}
```

但是下述说明方式是错误的：

```
main()
{
    int n=10;
    int a[n];                   /*不合法的定义，n 为变量*/
    …
}
```

（2）一维数组元素的存储

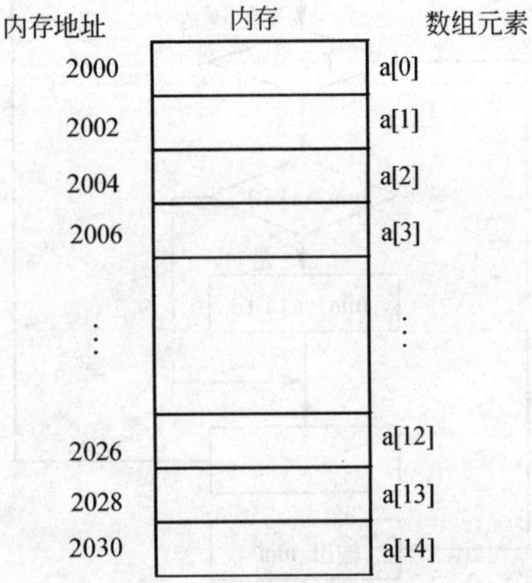

图 5-3　一维数组的存储形式

每个数组元素都占用内存中的一个存储单元，每个元素都是一个变量，可以像以前讲过的普通变量一样使用，只不过数组元素是通过数组名和方括号"[]"里的下标来确定的。系统为数组元素在内存中分配连续的存储单元。

例如：定义语句 int a[15];说明了以下几个问题。

① 数组名为 a。

② 数组元素的数据类型为 int 整型数据。

③ 数组元素的下标值从 0 开始。数组元素的个数为 15 个，它们是 a[0], a[1], a[2] ,…, a[13], a[14]。

④ 数组名 a 是数组存储区的首地址，即存放数组第一个元素的地址。a⇔&a[0]；因此数组名是一个地址常量。不能对数组名进行赋值和进行运算。这个例子中数据元素的存储形式如图 5-3 所示。

（3）一维数组元素的引用

数组的引用就是对数组元素（数据）的读取操作。数组的引用与变量的引用类似，数组的引用也是先定义后引用。与变量不同的是不能对数组整体进行（读取）操作，只能对数组的元素进行操作。一维数组的引用格式：

数组名[下标]

① 下标可以是常量或常量表达式，如 a[3], a[3+2]。

② 下标也可以是变量或变量表达式，如 a[i], a[i+j], a[i++]。

③ 下标如果是表达式，首先计算表达式，计算的最终结果为下标值。

④ 引用时，下标值若不是整型，C 系统会自动取整，a[5.3]相当于 a[5]。

⑤ 下标值从 0 开始，而不是从 1 开始。

⑥ 数组的引用下标不能越限，即引用时的下标不能超过或等于定义时的下标值。如 int a[10];a[10]=4;是错误的。

【例 5-2】有等差数列 $a_n=3n$，要求输出 a_n 的所有值，并求出数列的和。n 为 0～9 的整数。

```c
#include <stdio.h>
int main()
{
    int a[10];                      /*定义数组 a*/
    int n,sum=0;                    /*定义变量 n 和 sum*/
    for(n=0;n<=9;n++)               /*循环 10 次*/
    {
        a[n]=3*n;                   /*给数组元素赋值*/
        printf("a[%d]=%d\t",n,a[n]); /*输出数组元素*/
        sum+=a[n];                  /*将数组元素作累加*/
    }
    printf("sum=%d\n",sum);         /*输出累加和*/
return 0;
}
```

【运行结果】 程序运行结果如图 5-4 所示。

图 5-4　例 5-2 程序运行结果

【程序说明】要输出 a[0]到 a[9]的所有数据，需要用到循环语句，让循环变量从 0 到 9 循环输出数组中的每个数；每循环一次把数值累加到 sum 变量中，要注意，sum 变量必须赋初值为 0。

5.1.2　一维数组的初始化

与一般变量的初始化一样，数组的初始化就是在定义数组的同时，给其数组元素赋初值。数组初始化是在编译阶段进行的。这样将减少运行时间，提高效率。

初始化赋值的一般形式为：

类型说明符 数组名[常量表达式]={数值 1，数值 2，…，数值 n}；

其中在{ }中的各数据值即为各元素的初值，各值之间用逗号间隔。例如：int a[3]={0,1,2}；相当于 a[0]=0;a[1]=1;a[2]=2;C 语言对数组的初始化有以下几点规定。

① 可以只给部分元素赋初值。当{ }中值的个数少于元素个数时，只给前面部分元素赋值。例如：int a[10]={0,1,2,3,4};相当于只给 a[0],a[1], a[2],a[3],a[4]赋初值，而后 5 个元素自动赋 0 值。

② 只能给元素逐个赋值，不能给数组整体赋值。例如给 10 个元素全部赋 1 值，只能写为：int a[10]={1,1,1,1,1,1,1,1,1,1};而不能写为：int a[10]=1;

③ 如给全部元素赋值，则在数组说明中，可以不给出数组元素的个数。例如：int a[5]={1,2,3,4,5};可写为：int a[]={1,2,3,4,5};

④ 花括号{ }中数值的个数多于数组元素的个数是语法错误。

5.1.3 一维数组应用举例

【例 5-3】 参照例 4-15 中提出的兔子问题，应用数组计算，2 年后有多少对兔子？

【问题分析】 根据题意，以 f[n]表示 n 个月以后兔子的总对数，其规律为 f[n]=f[n–2]+ f[n–1]，如此构成的数列

f[1]=1,f[2]=1,f[3]=2,f[4]=3,f[5]=5,…,f[n]=f[n–2]+f[n–1],…

根据上述题目的要求，可以写成下面的程序。流程图如图 5-5 所示。

【参考代码】

```
#include <stdio.h>
int main( )
{
    int n, f[25];              /*定义变量*/
    f[1]=f[2]=1;               /*赋初值*/
    for(n=3;n<=24;n++)         /*循环条件设定*/
        f[n]=f[n-1]+f[n-2];    /*计算 f[n]的值*/
    for(n=1;n<=24;n++)         /*循环*/
    {
        if((n-1)%4==0)         /*如果 n-1 能够被 4 整除*/
            printf("\n");      /*每输出四个数后换行*/
        printf("%10d",f[n]);   /*输出数列中所有的值*/
    }
    printf("\n");              /*输出换行符*/
```

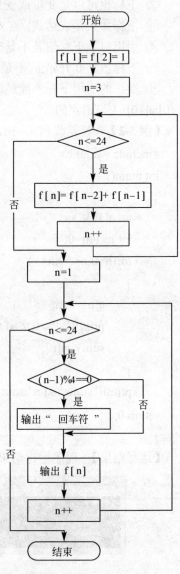

图 5-5　例 5-3 的流程图

```
return 0;
}
```

【运行结果】程序运行结果如图 5-6 所示。

【程序说明】很多数列的问题都可以类似于上述的斐波纳契数列的计算方法，用数组来进行存储和计算。

【例5-4】 任意给 n 个数，按由小到大对其排序，并输出结果。采用"冒泡"排序法。

【问题分析】"冒泡"排序法的思路：将相邻两个数比较，将小的数调到前头(或将大的数调到后面)。若有 5 个数，分别是 7,6,10,4,2，依次将其放入数组 a 中。以下看一下冒泡排序法的处理过程。

（1）第一趟（如图 5-7 所示），经过 4 次比较

第 1 次：将第 1 个数 a[0]和第 2 个数 a[1]进行比较，将较小的数调到前面，也就是说，若后面的数小，就将两数交换，否则不交换。即 7 和 6 对调位置。结果如图 5-7（b）所示。

图 5-6　例 5-3 程序运行结果

第 2 次：将第 2 个数 a[1]和第 3 个数 a[2]进行比较，将较小的调到前面。也就是 7 和 10 比较，这次比较不用对调位置。结果如图 5-7（c）所示。

第 3 次：将第 3 个数 a[2]和第 4 个数 a[3]进行比较，将较小的调到前面。也就是 10 和 4 比较后对调位置。结果如图 5-7（d）所示。

第 4 次：将第 4 个数 a[3]和第 5 个数 a[4]进行比较，将较小的调到前面。也就是 10 和 2 比较后对调位置。结果如图 5-7（e）所示。

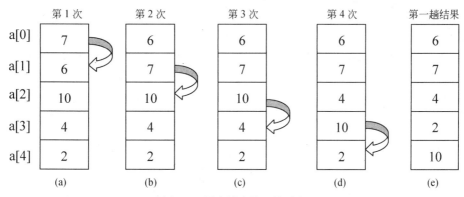

图 5-7　冒泡排序第一趟过程

如此进行共 4 次，结果得到 6-7-4-2-10 的顺序，最大的数 10 成为最下面的一个数。最大的数位置"沉底"，最小的数 2 向上"浮起"一个位置（冒第一个泡）。

这 4 次处理过程都是类似的，都是"相邻两数比较，若后面的数小，则两数交换，否则不交换"；所不同的是"比较的两个数，它们的位置不同"，先是 a[0]和 a[1]比较，再是 a[1]和 a[2]比较，再是 a[2]和 a[3]比较，最后是 a[3]和 a[4]比较，大家会发现一个规律，每次比较位置往后移了一位，所以可以用一个变量 i 控制，每次都是 a[i]和 a[i+1]比较，而每次比较完后 i+1，总共比较 4 次，这样就可以用一个循环来实现，即：

```
for(i=0;i<4;i++)
```

```
    if(a[i]>a[i+1])
    {
        temp=a[i]; a[i]=a[i+1]; a[i+1]=temp;
    }
```

（2）第二趟（如图 5-8 所示），经过 3 次比较

经过第一趟后最大数 10 已经沉到底了，第二趟就对余下的四个数（6-7-4-2）按上述的方法，经过三次比较，得到次大的数。次大的数 7 "沉底"，最小数 2 又向上 "浮起" 一个位置（冒第二个泡），结果得到 6-4-2-7 的顺序。

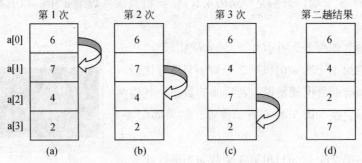

图 5-8　冒泡排序第二趟过程

这趟比较的代码跟第一趟几乎一样，不一样的是比较的次数不一样，那就是循环次数不一样，这趟循环 3 次。用循环语句实现如下：

```
for(i=0;i<3;i++)
    if(a[i]>a[i+1])
    {
        temp=a[i]; a[i]=a[i+1]; a[i+1]=temp;
    }
```

（3）第三趟（如图 5-9 所示），经过 2 次比较

对余下的三个数（6-4-2）按上述方法，经过两次比较，得到第三大数 6 "沉底"，最小数 2 又 "浮起" 一个位置（冒第三个泡）。

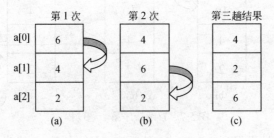

图 5-9　冒泡排序第三趟过程

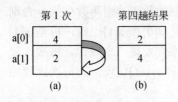

图 5-10　冒泡排序第四趟过程

这趟比较代码同上类似，循环次数变成 2 次。

（4）第四趟（如图 5-10 所示），经过 1 次比较

对余下的两个数（4-2）按上述方法，经过 1 次比较，得到第四大数 4 "沉底"，最小数 2 又 "浮起" 一个位置（冒第四个泡）。

最后得到 5 个数的排序结果：2-4-6-7-10（从小到大）。

从上面的四趟处理过程中可以看出，每一趟都很类似，都是"最大的数位置下沉，最小的数向上浮起一个位置"；所不同的是"每趟比较的次数不同"，第一趟 4 次，第二趟 3 次，第三趟 2 次，第四趟 1 次，所以引入"趟次"循环变量 j，一共需要 4 趟，故 j 从 1~4，而每趟比较的次数都是 5–j。因此，可以用两个 for 循环来实现，"趟次"循环变量 j 作为外层循环控制变量，每趟里面的次数作为内循环：

```
for(j=1;j<=4;j++)              /*j 是趟次循环变量（外循环变量）*/
    for(i=0;i<5-j;i++)         /*i 是每趟中两两比较的次数变量（内循环变量）*/
        if(a[i]>a[i+1])
        {
            temp=a[i]; a[i]=a[i+1]; a[i+1]=temp;
        }                      /*比较相邻两数大小，将较小的数放在前面 */
```

也就是说"冒泡"排序最重要的是在确定趟数和每趟的次数。现在来分析一下：其一，需要比较的趟数——5 个数需要冒 4 个泡，即比较 4 趟，所以 n 个数要比较 n–1 趟；其二，每趟比较次数——5 个数排序，第一趟比较 4 次，第二趟比较 3 次，第三趟比较 2 次，第四趟比较 1 次，得出规律"n 个数排序，第 j 趟要比较 n–j 次"。

综上所述，n 个数需要进行 n–1 趟比较，在第 j 趟的比较中要进行 n–j 次两两比较。所以任意 n 个数进行排序，程序如下：

【参考代码】

```
#include <stdio.h>
#define N 10               /*定义符号常量，对几个数排序，N 的值就是几*/
int main()
{
    int a[N];              /*定义数组 a*/
    int i,j,t;             /*定义变量*/
    printf("input 10 numbers:\n");      /*输出提示语*/
    for(i=0;i<N;i++)                    /*从键盘接收 N 个数据放入数组 a 中*/
        scanf("%d",&a[i]);
    printf("\n");                       /*输出换行符*/
    for(j=1;j<N;j++)                    /*j 是趟次循环变量（外循环变量）*/
        for(i=0;i<N-j;i++)             /*i 是每趟中两两比较的次数变量（内循环变量）*/
            if(a[i]>a[i+1])            /*比较相邻两数大小，将较小的数放在前面 */
            {
                t =a[i];
                a[i]=a[i+1];
                a[i+1]=t;
            }
    printf("the sorted numbers:\n"); /*输出提示语*/
    for(i=0;i<N;i++)      /*将排序好的数组输出*/
        printf("%d\t",a[i]);
    return 0;
}
```

【运行结果】程序运行结果如图 5-11 所示。

图 5-11 例 5-4 程序运行结果

【程序说明】输入或者输出数组中的元素需要用循环语句逐个输入或输出。

5.2 二维数组

5.2.1 二维数组的定义和引用

前面介绍的数组只有一个下标，称为一维数组，其数组元素也称为单下标变量。在实际问题中有很多量是二维的或多维的，比如最常见的矩阵就是二维的，因此 C 语言允许构造多维数组。多维数组元素有多个下标，以标识它在数组中的位置，所以也称为多下标变量。本小节只介绍二维数组，多维数组可由二维数组类推而得到。

（1）二维数组的定义

二维数组定义的一般形式是：

类型说明符 数组名[常量表达式 1][常量表达式 2];

其中常量表达式 1 表示第一维下标的长度，常量表达式 2 表示第二维下标的长度。说明如下。

① 类型说明符、数组名的说明同一维数组的说明。

② 下标为整型常量或整型常量表达式。

③ 数组元素个数为：常量表达式 1×常量表达式 2。

④ 下标值从 0 开始。

例如：int x[2][3];x 是二维数组名，这个二维数组共有 6 个元素 (2×3=6)，它们是：x[0][0]，x[0][1]，x[0][2]，x[1][0]，x[1][1]，x[1][2]。 其全部元素数值均为整型的。

（2）二维数组的存储

二维数组在概念上是二维的，比如说矩阵，但是存储器单元是按一维线性排列的。如何在一维存储器中存放二维数组，可有两种方式： 一种是按行排列， 即放完一行之后顺次放入第二行。另一种是按列排列，即放完一列之后再顺次放入第二列。

x[0][0]
x[0][1]
x[0][2]
x[1][0]
x[1][1]
x[1][2]

图 5-12 二维数组的存储

在 C 语言中，二维数组是按行排列的。如 int x[2][3];先放第一行,即 x[0][0], x[0][1], x[0][2], 再放第二行,即 x[1][0], x[1][1], x[1][2]。如图 5-12 所示。

（3）二维数组的引用

同一维数组一样，二维数组也要先定义、后引用；不能对一个二维数组的整体进行引用，只能对具体的数组元素进行引用。其引用的格式为：

数组名[下标 1][下标 2]

说明：①下标可以是常量（大于等于 0）、常量表达式、变量或变量表达式；

② 数组中要特别注意下标越限。因为有的程序编译系统不检查数组下标越限问题，所以程序设计者应特别注意。

例如 a[2][3]，表示 a 数组第三行第四列的元素。下标变量和数组说明在形式中有些相似，但这两者具有完全不同的含义。数组说明的方括号中给出的是某一维的长度，即可取下标的个数；而数组元素中的下标是该元素在数组中的位置标识。前者只能是常量，后者可以是常量、变量或表达式。

5.2.2　二维数组的初始化

二维数组的初始化即定义数组的同时对其元素赋值，初始化有两种方法。

① 把初始化值括在一对大括号内，例如二维数组 int x[2][3]={1,2,3,4,5,6};初始化结果是：x[0][0]=1，x[0][1]=2，x[0][2]=3，x[1][0]=4，x[1][1]=5，x[1][2]=6。

② 把多维数组分解成多个一维数组，也就是把二维数组可看作是一种特殊的一维数组，该数组的每一个元素又是一个一维数组。例 int x[2][3]; 可把数组 x 看成是具有两个元素的一维数组，其元素是 x[0]和 x[1]。而每个元素 x[0]、x[1]又都是具有三个元素的一维数组，其元素是：x[0][0]，x[0][1]，x[0][2]，x[1][0]，x[1][1]，x[1][2]。

$$x: \begin{cases} x[0]: & x[0][0], x[0][1], x[0][2]; \\ x[1]: & x[1][0], x[1][1], x[1][2]。 \end{cases}$$

因此，上例二维数组的初始化可分解成多个一维数组的初始化：

int x[2][3]={{1,2,3},{4,5,6}};

对于二维数组初始化赋值还有以下两点说明。

① 可以只对部分元素赋初值，未赋初值的元素自动取 0 值。例如：int x[2][2]={{1},{2}};是对每一行的第一列元素赋值，未赋值的元素取 0 值。赋值后各元素的值为：x[0][0]=1，x[0][1]=0, x[1][0]=2, x[1][1]=0。

② 如对全部元素赋初值，则第一维的长度可以不给出。例如二维数组 x 的初始化过程：int x[2][3]={1,2,3,4,5,6};也可写成: int x[ ][3]={1,2,3,4,5,6}; 即第一下标值省略,但第二下标值不能省略。

5.2.3　二维数组应用举例

【例 5-5】 一个学习小组有 5 个人，每个人有三门课的考试成绩。求全组分科的平均成绩和总平均成绩。学生的成绩表如表 5-1 所示。

表 5-1　学生成绩表

课程	张	王	李	赵	周
Math	80	61	59	85	76
C 语言	75	63	67	89	72
英语	90	72	74	80	82

【问题分析】可设一个二维数组 a[5][3]存放五个人三门课的成绩。再设一个一维数组 v[3]存放所求得各分科平均成绩，设变量 average 为全组总平均成绩。流程图如图 5-13 所示。

【参考代码】

```c
#include <stdio.h>
int main()
```

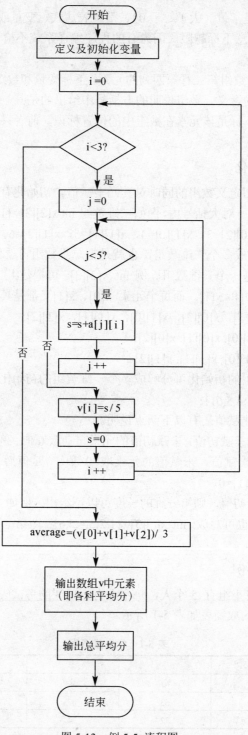

图 5-13　例 5-5 流程图

```
{
    int i,j,s=0,average,v[3];
    /*定义循环变量 i 和 j、各科累加分数变量 s、总平均分 average 和各科平均分 v[3]*/
    int a[5][3]={{80,75,90},{61,63,72},{59,67,74},{85,89,80},{76,72,82}};
```

```
/*初始化*/
    for(i=0;i<3;i++)                  /*外循环*/
      {
        for(j=0;j<5;j++)              /*内循环*/
            s=s+a[j][i];              /*各科的分数累加*/
        v[i]=s/5;                     /*各科平均分*/
        s=0;                          /*S 重新赋初值为 0*/
      }
    average =(v[0]+v[1]+v[2])/3;      /*总平均分*/
    printf("math:%d\nc languag:%d\nenglish:%d\n",v[0],v[1],v[2]);
                                      /*输出各科平均分*/
    printf("total:%d\n", average );   /*输出总平均分*/
    return 0;
}
```

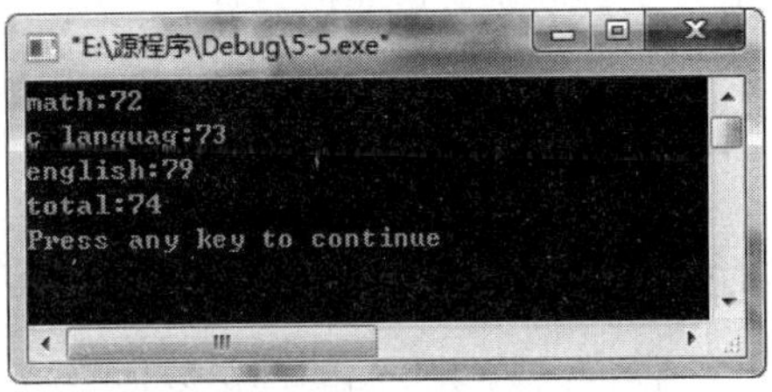

【运行结果】程序运行结果如图 5-14 所示。

【程序说明】定义了一个一维数组 v[3]用来存放各科的平均分，v[0]为数学的平均分，v[1]为 C 语言的平均分，v[2]为英语的平均分。又定义了变量 average 用来表示总平均分。

图 5-14　例 5-5 程序运行结果

【例 5-6】 编写一个程序实现 3×4 的矩阵的转置。矩阵转置是把矩阵的行和列互换，如：

```
1    2    3    4
5    6    7    8
9   10   11   12
```

转置后变成 4×3 的矩阵：

```
1    5    9
2    6   10
3    7   11
4    8   12
```

【问题分析】矩阵转置就是将矩阵的行和列互换，即双重循环实现 b[j][i]=a[i][j]。

【参考代码】

```
#include <stdio.h>
int main()
{
    int a[3][4],b[4][3];  /*定义 3*4 矩阵 a[3][4]和转置后矩阵 b[4][3]*/
    int i,j;                              /*定义循环变量*/
    printf("请输入 3 行 4 列的矩阵 a：\n");    /*输出提示语*/
    for(i=0;i<3;i++)                      /*输入矩阵 a*/
        for(j=0;j<4;j++)
            scanf("%d",&a[i][j]);
    for(i=0;i<3;i++)                      /*矩阵转置*/
```

```
        for(j=0;j<4;j++)
             b[j][i]=a[i][j];                    /*两个矩阵行和列互换*/
        printf("转置后的矩阵 b 为：\n");          /*输出提示语*/
    for(i=0;i<4;i++)                             /*输出转置后的矩阵 b*/
    {
        for(j=0;j<3;j++)
             printf("%5d",b[i][j]);
        printf("\n");                            /*每输出三个元素后输出一个回车符*/
    }
    return 0;
}
```

【运行结果】运行结果如图 5-15 所示。

图 5-15　例 5-6 程序运行结果

【程序说明】在输出矩阵 b 时，应该注意每输出三个数据元素后应该换行。

5.3 字符数组和字符串

5.3.1 字符数组的定义和初始化

前面给大家介绍的都是数值型数组，即数组元素都是数值。那么还有一种数组，其每个元素都是一个字符，也就是说，数组元素的数据类型都是 char 类型的，除此之外，它与前面讲的数组没有区别。这样的用来存放字符量的数组称为字符数组。

字符型数组的定义格式：

char　数组名[字符个数];

例如：char c[5]; 字符数组也可以是二维或多维数组。例如：char c[3][4];即为二维字符数组。

同样的，字符数组也允许在定义时作初始化赋值。字符数组初始化的过程与数值型数组初始化的过程完全一样。例如：char c[4]={'G','o','o','d'};赋值后各元素的值为： c[0]='G';c[1]='o';c[2]='o';c[3]='d'。

字符型数组与数值型数组在初始化中的区别：

char b[9]={'G','o','o','d'};　　　　　/*初始化时，提供的数据个数如果少于数组元素个数，则多余的数组元素初始化为空字符 '\0'，即 b[0]='G'; b[1]='o'; b[2]='o'; b[3]='d'; b[5]='\0'; b[6]='\0'; b[7]='\0'; b[8]='\0'。而前面讲过数值型数组初始化为 0*/

【例 5-7】 编写程序将字符 Good luck 存放在一维数组中，并输出。

```c
#include <stdio.h>
int main()
{
    char c[9]={'G','o','o','d',' ','l','u','c','k'};/*初始化字符数组 c*/
    int i;                  /*定义循环变量 i*/
    for(i=0;i<9;i++)        /*输出字符数组 c 中每个元素的值*/
        printf("%c",c[i]);  /*格式化输出语句中，输出字符用%c*/
    printf("\n");           /*输出换行符*/
```

```
return 0;
}
```

【运行结果】运行结果如图 5-16 所示。

【程序说明】因为变量 c[i]都是字符型变量，所以输出结果用"%c"格式。

图 5-16　例 5-7 程序运行结果

5.3.2　字符串

在 C 语言中没有专门的字符串变量，通常用一个字符数组来存放一个字符串。前面介绍字符串常量时，已说明字符串总是以'\0'作为串的结束符。因此，当把一个字符串存入一个数组时，也把结束符'\0'存入数组，并以此作为该字符串是否结束的标志。有了'\0'标志后，就不必再用字符数组的长度来判断字符串的长度了。例如：char string[6]="China";赋值结果，字符串数组 string 有 6 个元素,最后一个元素为'\0'。

存放字符串的字符数组的初始化有两种方法。

① 用字符常量初始化数组，用字符常量给字符数组赋初值要用花括号将赋值的字符常量括起来。

例如 char　str[6]={'C','h','i','n','a','\0'};数组 str[6]被初始化为:"China"。其中最后一个元素的赋值'\0'可以省略。

② 用字符串常量初始化数组。

例如：char　string[6]="China";或 char　string[6]={"China"};

不管用字符常量给字符数组赋初值，还是用字符串常量初始化数组,若字符个数少于数组长度，程序都自动在末尾字符后加'\0'。

字符数组初始化应注意以下几个问题。

① 如果提供赋值的字符个数多于数组元素的个数,则为语法错误。

例如：　　char str[4]={'C','h','i','n','a'};　✕

　　　　　char string[4]="China";　✕

② 如果提供赋值的字符个数少于数组元素的个数，则多余数组元素自动赋'\0'。

例如：char string[20]="China";字符数组 string 从第六个元素开始之后全部赋'\0'。

③ 用字符常量初始化时，字符数组的下标可以省略，其数组存放字符的个数由赋值的字符串的长度决定。

例如：char str[ ]={"1a2b3c"};等同于 char str[7]={"1a2b3c"};

④ 初始化时，若字符个数与数组长度相同，则字符末尾不加'\0'，此时字符数组不能作为字符串处理，只能作字符逐个处理。初始化时是否加'\0'要看是否作字符串处理。

【例 5-8】 编程将字符串放入一维数组中，并输出。

```
#include <stdio.h>
int main()
{
    char c[]="Hello\nworld";    /*定义字符串并初始化字符串 c*/
    printf("%s\n",c);           /*输出字符串 c，整个字符串输出用%s*/
return 0;
}
```

【运行结果】运行结果如图 5-17 所示。

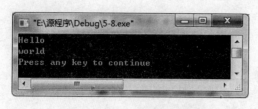

图 5-17   例 5-8 程序运行结果

【程序说明】输出字符串 c，整个字符串输出可以用"%s"格式。

5.3.3   字符数组的输入和输出

C 语言标准库函数中，提供了大量有关字符和字符串的操作函数，其中可以处理字符型数组的输入/输出函数有以下几种。

① getchar/putchar   是字符输入/输出函数，每次只能输入/输出一个字符。

• getchar 函数为字符输入函数，函数调用格式：getchar();

• putchar 函数为字符输出函数，函数调用格式：putchar(字符名);

② gets/puts   是字符串输入/输出函数，以回车作为字符串结束标志。

• gets 函数为字符串输入函数，函数调用格式：gets(字符串数组名);

• puts 函数为字符串输出函数，函数调用格式：puts(字符串数组名);

③ scanf/printf   可以输入/输出任何类型的数据。若要输入/输出字符，格式为%c;若要输入/输出字符串，格式为%s。

• 从键盘读取一个字符：scanf("%c",数组元素地址);

从键盘读取一串字符：scanf("%s",数组名);

注意：当在键盘输入完要输入的字符串时，字符数组自动包含一个'\0'结束标志。scanf()的格式要求操作数是地址。但 scanf("%s",&c);的写法是不正确的。此时，c 是字符数组名,对其操作不能加地址运算符号。因为，字符数组名是字符串第一个字符的地址，是地址常量。

• 向显示器输出一个字符：printf("%c",数组元素);

向显示器输出一串字符：printf("%s",数组名);

注意：输出字符串字符时，遇'\0'结束。

【例 5-9】   编程实现从键盘输入一个字符串，存放于一个数组中，并将该数组输出。用不同的输入/输出函数实现。

① 用字符输入/输出函数实现如下：

```c
#include <stdio.h>
int main()
{
    char a[10];     /*定义数组 a 能够存放 10 个元素*/
    int i;       /*定义循环变量*/
    for(i=0;i<10;i++)         /*循环实现逐个输入 a[i]的值*/
        a[i]=getchar();       /*用 getchar()对字符数组进行赋值*/
    for(i=0;i<10;i++)         /*循环实现逐个输出 a[i]的值*/
        putchar(a[i]);       /*用 putchar()输出字符数组中的内容*/
    printf("\n");         /*输出回车符*/
return 0;
}
```

【运行结果】运行结果如图 5-18 所示。

【程序说明】用 getchar()函数和 putchar()函数进行数组元素的输入输出时一次只能输入输出一个字符，所以必须用循环控制语句实现所有元素的输入输出。输入时不能少于 10 个字符，当输入多余 10 个字符时，输出最前面 10 个字符。

② 用字符串输入/输出函数实现如下：

```c
#include <stdio.h>
int main()
{
    char a[10];              /*定义数组 a 能够存放 10 个元素*/
    gets(a);                 /*用 gets()函数对字符串数组进行赋值*/
    puts(a);                 /*用 puts()函数输出字符数组中的内容*/
return 0;
}
```

【运行结果】运行结果如图 5-19 所示。

图 5-18　例 5-9 程序运行结果 1

图 5-19　例 5-9 程序运行结果 2

【程序说明】gets()和 puts()函数是对整个字符串的输入输出函数，当输入字符少于 10 个时，都可以输入什么，输出一样的字符串。但是当输入字符大于 10 个时就会造成溢出，从而导致运行出错。

③ 用格式化输入/输出字符实现如下：

```c
#include <stdio.h>
int main()
{
    char a[10];              /*定义数组 a 能够存放 10 个元素*/
    int i;                   /*定义循环变量 i*/
    for(i=0;i<10;i++)        /*循环实现逐个输入 a[i]的值*/
        scanf("%c",&a[i]);   /*用 scanf()对字符数组进行赋值*/
    for(i=0;i<10;i++)        /*循环实现逐个输出 a[i]的值*/
        printf("%c",a[i]);   /*用 printf()输出字符数组中的内容*/
    printf("\n");            /*输出回车符*/
return 0;
}
```

【运行结果】运行结果如图 5-20 所示。

【程序说明】用格式化输入/输出字符实现时需要逐个输入数组元素，所以需要用循环语句实现，输入时不能少于 10 个字符，回车也算一个字符，如果输入多余 10 个字符，只将前 10 个字符赋值给数组 a，当输出数组时也就只输出前 10 个字符。

④ 用格式化输入/输出字符串实现如下：

```c
#include <stdio.h>
int main()
```

```
{
    char a[10];              /*定义数组 a 能够存放 10 个元素*/
    scanf("%s",a);           /*用 scanf()函数对字符串数组进行赋值*/
    printf("%s",a);          /*用 printf()函数输出字符数组中的内容*/
    return 0;
}
```

【运行结果】运行结果如图 5-21 所示。

图 5-20　例 5-9 程序运行结果 3

图 5-21　例 5-9 程序运行结果 4

【程序说明】跟 gets()和 puts()函数类似，注意数组元素的溢出问题。

5.3.4　字符串处理函数

（1）测字符串长度函数 strlen

格式：strlen(字符数组名)

功能：测字符串的实际长度(不含字符串结束标志 '\0'）并作为函数返回值。

【例 5-10】　编写程序求字符串的长度。

```
#include <stdio.h>
#include <string.h>
int main()
{ int k;                             /*定义变量 k 用于存放字符串的长度*/
    char s[]="C language";           /*初始化字符串 s*/
    k=strlen(s);                     /*调用 strlen 函数求字符串 s 的长度*/
    printf("The length of the string is %d\n",k);     /*输出长度*/
    return 0;
}
```

【运行结果】运行结果如图 5-22 所示。

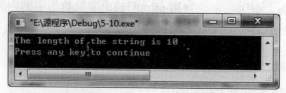

图 5-22　例 5-10 程序运行结果

【程序说明】字符串长度包括空格，但不包括字符串结束标志'\0'。

（2）字符串比较函数 strcmp

格式：strcmp(字符数组名 1，字符数组名 2)

功能：将两个数组中的字符串从左至右逐个相比较，比较字符的 ASCII 码大小，并由函数返回值返回比较结果。

$$字符串\ 1=字符串\ 2，返回值=0；$$
$$字符串\ 1>字符串\ 2，返回值>0；$$
$$字符串\ 1<字符串\ 2，返回值<0。$$

本函数也可用于比较两个字符串常量，或比较数组和字符串常量。

【例 5-11】 比较两字符串的大小，并输出结果。

```
#include <stdio.h>
#include <string.h>
int main()
{ int k;                    /*定义变量 k 用于存放 strcmp 函数的返回值*/
    char str1[15],str2[15];        /*定义字符数组*/
    printf("input string1:\n");     /*输出提示语*/
    gets(str1);                 /*输入字符串 1*/
    printf("input string2:\n");     /*输出提示语*/
    gets(str2);                 /*输入字符串 2*/
    k=strcmp(str1,str2);        /*调用函数 strcmp 比较字符串 1 和字符串 2 人小*/
    if(k==0) printf("str1=str2\n");   /*返回值为 0，那么字符串 1=字符串 2*/
    if(k>0) printf("str1>str2\n");    /*返回值>0，那么字符串 1>字符串 2*/
    if(k<0) printf("str1<str2\n");    /*返回值<0，那么字符串 1<字符串 2*/
return 0;
}
```

【运行结果】运行结果如图 5-23 所示。

  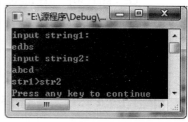

图 5-23　例 5-11 程序运行结果

【程序说明】输入的字符串不同，比较的大小不同，返回值就不同，可以根据返回值的不同去判断字符串的大小。

（3）字符串字符大写转换成小写函数 strlwr

格式：strlwr（字符数组名）

功能：将 string 中的字符转换成小写。

（4）字符串字符小写转换成大写函数 strupr

格式：strupr（字符数组名）

功能：将 string 中的字符转换成大写。

【例 5-12】 编程实现将一字符串中的字符转换成小写或大写并输出。

```
#include <stdio.h>
```

```c
#include <string.h>
int main()
{
    char s[]="how ARE You?";      /*初始化字符串 s*/
    strlwr(s);                    /*将 s 中的字符转换成小写*/
    puts(s);                      /*输出 s*/
    strupr(s);                    /*将 s 中的字符转换成大写*/
    puts(s);                      /*输出 s*/
return 0;
}
```

【运行结果】运行结果如图 5-24 所示。

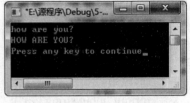

【程序说明】用字符常量初始化时，字符数组的下标可以省略，其数组存放字符的个数优赋值的字符串长度决定。

图 5-24 例 5-12 程序运行结果

（5）字符串连接函数 strcat

格式：strcat (字符数组名 1，字符数组名 2)

功能：把字符数组 2 中的字符串连接到字符数组 1 中字符串的后面，并删去字符串 1 后的串标志 "\0"。本函数返回值是字符数组 1 的首地址。

【例 5-13】 编程实现将两个字符串相连接后输出。

```c
#include <stdio.h>
#include <string.h>
int main()
{
    char str1[30]="My name is ",str2[]="Xiao ming";  /*初始化 str1 和 str2*/
    strcat(str1,str2);          /*调用字符串连接函数 strcat 将 str2 接到 str1 的后面*/
    puts(str1);                 /*输出 str1*/
return 0;
}
```

【运行结果】运行结果如图 5-25 所示。

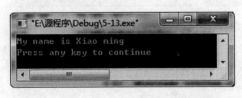

图 5-25 例 5-13 程序运行结果

【程序说明】将字符串 str2 接到 str1 的后面，在定义 str1 的时候要保证 str1 的空间足够大。也就是 str1 和 str2 加起来的字符个数要小于 str1 定义的数据元素的个数 30。

（6）字符串拷贝函数 strcpy

格式：strcpy (字符数组名 1，字符数组名 2)

功能：把字符数组 2 中的字符串拷贝到字符数组 1 中。串结束标志 '\0' 也一同拷贝。字符数组 2 也可以是一个字符串常量，这时相当于把一个字符串赋予一个字符数组。

【例 5-14】 编写程序实现将字符串 2 中的字符拷贝到字符串 1 中。

```c
#include <stdio.h>
#include <string.h>
int main()
{
```

char str1[15],str2[]="C Language";

/*定义两个字符数组，字符串 2 的初始值为 C Language*/

strcpy(str1,str2);

/*调用字符串拷贝函数 strcpy，将字符串 2 拷贝到字符串 1 中*/

puts(str1); /*输出字符串 1*/

return 0;

}

【运行结果】运行结果如图 5-26 所示。

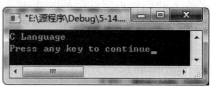

【程序说明】字符数组 1 应定义足够的长度，否则不能全部装入字符串 2。

图 5-26　例 5-14 程序运行结果

5.3.5　字符数组应用举例

【例 5-15】　编写一个程序，将字符串"1a2b3c"中的数字和字母分开，并输出。

【问题分析】可设一个字符数组 str 用来存放字符串，以"\0"结束。题目要求将数字和字母分开，那么我们要判断的是每个数组元素 str[i]是数字还是字母（用循环实现）。如果是数字就在输出数组时输出，如是字母就在输出字母时输出。以"\0"判断是否到字符串的最后一个字符。

【参考代码】

```
#include <stdio.h>
int main()
{
    int i;                    /*定义循环变量 i*/
    char str[]={"1a2b3c"};    /*初始化字符串*/
    for(i=0;str[i]!='\0';i++)
        /*从第一个元素开始循环到最后一个元素('\0')*/
            if(str[i]>='0'&&str[i]<='9')
                printf("%c",str[i]);
            /*判断是否是数字，如果是就输出该元素*/
    printf("\n");                  /*输出回车符*/
    for(i=0;str[i]!='\0';i++)
        /*从第一个元素开始循环到最后一个元素('\0')*/
            if((str[i]>='A'&&str[i]<='Z')||(str[i]>='a'&&str[i]<='z'))
                /*判断是否是字母，如果是就输出该元素*/
                printf("%c",str[i]);    /*输出元素*/
    printf("\n");                  /*输出回车符*/
    return 0;
}
```

【运行结果】运行结果如图 5-27 所示。

【程序说明】先从第一个元素开始循环到最后一个元素('\0')，判断字符串中有没有数字，如果是数字就输出。然后再判断有没有字母，字符包括大写字母和小写字母。

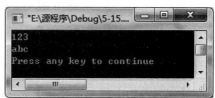

图 5-27　例 5-15 程序运行结果

【例 5-16】 编写程序实现输入一个字符串，求其长度。（不用 strlen 函数实现）

【问题分析】要求输入一个字符串，求该字符串的长度，如果用 strlen 函数的话非常简单，如例 5-10，直接调用该函数将返回值赋给一个变量并输出就可以，那么如果不用该函数呢？我们要求字符串长度就要弄清楚字符串的特点，如何判断哪个字符是该字符串的最后一个字符呢？我们知道字符串是以 "\0" 结束的，我们就可以用这个来进行判断。

【参考代码】

```c
#include <stdio.h>
int main()
{
        int i=0;    /*定义变量 i*/
        char str[30];/*定义字符数组*/
        printf("Enter a string:");/*输出提示语*/
        gets(str);        /*从键盘输入字符串*/
        while(str[i]!='\0')
            /*判断是否到字符串的最后，如果是跳出循环，不是就 i++*/
            i++; /*i=i+1*/
        printf("string length:%d\n",i);        /*输出字符串长度 i*/
return 0;
}
```

【运行结果】运行结果如图 5-28 所示。

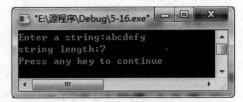

【程序说明】判断哪个字符是该字符串的最后一个字符是关键问题，我们需要知道字符串是以'\0'结尾的。用 while 语句判断 str[i]是否为最后一个数据元素。

图 5-28　例 5-16 程序运行结果

5.4　常见错误分析

① 定义数组时，数组元素个数用变量，如：

float x[2*j-1];

int y[j][15];

是错误的，因为数组在定义时，元素个数应是整型常量或整型常量表达式。

【编译报错信息】编译报错信息如图 5-29 所示。

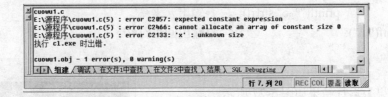

图 5-29　编译错误信息

【错误分析】提示需要常量表达式，不能分配常数数组大小为 0，数组 x 为未知的大小。

② 数组下标越界，如：

```
int a[5],i;
for(i=0;i<=5;i++)
    scanf("%d",&a[i]);
```

由于数组 a 定义有 5 个元素，下标为 0~4，当 i 为 5 时，实际上 scanf 形式为

```
scanf("%d",&a[5]);
```

而数组 a 中根本就没有 a[5]这个元素，所以这次接收输入是错误的。C 语言本身对下标越界不做检查，因此在发生这种错误时，程序可能会继续运行，而把错误带到程序的其他地方。

③ 不能对数组整体进行读取操作。如：

```
int c[5]={ 1,23,67,52};
printf("c=%d",c);
```

是错误的，C 语言不允许对数组作整体的操作，如果想把数组 c 的元素输出，需要用循环来实现，如：

```
int c[5]={ 1,23,67,52};
for(i=0;i<4;i++)
printf("%d",c[i]);
```

同样也不能用 scanf 一次接收一个数组的值，如 scanf("%d",&a);是错误的。也是得用循环来实现。但是这两种情况在编译时都不会提示错误，而在运行时程序是错误的。

④ 二维数组初始化时，第二个下标不能省略，如：

```
int b[][]={{ 1,1,1,1 },{ 2,2,2,2 },{3,3,3,3 }};
char c[3][]={ "good", "morning", "Wang!" };
```

是错误的。一维数组初始化时下标可以省略，二维数组初始化时第一下标值省略,但第二下标值不能省略。

【编译报错信息】编译错误信息如图 5-30 所示。

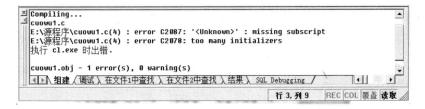

```
Compiling...
cuowu1.c
E:\源程序\cuowu1.c(4) : error C2087: '<Unknown>' : missing subscript
E:\源程序\cuowu1.c(4) : error C2078: too many initializers
执行 cl.exe 时出错.

cuowu1.obj - 1 error(s), 0 warning(s)
组建 \ 调试 \ 在文件1中查找 \ 在文件2中查找 \ 结果 \ SQL Debugging
行 3, 列 9   REC COL 覆盖 读取
```

图 5-30 编译错误信息

【错误分析】提示下标丢失。

⑤ 接收字符串时，用了取址运算符，如：

```
char str[10];
scanf("%s",&str);
```

是错误的，由于数组名本身就代表地址，所以不应再加&符号，实际上，只要是用%s 控制字符，其对应变量前就不加&符号了，正确的写法为：scanf("%s",str);这种错误在编译的时候同样不会提示错误。

⑥ 数组赋值只能是对每个元素赋值，不能整体赋值，如：

```
int data[];
data={ 1, 2 ,3,4};
```

或 char str[];

str="hello";

str[6]="hello";

都是错误的，其实这种错误跟第三种错误是一样的，C 语言不支持对数组的整体操作，但使用者由于看到数组初始化的情形，就以为能够把字符串赋给一个数组，这种错误出现的频率很高，应加以重视。这种赋值只能在初始化时进行。

【编译报错信息】编译报错信息如图 5-31 所示。

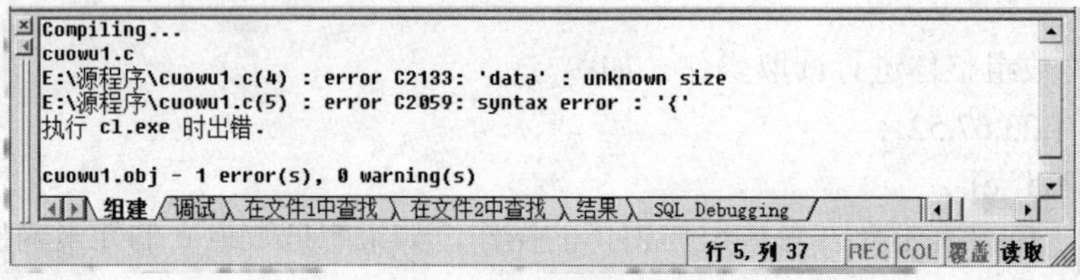

```
Compiling...
cuowu1.c
E:\源程序\cuowu1.c(4) : error C2133: 'data' : unknown size
E:\源程序\cuowu1.c(5) : error C2059: syntax error : '{'
执行 cl.exe 时出错。

cuowu1.obj - 1 error(s), 0 warning(s)
```

图 5-31　编译错误信息

【错误分析】提示 data 大小未知和 "{" 附近语法错误。

⑦ 字符数组初始化时，若字符个数与数组长度相同，则字符末尾不加 '\0'，此时字符数组不能作为字符串处理，只能作为字符逐个处理。初始化时是否加 '\0' 要看是否作为字符串处理。如：char b[4]={ 'G'，'o'，'o'，'d' };只能作为字符逐个处理，不能当字符串处理。

本 章 小 结

数组是程序设计中最常用的构造类型。数组可分为数值数组(整数组、实数组)，字符数组以及后面将要介绍的指针数组、结构数组等。数组可以是一维的、二维的或多维的。

在这一章中，重点是一维数组的概念及其应用；对于多维数组，仅以二维数组作一简单介绍；并对字符串的概念、应用以及常用的字符串函数作了介绍。

习　　题

一、选择题

1. 下列合法的数组定义是（　　）。

　　A．char a[5]="string";　　　　　　B．int a[5]={0,1,2,3,4,5};

　　C．char s="string";　　　　　　　　D．int c[]={0,1,2,3,4,5};

2. 以下对一维数组 a 进行不正确的初始化的是（　　）。

　　A．int a[10]=(0,0,0,0);　　　　　　B．int a[10]={};

　　C．int a[ ]={0};　　　　　　　　　　D．int a[10]={10*2};

3. 在定义 int a[5][4];之后，对数组元素的引用正确的是（　　）。

　　A．a[2][4]　　　　　　B．a[5][0]　　　C．a[0][0]　　　D．a[0,0]

4. int a[4]={5,3,8,9};其中 a[3]的值为(　　)。

　　A．5　　　　　　　　　B．3　　　　　C．8　　　　　D．9

5. 以下 4 个数组定义中，(　　)是错误的。

　　A．int a[7];　　　　　　　　　　　　B．#define N 5　　long b[N];

  C．char c[5];   D．int n, d[n];

6．在数组中，数组名表示(　　　)。

  A．数组第 1 个元素的首地址   B．数组第 2 个元素的首地址

  C．数组所有元素的首地址   D．数组最后 1 个元素的首地址

7．设有定义：char s[12] = "string" ；则 printf("%d\n",strlen(s)); 的输出是(　　　)。

  A．6   B．7   C．11   D．12

8．若有以下数组说明，则数值最小的和最大的元素下标分别是(　　　)。

  int a[12] ={1,2,3,4,5,6,7,8,9,10,11,12};

  A．1,12   B．0,11   C．1,11   D．0,12

9．若有以下说明，则数值为 4 的表达式是(　　　)。

  int a[12] ={1,2,3,4,5,6,7,8,9,10,11,12};　　char c='a', d, g ;

  A．a[g-c]   B．a[4]   C．a['d'-'c']   D．a['d'-c]

10．若有以下说明和语句，则输出结果是(　　　)。

  char str[ ]="\"c:\\abc.dat\"";

  printf("%s",str);

  A．字符串中有非法字符   B．\"c:\\abc.dat\"

  C．"c:\abc.dat"   D．"c:\\abc.dat"

二、填空题

1．执行 static int b[5], a[ ][3] ={1,2,3,4,5,6}; 后，b[4] =_____，a[1][2] =_____。

2．设有定义语句 static int a[3][4] ={{1},{2},{3}}; 则 a[1][0]值为_____，a[1][1] 值为_____，a[2][1]的值为_____。

3．如定义语句为 char a[ ]= "windows",b[ ]= "2000"; ，语句 printf("%s",strcat(a,b)); 的输出结果为_____。

三、操作题

1．编程实现求一维数组 a[20]中的最大值及其位置。

2．编程实现从键盘输入两个字符串，将其首尾相接后输出（注：不用字符串连接函数 strcat）。

3．编程实现，输入某年某月某天，求这个日期为该年的第几天（提示：首先判断所输入的年份是否是闰年，因为平年 2 月是 28 天，闰年 2 月是 29 天，则该年的第几天=该年该月之前的各月份天数和+输入的天数）。

第6章 函　　数

函数是组成 C 语言程序的基本单位，为了提高程序设计的质量和效率，C 系统提供了大量的标准函数，在前面几章中，已经调用了一些系统定义的库函数，如 printf、scanf、getchar、putchar 等。根据实际需要，也可以自己定义一些函数来完成特定的功能。本章重点介绍用户自定义函数的定义及调用以及在函数调用过程中涉及的变量存储类别、函数的参数和函数的返回值等基础知识。

6.1　函数概述

6.1.1　函数的概念

在以前的程序中，由于程序规模较小，一个程序中只有 main 函数。一个复杂的程序，如果只有一个 main 函数，将会影响可读性，不能体现结构化程序设计的思想。因此，需要将某种特定功能的代码定义为函数，一个 C 程序由一个 main 函数和其他若干函数组成，每个函数在程序中形成既相对独立又互相联系的模块。main 函数可以调用其他函数，其他函数也可以互相调用，同一函数可以被一个或多个函数调用任意次。

一个简单的函数调用的例子如例 6-1 所示。

【例 6-1】　无参函数调用。

```c
#include <stdio.h>
int main()
{
    void print_star();/*对 print_star 函数进行声明*/
    void print_text();/*对 print_text 函数进行声明*/
    print_star();/*调用 print_star 函数*/
    print_text();/*调用 print_text 函数*/
    print_star();/*调用 print_star 函数*/
    return 0;/*程序结束*/
}
void print_star()/*定义 print_star 函数*/
{
    printf("***********\n");/*输出信息*/
}
void print_text()/*定义 print_text 函数*/
{
    printf("Hello World!\n");/*输出信息*/
}
```

【运行结果】程序运行结果如图 6-1 所示。

图 6-1　例 6-1 程序运行结果

【程序说明】这种调用很简单，只需把被调用函数的函数名直接写出来，用函数语句调用。调用的过程如下。

第一次：main 函数调用 print_star 函数。

第二次：main 函数调用 print_text 函数。

第三次：main 函数调用 print_star 函数。

函数的调用顺序与函数的编写顺序无关。

说明如下。

① 函数是按规定格式书写的能完成特定功能的一段程序。

② C 语言是以源文件为单位进行编译的，一个源程序由一个或多个函数组成。

③ 不管 main 函数放在程序的任何位置，C 语言中程序总是从 main 函数开始执行，调用其他函数后，最终在 main 函数中结束。

④ 所有函数都是平行的，在定义时相互独立，一个函数不属于另一个函数。函数不可以嵌套定义，但可以相互调用，main 函数可以调用任何函数，一个函数可以多次被调用，而其他函数不能调用 main 函数。

6.1.2 库函数

C 语言的函数从用户使用的角度来说，可分为库函数和用户自定义函数。库函数是由系统提供的，用户不必自己定义而可以直接使用。库函数由系统预定义在相应的文件中，使用时在程序的开头把该函数所在的头文件包含进来即可。例如，为了调用 printf 和 scanf 函数，需要在程序开头用#include <stdio.h>包含 stdio.h 头文件；为了调用 sqrt 函数和 log 函数，需要在程序开头用#include <math.h>包含 math.h 头文件。

使用库函数应注意以下几个问题。

① 函数的功能。

② 函数参数的数目和顺序，以及每个参数的意义及类型。

③ 函数返回值的意义及类型。

④ 需要使用的包含文件。

C 标准库函数完成一些最常用的功能，包括基本输入和输出、文件操作、存储管理以及其他一些常用功能函数，例如：log 函数的功能是求以 e 为底的对数，即 lnx，函数原型为 double log(double x)，对 double 型的数据求对数后返回值也为 double 型，该函数包含在 math.h 头文件中。

6.2 用户自定义函数

6.2.1 函数定义的格式

函数由函数名、形参表和函数体组成。函数名是用户为函数起的名字，用来唯一标识一个函数；函数的形参表用来接收调用函数传递给它的数据，形参表也可以是空的，此时函数名后的括号不能省略；函数体则是函数实现自身功能的一组语句。

（1）无参函数的定义格式

[类型说明符] 函数名 （）

{

　　函数体

}

其中，方括号括起来的内容是可选项。

无参函数的"类型说明符"指定函数值的类型，即函数返回值的类型。例 6-1 中的 print_star 和 print_text 函数为 void 类型，表示没有函数值。函数的命名规则与变量的命名规则相同。

（2）有参函数的定义格式

[类型说明符] 函数名（形式参数声明）

{

       函数体

}

有参函数的"类型说明符"指定函数返回值的类型，可以是任何有效类型，省略"类型说明符"，系统默认函数的返回值为 int 型，当函数只完成特定操作而不需返回函数值时，可用类型名 void。

有参函数在函数名后的括号内必须有形式参数表，用于调用函数和被调函数之间的数据传递，故必须对其进行类型说明，这由形式参数声明部分完成。一般情况下，函数执行需要多少原始数据，函数的形参表中就有多少个形参，每个形参存放一个数据，形参之间用逗号隔开。例如：

int min(int a,int b)/*函数头部分*/

{

       int c;/*定义整型变量*/

       c=a<b?a:b;/*进行数值比较*/

       return (c);/*返回操作结果，结束*/

}

这是一个求 a 和 b 两者中小者的函数，函数的类型说明符为 int 型，表示函数的返回值为整型。a 和 b 是形式参数，它接受主调函数的实际参数，两个参数的类型声明用逗号分隔。花括号内是函数体，其中"int c"是函数体的数据定义语句，后面一条语句用于求 a 和 b 中的较小者，return 语句的作用是将 c 的值作为函数值带回到主调函数中，返回值 c 是整型。

早期版本的 C 中，上述函数也可以写成如下格式：

int min(a,b)/*函数头部分*/

int a, b;/*定义整型变量*/

{

    int c;

    c=a<b?a:b;/*进行数值比较*/

    return (c);/*返回操作结果，结束*/

}

（3）空函数

C 语言中可以有"空函数"，它的形式为：

[类型说明符] 函数名（）

{ }

例如：

echoline()/*函数头部分*/

```
{
}
```

调用此函数时，什么工作也不做。在主调函数中写"echoline();"，表明这里要调用一个函数而现在这个函数不起作用，等以后扩充函数功能时再补上，这在程序调试时很有用处。

6.2.2 形式参数和实际参数

在调用有参函数时，主调函数和被调函数之间往往有数据传递关系。在定义函数时函数名后面圆括号内的变量名称为"形式参数"（简称"形参"），把它作被调函数使用时，用于接收主调函数传来的数据。在调用函数时，主调函数的函数调用语句的函数名后面圆括号中的参数称为"实际参数"（简称"实参"）。实际参数可以是常量、变量或表达式。

【例 6-2】 形参与实参示例。

```c
#include <stdio.h>
int min(int a,int b);/*函数的声明*/
int main()
{
    int x,y,z;/*定义整型变量*/
    printf("Please enter two integer numbers:");/*输出提示信息*/
    scanf("%d,%d",&x,&y);/*输入整数*/
    z=min(x,y);/*调用函数*/
    printf("min is %d\n",z);/*输出结果*/
    return 0;/*程序结束*/
}
int min(int a,int b) /*函数定义*/
{
    int c;   /*定义整型变量*/
    c=a<b?a:b;/*进行数值比较*/
    return (c);/*返回操作结果，结束*/
}
```

【运行结果】程序运行结果如图 6-2 所示。

【程序说明】程序中第 12～17 行是一个被调函数（注意第 12 行的末尾没有分号）。第 11 行定义了一个函数名为 min，函数类型为 int 的函数。指定两个形参 a 和 b，形参的类型为 int。

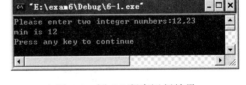

图 6-2　例 6-2 程序运行结果

主调函数 main 的第 8 行是一个函数调用语句，表示调用 min 函数，此处函数名 min 后面圆括号内的 x、y 是实参。x 和 y 是主调函数 main 函数中定义的变量，a 和 b 是被调函数 min 中定义的形参变量，通过函数调用，使两个函数之间发生数据传递。实参 x 和 y 的值按顺序对应传递给被调函数 min(a, b)中的形参 a 和 b，x 传给 a，y 传给 b。在执行被调函数 min 后，其返回值 c 作为函数的返回值返回给主调函数，作为 min(x,y)的值，赋给变量 z。

【例 6-3】 编写函数求两个实数的平均值。

```c
#include <stdio.h>
float average(float x,float y)/*函数的定义*/
```

```
        {
            float av; /*定义实型变量*/
            av=(x+y)/2;/*计算平均值*/
            return av;/*返回运算结果，结束*/
        }
        int main()
        {
            float a=1.8f,b=2.6f,c;/*定义实型变量*/
            c=average(a,b);/*第一次调用函数 average()*/
            printf("The avergae of %5.2f and %5.2f is %5.2f\n",a,b,c);/*输出结果*/
            a=1.0;/*给变量赋值*/
            b=2.0;/*给变量赋值*/
            printf("The avergae of %5.2f and %5.2f is %5.2f\n",a,b,average(a,b));
            /*第二次调用函数 average()*/
            c=average(a,a+b);/*第三次调用函数 average()*/
            printf("The avergae of %5.2f and %5.2f is %5.2f\n",a,a+b,c);/*输出结果*/
            c=average(2.0,4.0);/*第四次调用函数 average()*/
            printf("The avergae is %5.2f\n",c);/*输出结果*/
            return 0;/*程序结束*/
        }
```

【运行结果】程序运行结果如图 6-3 所示。

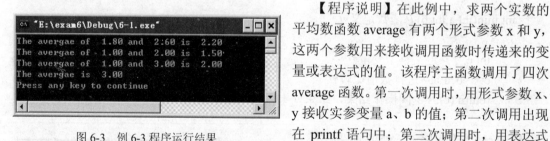

图 6-3　例 6-3 程序运行结果

【程序说明】在此例中，求两个实数的平均数函数 average 有两个形式参数 x 和 y，这两个参数用来接收调用函数时传递来的变量或表达式的值。该程序主函数调用了四次 average 函数。第一次调用时，用形式参数 x、y 接收实参变量 a、b 的值；第二次调用出现在 printf 语句中；第三次调用时，用表达式 a+b 作为实参之一；第四次调用时，用常量作为实参。

关于形参和实参说明如下。

① 函数中指定的形参变量，在未出现函数调用时，并不占用内存中的单元。在发生函数调用时，被调函数的形参被临时分配内存单元，调用结束后，形参所占的内存单元被自动释放。

② 函数一旦被定义，就可多次调用，但必须保证形参和实参数据类型一致。如果实参为 int 型而形参为 float 型，这是合法的；如果实参为 float 型而形参为 int 型，则按不同类型数值的赋值规则进行转换。例如实参 a 为 float 型变量，其值为 3.5，而形参 x 为 int 型，则在传递时先将实数 3.5 转换成整数 3，然后送到形参 x。字符型与整型可以互相通用。

③ 实参可以是常量、变量或表达式，例如："average(2.0,4.0)"、"average(a,a+b)"，但要求它们有确定的值。在调用时将实参的值赋给形参。

④ 在被定义的函数中，必须指定形参的类型。

⑤ C 语言规定，实参对形参变量的数据传递是"值传递"，即单向传递，只由实参传给形参，而不能由形参传回给实参。

6.2.3　函数的返回值

通常，希望通过函数调用使主调函数从被调函数得到一个确定的值，这就是函数的返回值。在 C 语言中，是通过 return 语句来实现的。return 语句的一般形式有三种：

return（表达式）；

return　表达式；

return；

说明如下。

① return 语句有双重作用：它使函数从被调函数中退出，返回到调用它的代码处，并向调用函数返回一个确定的值。

如果需要从被调函数带回一个函数值（供主调函数使用），被调函数中必须包含 return 语句且 return 中带表达式，此时使用 return 语句的前两种形式均可；如果不需要从被调函数带回函数值，应该用不带表达式的 return 语句；也可以不要 return 语句，这时被调函数一直执行到函数休的末尾，然后返回丰调函数，在这种情况下，有一个不确定的函数值被返回，一般不提倡用这种方法返回。

② 一个函数中可以有多个 return 语句，执行到哪一个 return 语句，哪一个语句就起作用。

③ 在定义函数时应当指定函数值的类型，并且函数的类型一般应与 return 语句中表达式的类型相一致，当二者不一致时，应以函数的类型为准，即函数的类型决定返回值的类型。对于数值型数据，可以自动进行类型转换。

【例 6-4】　将例 6-3 中程序稍作改动，修改后的程序代码如下所示，函数返回值的类型与指定的函数类型不同，分析其处理方法。

```
#include <stdio.h>
int average(float x,float y)/*函数的定义*/
{
    float av;/*定义实型变量*/
    av=(x+y)/2;/*计算平均值*/
    printf("function:x=%5.2f,y=%5.2f,av=%5.2f\n",x,y,av);/*输出运算结果*/
    return av;/*返回运算结果，结束*/
}
int main()
{
    float a=1.8f,b=2.6f;/*定义实型变量*/
    int c;/*定义整型变量*/
    c=average(a,b);/*调用函数 average()*/
    printf("The avergae of %5.2f and %5.2f is %d\n",a,b,c);/*输出结果*/
    return 0;/*程序结束*/
}
```

【运行结果】运行结果如图 6-4 所示：

【程序说明】在此例中，average 函数的形参是 float 型，主调函数 main 函数中的实参也是 float 型。在调用 average(a,b)时，把 a 和 b 的值 1.8 和 2.6 传递给参数 x 和 y。执行 average 函数中的语句 av=(x+y)/2.0，使得变量 av 的值为 2.2，return 语句中 av 为 float 型，而函数定义为 int 型，要把 av 的值作为函数的返回值，首先应将 av 转换为 int 型，得到 2，它就是函数得到的返回值。最后 average(a,b)带回一个整型值 2 返回到主调函数 main 中。

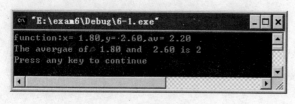

图 6-4　例 6-4 程序运行结果

如果将 main 函数中的 c 改为 float 型，用%f 格式符输出，输出 2.000000。因为调用 average 函数得到的是 int 型，函数值为整数 2。

这种方法通过系统自动完成类型转换，但并不是所有的类型都能互相转换，因此一般不提倡使用这种方法。

6.3　函数的调用

所谓函数的调用，是指一个函数（调用函数）暂时中断本函数的运行，转去执行另一个函数（被调函数）的过程。被调函数执行完后，返回到调用函数中断处继续调用函数的运行，这是一个返回过程。函数的一次调用必定伴随着一个返回过程。在调用和返回两个过程中，两个函数之间发生信息的交换。

6.3.1　函数调用的一般形式

函数调用的一般形式为：

函数名（实际参数表列）；

说明如下。

① 如果调用无参函数，则"实际参数表列"可以没有，但括号不能省略。

② 实际参数表列中实参的类型及个数必须与形参相同，并且顺序一致，当有多个实参时，参数之间用逗号隔开。

③ 实参可以是常量，有确定值的变量或表达式及函数调用。如例 6-3 中，可进行如下调用：

average(2.0,4.0);

average(a,a+b) ;

average(c,average(a,b));

6.3.2　函数的调用方式

按被调用函数在主调函数中出现的位置和完成的功能划分，函数调用有下列三种方式。

① 把函数调用作为一个语句。如例 6-1 中的"print_star();"，这时不要求函数带回值，只要求函数完成一定的操作。

② 在表达式中调用函数，这种表达式称为函数表达式。这时要求函数带回一个确定的值以参加表达式的运算。例如：

c=average(a,b);

d=5* average(a,b);

③ 将函数调用作为另一个函数调用的实参。例如：

printf("The avergae of %5.2f and %5.2f is %5.2f\n",a,b,average(a,b));

此处把 average(a,b)作为 printf 函数的一个参数。

第②、③两种情况将调用函数作为一个表达式，一般允许出现在任何允许表达式出现的地方。在这种情况下，被调用函数运行结束后，返回到调用函数处，并带回函数的返回值，参与运算。

6.3.3　函数的原型声明

与变量的定义和使用一样，函数的调用也要遵循"先定义或声明，后调用"的原则。在一个函数调用另一个函数时，需具备下列条件。

① 被调函数必须已经存在。

② 如果使用库函数，一般还应该在本文件开头用#include 命令将调用有关库函数时所需用到的信息包含到本文件中，例如：

#include <math.h>　　/*使用数学库中的函数*/

#include <stdio.h>　　/*使用输入输出库中的函数*/

③ 如果使用用户自己定义的函数，并且该函数与主调函数在同一个文件中，这时，一般被调用函数应该放在主调函数之前定义。若被调用函数的定义在主调函数之后出现，就必须在主调函数中对被调函数加以声明，函数声明的一般形式为：

类型说明符　函数名（形参表）；

函数声明是向编译器表示一个函数的名称、将接收什么样的参数和有什么样的返回值，使编译器能够检查函数调用的合法性。实际上就是函数定义时的函数头，最后加分号构成一条声明语句。与函数头的区别是，函数声明中形参表中可以只写类型名，而不写形参名。例如：

float average(float x,float y);

也可以写为：

float average(float,float) ;

【例 6-5】 编写函数求两个实数的平均值。

```
#include <stdio.h>
int main()
{
    float a=1.8f,b=2.6f,c;/*定义实型变量*/
    float average(float x,float y);/*函数的声明*/
    c=average(a,b);                /*函数的调用*/
    printf("The avergae of %5.2f and %5.2f is %5.2f\n",a,b,c);/*输出结束*/
    return 0;/*程序结束*/
}
float average(float x,float y)/*函数的定义*/
{
    float av;/*定义实型变量*/
    av=(x+y)/2;/*计算平均值*/
    return av;/*返回运算结果，结束*/
```

}

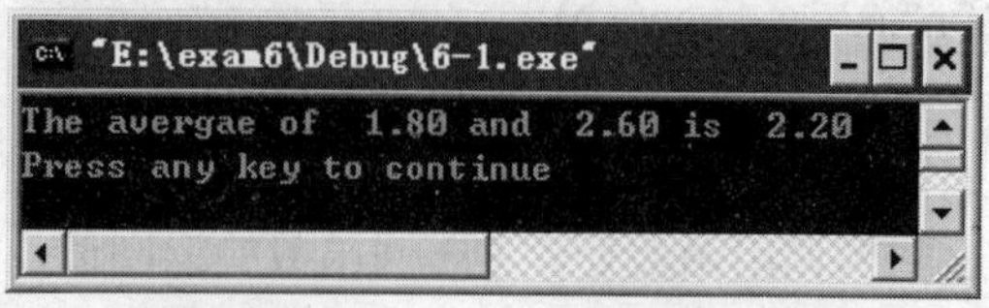

图 6-5 例 6-5 程序运行结果

【运行结果】运行结果如图 6-5 所示：

【程序说明】观察上面的程序可以看出，在 main()函数体中，先进行了 average()函数的声明，声明的作用是告诉其函数的定义将在后面进行。之后调用了 average()函数，并输出运算结果。在 main()函数的定义之后对 average()函数进行了定义。

C 语言规定，在以下几种情况下可以不在主调函数中对被调函数进行声明。

① 如果函数的返回值为整型或字符型，可以不必进行声明。在例 6-2 中已出现过这种情况，现再举一个例子。

【例 6-6】 通过自定义函数，求任意两个整数的和。

```c
#include <stdio.h>
int main()
{
    int a,b;/*定义整型变量*/
    printf("input two integers:");/*输出信息提示*/
    scanf("%d,%d",&a,&b);/*输入两个整数*/
    printf("The sum of %d and %d is %d\n",a,b,sum(a,b));/*输出运算结果*/
    return 0;/*程序结束*/
}
int sum(int a,int b)/*函数的定义*/
{
    return (a+b);/*返回运算结果，结束*/
}
```

【运行结果】程序运行结果如图 6-6 所示。

【程序说明】从上面程序可以看出，sum()函数的返回值为整型，在不进行声明的情况下，也能够被正确的调用。但是编译过程中，VC 编译器会给出警告。

图 6-6 例 6-6 程序运行结果

② 如果被调函数写在主调函数的前面，可以不必进行声明。例 6-3 和例 6-4 均属于此种情况，在此不再赘述。

③ 如果在所有函数定义之前，在源程序文件的开头，即在函数的外部已经对函数进行了声明，则在各个调用函数中不必再对所调用的函数进行声明。

如果把例 6-5 改写成如下形式（把 average 放在所有函数之前声明），就不必在 main 函数中对 average 声明。

```c
#include <stdio.h>
float average(float x,float y);/*在所有函数之前且在函数外部声明*/
int main()
{
    float a=1.8f,b=2.6f,c;/*定义实型变量*/
```

```
        c=average(a,b);                    /*函数的调用*/
        printf("The avergae of %5.2f and %5.2f is %5.2f\n",a,b,c);/*输出结果*/
        return 0;/*程序结束*/
}
float average(float x,float y)/*函数的定义*/
{
        float av;/*定义实型变量*/
        av=(x+y)/2;/*计算平均值*/
        return av;/*返回运算结果，结束*/
}
```

6.3.4　函数的参数传递

在 C 语言中进行函数调用时，有两种不同的参数传递方式，即值传递方式和地址传递方式。

（1）值传递

在函数调用时，实参将其值传递给形参，这种传递方式即为值传递。

C 语言规定，实参对形参的数据传递是"值传递"，即单向传递，只能由实参传递给形参，而不能由形参传回来给实参。这是因为，在内存中，实参与形参占用不同的存储单元。在调用函数时，给形参分配存储单元，并将实参对应的值传递给形参，调用结束后，形参单元被释放，实参单元仍保留并维持原值。因此，在执行一个被调用函数时，形参的值如果发生变化，并不会改变调用函数中实参的值。

【例 6-7】　函数调用不能改变实参的值。

```
#include <stdio.h>
int swap(int a,int b);/*函数的声明*/
int main()
{
        int x,y;/*定义整型变量*/
        x=10;/*给变量赋值*/
        y=20;/*给变量赋值*/
        swap(x,y);/*函数的调用*/
        printf("main:x=%d y=%d\n",x,y);/*输出结果*/
        return 0;/*程序结束*/
}
int swap(int a,int b)/*函数的定义*/
{
        int temp;/*定义整型变量*/
        temp=a;/*数值交换*/
        a=b;
        b=temp;
        printf("function:a=%d b=%d\n",a,b);/*输出交换结果*/
}
```

【运行结果】程序运行结果如图 6-7 所示。

【程序说明】虽然在 swap 函数内部交换 a 和 b 的值，但函数返回后，实参 x 和 y 的值并没有改变，因为 C 语言的参数是通过值传递的，a 和 b 只是接收 x 和 y 的值，而 a 和 b 的值不能再传回给 x 和 y。

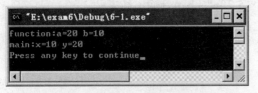

图 6-7　例 6-7 程序运行结果

（2）地址传递

地址传递指的是调用函数时，实参将某些量（如变量、字符串、数组等）的地址传递给形参。这样实参和形参指向同一个内存空间，在执行被调用函数的过程中，对形参所指向空间中内容的变化，能够直接影响到调用函数中对应的量。

在地址传递方式下，形参和实参可以是指针变量（见第 8 章）或数组名，其中，实参还可以是变量的地址。

6.4　函数的嵌套调用和递归调用

6.4.1　函数的嵌套调用

C 语言中函数的定义是相互平行的，在定义函数时，一个函数不能包含另一个函数，但是，一个函数在被调用的过程中可以调用其他函数，这就是函数的嵌套调用。

图 6-8 给出函数的两层嵌套示意图。图中 main 函数调用 a 函数，a 函数又调用 b 函数，b 函数执行完毕后返回 a 函数，a 函数执行完毕后返回 main 函数，main 函数继续执行函数调用下面的语句直至结束。这种函数间层层调用的关系即为函数的嵌套调用。

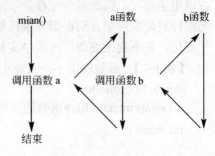

图 6-8　函数的嵌套调用

【例 6-8】　计算 1～10 的阶乘和。

```c
#include <stdio.h>
#define N 10    /*宏定义*/
int main()
{
    float sum(int n);/*对 sum 函数进行声明*/
    printf("1!+2!+3!…10!=%-12.5le\n",sum(N));/*调用 sum 函数*/
    return 0;
}
float sum(int n)/*定义 sum 函数*/
{
    float fa(int k);/*对 fa 函数进行声明*/
    int i;
    float s=0;
    for(i=1;i<=n;++i)
            s+=fa(i);/*调用 fa 函数*/
    return s;
}
```

```
float fa(int k)/*定义 fa 函数*/
{
    int i;
    float t=1;
    for(i=2;i<=k;++i)
            t*=i;
    return t;
}
```

【运行结果】程序运行结果如图 6-9 所示。

图 6-9 例 6-8 程序运行结果

【程序说明】在上述程序中，sum 函数实现了求和功能，fa 函数实现了求阶乘功能。程序执行过程中，main 函数调用了 sum 函数，sum 函数又调用了 fa 函数。

6.4.2 函数的递归调用

在调用一个函数的过程中又直接或间接地调用该函数本身，称为函数的递归调用。函数的递归调用是 C 语言的重要特点之一。例如：

float f(float x) /*函数的定义*/

```
{
    float y,z;/*定义实型变量*/
    ...
    z=f(y);/*函数的调用*/
    ...
}
```

f()

调 f

图 6-10 直接递归

在调用 f 函数的过程中，又调用 f 函数，这就是直接递归调用，如图 6-10 所示。

再比如：

float f1(float x) /*函数的定义*/
```
{
    float y,z; /*定义实型变量*/
    ...
    z=f2(y); /*函数的调用*/
...
}
```
float f2(float m) /*函数的定义*/
```
{
    float a,b,c; /*定义实型变量*/
    ...
    a=f1(b); /*函数的调用*/
    ...
}
```

这是函数的间接递归调用，即在调用 f1 函数的过程中要调用 f2 函数，而在调用 f2 函数的过程中又要调用 f1 函数，如图 6-11 所示。

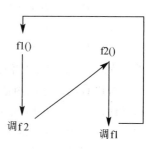

f1() f2()

调 f2 调 f1

图 6-11 间接递归

递归函数的结构十分简练。由于在递归函数中存在着自调用语句，故它将无休止地反复进入它的函数体。为了使这种自调用过程得以控制，在函数体内必须设置一定的条件，只有在条件成立时才继续执行递归调用，否则就不再继续。

【例 6-9】 用递归方法计算 n！。

```c
#include <stdio.h>
long rfact(int n)/*函数的定义*/
{
        if(n<0)/*检验 n<0 的情况*/
        {
                printf("Negative argument to fact!\n");
                exit(-1);
        }
        else if(n<=1)/*检验 n<=1 的情况*/
                return 1;
        else
                return(n*rfact(n-1));/*函数的递归调用*/
}
int main()
{
        int n;/*定义整型变量*/
        long f;/*定义长整型变量*/
        printf("Please input an integral number:");/*输出信息提示*/
        scanf("%d",&n);/*输入整数*/
        f=rfact(n);/*函数的调用*/
        printf("%d!=%ld\n",n,f);/*输出结果*/
        return 0;/*程序结束*/
}
```

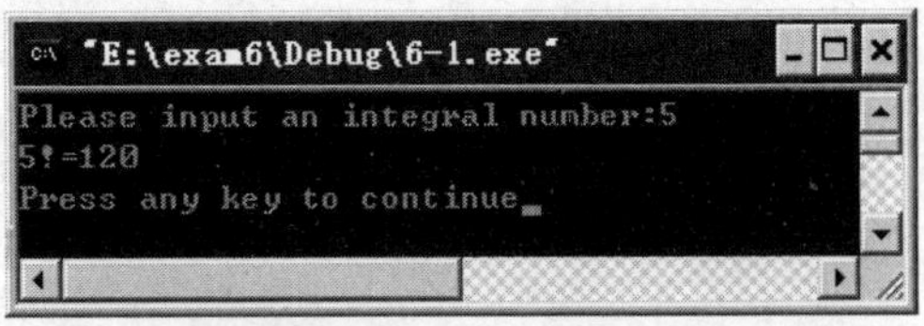

【运行结果】 程序运行结果如图 6-12 所示。

【程序说明】 应注意当形参值大于 1 时的情

图 6-12　例 6-9 程序运行结果

况。函数的返回值为 n*rfact(n-1)又是一次函数调用，而调用的正是 rfact 函数，这就是一个函数调用自身函数的情况，即函数的递归调用，这种函数称递归函数。

返回值是 n*rfact(n-1)，而 rfact(n-1)的值当前还不知道，要调用完才能知道，例如当 n=5 时，返回值是 5*rfact(4)，而 rfact(4)调用的返回值是 4*rfact(3)，仍然是个未知数，还要先求出 rfact(3)，而 rfact(3)也不知道，它的返回值是 3*rfact(2)，而 rfact(2)的值为 2*rfact(1)，现在 rfact(1)的返回值为 1，是一个已知数。然后回过头来根据 rfact(1)求出 rfact(2)，将 rfact(2)的值乘以 3 求出 rfact(3)，将 rfact(3)的值乘上 4 得到 rfact(4)，再将 rfact(4)乘上 5 得到 rfact(5)。

可以看出，递归函数在执行时，将引起一系列的调用和回代的过程。当 n=4 时，其调用和回代过程如图 6-13 所示。从图中可以看出，递推过程不应无限制地进行下去，当调用若干次后，就应当到达递推调用的终点得到一个确定值，例如本例中的 rfact(1)=1，然后进行回代，回代的过程是从一个已知值推出下一个值。实际上这是一个推归过程。

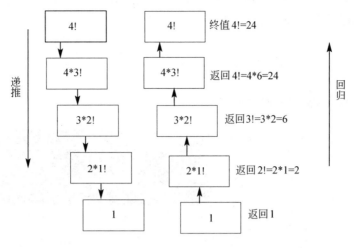

图 6-13 递推和回归过程

6.5 数组作为函数的参数

前面已经讲过了可以用变量作为函数参数,数组元素也可以作为函数参数,其用法与变量相同。数组名也可以作实参和形参,传递的是整个数组。

6.5.1 数组元素作为函数的参数

由于实参可以是表达式形式,数组元素可以是表达式的组成部分,因此数组元素当然可以作为函数的实参,与用普通变量作实参一样,是单向传递,即"值传递"方式。

【例 6-10】 输入 10 个数,要求输出其中值最大的元素和该数是第几个数。

```c
#include <stdio.h>
int main()
{
    int max(int x,int y);/*函数的声明*/
    int a[10],m,n,i;/*定义整型数组变量和普通变量*/
    printf("enter 10 integer numbers:");/*输出信息提示*/
    for(i=0;i<=9;i++)
            scanf("%d",&a[i]);   /*给数组赋值*/
    m=a[0];/*假设 a[0]为最大值*/
    n=0;/*记录最大值的位置*/
    for(i=1;i<=9;i++)
    {
            if(max(m,a[i])>m)   /*若 max 函数返回的值大于 m*/
            {
                    m=max(m,a[i]); /*m 等于 max 函数返回的值*/
                    n=i;               /*变量 n 记录数组元素最大值的序号*/
            }
    }
    printf("The largest number is %d\n It is the %dth number.\n",m,n+1);/*输出结果*/
```

```
        return 0;/*程序结束*/
}
int max(int x,int y) /*函数的定义*/
{
        return (x>y?x:y);/*取两个数的较大值*/
}
```

【运行结果】程序运行结果如图
6-14 所示。

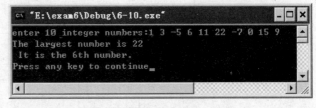

【程序说明】在上述程序中，变量
m 用来存放当前已比较过的各数中的
最大者。开始时设 m 的值为 a[0],然后
将 m 与 a[1]比，如果 a[1]大于 m，m

图 6-14 例 6-10 程序运行结果

重新取值为 a[1]，下一次以 m 的新值与 a[2]比较，max(m,a[2])的值是 a[0]、a[1]、a[2]中最大
者。其余类推。经过 9 轮循环的比较，m 最后的值就是 10 个数的最大数。

当 max(m,a[i])>m 时，m 重新取值并把 i 的值保存在变量 n 中，n 最后的值就是最大数的
序号，因为数组元素的序号从 0 开始，因此输出"最大数是 10 个数中第几个数"时，应为
n+1。

本题可以不用 max 函数求两个数中的大数，而在 main 函数中直接用 if(m>a[i])来判断和
处理。本题的目的是介绍如何用数组元素作为函数实参。

6.5.2 数组名作为函数的参数

可以用数组名作为函数参数，此时实参与形参都要用数组名（或数组指针，见第 8 章）。
【例 6-11】 有一个数组 score，内放 10 个学生成绩，求平均成绩。

```
#include <stdio.h>
float average(float array[])/*函数的定义*/
{
        int i;/*定义整型变量*/
        float aver,sum=0;/*定义实型变量*/
        for(i=0;i<10;i++)
                sum=sum+array[i];/*计算数组和*/
        aver=sum/10;/*计算数组平均值*/
        return(aver);/*返回计算结果，结束*/
}
int main()
{
        float score[10],aver;/*定义实型数组变量和普通变量*/
        int i;/*定义整型变量*/
        printf("input 10 scores:\n");/*输出信息提示*/
        for(i=0;i<10;i++)
                scanf("%f",&score[i]);/*输入数组变量*/
        aver=average(score);/*调用函数，计算平均值*/
```

```
    printf("average score is %5.2f\n",aver);/*输出计算结果*/
    return 0;/*程序结束*/
}
```

【运行结果】程序运行结果如图 6-15 所示。

【程序说明】

图 6-15　例 6-11 程序运行结果

① 用数组名作函数参数，应该在主调函数和被调用函数分别定义数组，例中 array 是形参数组名，score 是实参数组名，分别在其所在函数中定义，不能只在一方定义。

② 实参数组与形参数组类型应一致，如不一致，结果将出错。

③ 数组名作函数参数时，不是"值传递"，不是单向传递，而是把实参数组的起始地址传递给形参数组，这样两个数组就共占一段内存单元。如图 6-16 所示，假如 a 的起始地址为 1000，则 b 数组的数组起始地址也是 1000，显然 a 和 b 同占一段内存单元，a[0]和 b[0]同占一个单元……这种传递方式叫"地址传递"。由此可以看出，形参数组中各元素的值如发生变化会使实参数组元素的值同时发生变化。

a[0]	a[1]	a[2]	a[3]	a[4]	a[5]	a[6]	a[7]	a[8]	a[9]
2	4	6	8	10	12	14	16	18	20
b[0]	b[1]	b[2]	b[3]	b[4]	b[5]	b[6]	b[7]	b[8]	b[9]

图 6-16　数组参数传递

④ 实参数组与形参数组大小可以一致，也可以不一致，C 编译对形参数组大小不作检查，只是将实参数组的首地址传给形参数组。如果要求形参数组得到实参数组的全部元素值，则应当指定形参数组与实参数组大小一致。形参数组也可以不指定大小，在定义数组时在数组名后跟一个空的方括号，为了在被调用函数中处理数组元素的需要，可以另设一个参数，传递元素的个数。

【例 6-12】 编写函数，统计某一维数组中非 0 元素的个数。

```
#include <stdio.h>
count0(int a[],int n)/*函数的定义，形参数组指定长度*/
{
    int num=0,i;/*定义整型变量*/
    for(i=0;i<n;i++)/*执行循环语句*/
            if(a[i]!=0)/*if 分支语句判断非 0 元素*/
                    num++;/*统计非 0 元素的个数*/
            return num;/*返回计算结果，结束*/
}
int main()
{
    int b[10],i,sum;/*定义整型数组变量和普通变量*/
    printf("enter 10 integer numbers:");/*输出信息提示*/
    for(i=0;i<=9;i++)
            scanf("%d",&b[i]);/*输入数组元素*/
    sum=count0(b,10);        /*函数的调用，实参是数组名和数组长度*/
```

```
        printf("The number is %d\n",sum);/*输出结果*/
        return 0;/*程序结束*/
}
```

【运行结果】程序运行结果如图 6-17 所示。

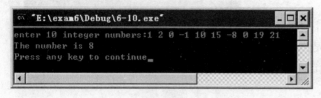

图 6-17　例 6-12 程序运行结果

【程序说明】

① 在程序的开始处自定义函数，将数组名和数组长度作为函数形参。在 count0()函数体内，通过循环查找非 0 元素，并统计元素的个数。

② 主函数 main()中，首先定义一个具有 10 个元素的数组，并输入数组元素的值。

③ 之后在主函数 main()中调用 count0()函数进行显示输出的操作。

6.6　局部变量和全局变量

C 语言程序是由一些函数组成的。每个函数都是相对独立的代码块，这些代码只局限于该函数。因此，在无特殊情况说明的情况下，一个函数的代码对于程序的其他部分来说是隐藏的，它既不会影响程序的其他部分，也不会受程序其他部分的影响。也就是说，一个函数的代码和数据，不可能与另一个函数的代码和数据发生相互作用。这是因为它们分别有自己的作用域。根据作用域的不同，变量分为两种类型，即局部变量和全局变量。

6.6.1　局部变量

在函数内部定义的变量称为局部变量。局部变量的作用域仅仅局限于定义它的函数。例如：

```
main()
{
    int a,b,c;                    ⎫
        ...                        ⎬ 变量 a,b,c 的作用域
}                                 ⎭
double f1(int m,long n)
{
    long k;                        ⎫
        ...                        ⎬ 变量 m,n,k 的作用域
}                                 ⎭
float f2(int x,int y)
{
    char ch;
    int k;                         ⎫
...                                ⎬ 变量 x,y,ch,k 的作用域
    }                             ⎭
```

说明如下。

① 主函数 main 中定义的变量也是局部变量，只在 main 函数中有效。main 函数也不能使用其他函数中定义的变量。

② 形式参数也是局部变量，只在定义它的函数中有效，其他函数中不能使用。

③ 不同函数中，可以使用相同名字的局部变量，它们代表不同的对象，互不干扰。例如，上例中 f1 函数中定义的变量 k 与 f2 函数中定义的变量 k 在内存中占用不同的内存单元，互不干扰。

④ 在函数内复合语句中定义的变量是局部变量，这些变量的作用域为本复合语句，离开该复合语句即失效，占用的内存单元被释放。当形式参数、局部变量和函数内复合语句中的局部变量同名时，在复合语句中，其内部的变量起作用，而本函数的同名局部变量、形参变量被覆盖。例如：

```
main()
{
    int a,b,c;
    {
        int a;              变量 a 的作用域，主函数
        ...                 定义的 a 不起作用           变量 a、b、c 的作用域
    }
}
```

【例 6-13】 分析以下程序的运行结果。

```
#include <stdio.h>
int main()
{
    int x=10;/*定义整型变量*/
    {
        int x=20;/*定义整型变量*/
        printf("%d，",x);/*输出结果*/
    }
    printf("%d\n",x);/*输出结果*/
    return 0;/*程序结束*/
}
```

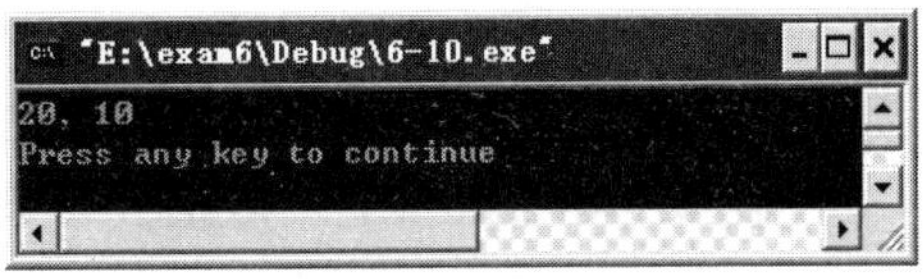

【运行结果】程序运行结果如图 6-18 所示。

图 6-18　例 6-13 程序运行结果

【程序说明】在此程序中，定义了两个名为 x 的变量。执行第一条 printf 函数时，起作用的是在复合语句中定义的变量 x，故输出 20；在执行第二条 printf 函数时，已经离开复合语句，在其中定义的变量 x 失效，此时 main 函数中定义的变量 x 有效，故输出 10。

6.6.2　全局变量

在函数体外定义的变量称为全局变量。全局变量的作用域是从它的定义点开始到本源文件结束，即位于全局变量定义后面的所有函数都可以使用此变量。例如：

```
int a=1,b=5;
main()
{
    ...
}
float k;
char f(int x,int y)
{
    ...
}
```

全局变量 a,b 的作用域

全局变量 k 的作用域

a,b,k 都是全局变量，但它们的作用域不同，在 f 函数中可以使用全局变量 a,b,k，但在 main 函数中只能使用全局变量 a 和 b。在一个函数中既可以使用本函数中的局部变量，也可以使用有效的全局变量。

说明如下。

① 如果要在定义全局变量之前的函数中使用该变量，则需在该函数中用关键字 extern 对全局变量进行外部说明。下面看一个例子：

【例 6-14】

```c
#include <stdio.h>
int main()
{
    extern int a,b;/*把外部变量 a,b 的作用域扩展到从此处开始*/
    int max;/*定义整型变量*/
    scanf("%d,%d",&a,&b);/*输入整型变量*/
    max=a>b?a:b;/*比较两个整数的大小*/
    printf("max=%d\n",max);/*输出结果*/
    return 0;/*程序结束*/
}
int a,b;/*定义外部变量 a，b*/
```

【运行结果】程序运行结果如图 6-19 所示。

图 6-19　例 6-14 程序运行结果

【程序说明】由于全局变量 a,b 的定义位于 main 函数之后，故如果要在 main 函数中使用变量 a、b，就应该在 main 函数中用 extern 进行外部变量说明。

为了处理上的方便，一般把全局变量的定义放在所有使用它的函数之前。

② 在同一个源文件中，当局部变量与全局变量同名时，在局部变量的作用范围内，全局变量不起作用。

【例 6-15】　若外部变量与局部变量同名，分析结果。

```c
#include <stdio.h>
int d=1;/*d 是全局变量*/
int fun(int p)/*函数的声明，p 是形参*/
{
    int d=5;/*d 是局部变量*/
    d+=p++;/*计算，局部变量 d 起作用*/
```

```
        printf("d=%d,p=%d\n",d,p);/*输出结果*/
        return 0;
}
int main()
{
        int a=3;/*定义整型变量*/
        fun(a);/*函数调用*/
        d+=a++;/*计算，全局变量 d 起作用*/
        printf("d=%d,a=%d\n",d,a);/*输出结果*/
        return 0;/*程序结束*/
}
```

图 6-20　例 6-15 程序运行结果

【运行结果】程序运行结果如图 6-20 所示。

【程序说明】上述程序中 d 为全局变量，在 main 函数中，起作用的是全局变量 d，运算时 d 的初值为 1，由于在 fun 函数中定义了局部变量 d，故在 fun 函数中全局变量 d 无效，运算时 d 的初值为 5。

③ 设置全局变量可以增加函数间的联系。由于同一源文件中的所有函数都能使用全局变量，如果在一个函数中改变了全局变量的值，其他函数就可以共享，因此，有时可利用全局变量在函数间传递数据，从而减少函数形参的数目并增加函数返回值的数目。

【例 6-16】　利用全局变量进行函数间的数据传递，分析结果。

```
#include <stdio.h>
int x1=30,x2=40;/*定义全局变量 x1、x2*/
int sub(int x,int y);/*函数的声明*/
int main()
{
        int x3=10,x4=20;/*定义整型变量*/
        sub(x3,x4);/*函数的调用*/
        sub(x2,x1);/*函数的调用*/
        printf("x3=%d,x4=%d,x1=%d,x2=%d\n",x3,x4,x1,x2);/*输出结果*/
        return 0;/*程序结束*/
}
int sub(int x,int y)/*函数的定义*/
{
        x1=x;
        x=y;
        y=x1;
        return    0;/*程序结束*/
}
```

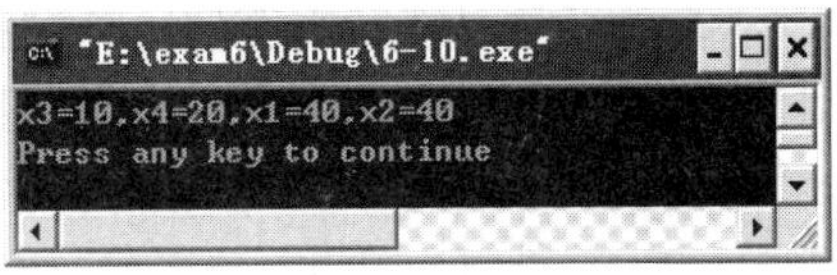

图 6-21　例 6-16 程序运行结果

【运行结果】程序运行结果如图 6-21 所示。

【程序说明】从上例中可以看到，由于 x3,x4 是局部变量，执行语句 "sub(x3,x4);" 调用函数 sub(x, y) 后，值的传递是单向的，x3,x4 的值不变，仍为 10,20。而 x1,x2 是全局变量，当执行语句 "sub(x2,x1);" 调用函数 sub(x, y) 后，x1,x2 的值会发生相应变化，为 40,40。

利用全局变量可以减少函数实参的个数，从而减少内存空间以及传送数据时的时间消耗。但是还是建议不在必要时不要使用全局变量，原因有以下几点。

①　全局变量使得函数的执行依赖于外部变量，降低了程序的通用性。模块化程序设计要求各模块之间的"关联性"要小，函数应尽可能是封闭的，通过参数与外界发生联系。

②　降低程序的清晰性。各个函数执行时都可能改变全局变量的值，因此很难清楚地判断出每个瞬时各个全局变量的值。

③　全局变量在整个程序的执行过程中都会占用内存单元。

6.7　变量的存储类别

从空间的角度看，变量的作用域分为局部变量和全局变量。

从变量的生存期（即变量的存在时间）看，可以分为静态变量和动态变量。静态变量和动态变量是按其存储方式来区分的。静态存储方式是指在程序运行期间分派固定的存储空间，程序执行完毕才释放。动态存储方式是在程序运行期间根据需要动态地分派存储空间，一旦动态过程结束，不论程序结束与否，即释放存储空间。

在 C 语言中，供用户使用的存储空间分为三部分，即程序区、静态存储区和动态存储区。程序区存放用户程序；静态存储区存放全局变量、静态局部变量和外部变量；动态存储区存放局部变量、函数形参变量。另外，CPU 中的寄存器存放寄存器变量。

C 语言有四种变量存储类别声明符，用来通知编译程序采用哪种方式存储变量，这四种变量存储类别声明符是：

①　自动变量声明符 auto（一般可以省略）；

②　静态变量声明符 static；

③　外部变量声明符 extern；

④　寄存器变量声明符 register。

6.7.1　局部变量的存储类别

局部变量可有三种存储类型：自动型、静态型和寄存器型。

（1）自动变量

自动变量是 C 语言中使用最多的一种变量。因为建立和释放这种类型的变量，都是由系统自动进行的，所以称自动变量。声明自动变量的一般形式为：

[auto] 类型说明符　变量名；

其中，auto 是自动变量的存储类型声明符，一般可以省略。省略 auto，系统默认为此变量为 auto，因此没有写 auto 的变量，实际上都是自动变量。例如：

auto int a,b=5;　等价于 int a,b=5;

自动变量是在动态存储区分配存储单元的。在一个函数中定义自动变量，在调用此函数时才能给变量分配内存单元，当函数执行完毕，这些单元被释放，自动变量中存放的数据也随之丢失。每调用一次函数，自动变量都被重新赋一次初值，且其默认的初值是不确定的。

（2）局部静态变量

如果希望在函数调用结束后仍然保留其中定义的局部变量的值，则可以将局部变量定义为局部静态变量。声明局部静态变量的一般形式为：

static　类型说明符　变量名；

说明如下。

①　局部静态变量是在静态存储区分配存储单元的。一个变量被声明为静态，在编译时

即分配存储空间，在整个程序运行期间都不释放。因此，函数调用结束后，它的值并不消失，其值能够保持连续性。

② 局部静态变量是在编译过程中赋初值的，且只赋一次初值，在程序运行时其初值已定，以后每次调用函数时，都不再赋初值，而是保留上一次函数调用结束时的结果。

③ 局部静态变量在未显式初始化时，编译系统把它们初始化为 0（整型变量）、0.0（实型变量）或空字符（字符型变量）。

【例 6-17】 阅读以下程序，给出每一次调用过程的分析。

```c
#include <stdio.h>
int function(int a);/*函数的声明*/
int main()
{
        int i,j=2;/*定义整型变量*/
        for(i=0;i<3;i++)/*执行循环语句*/
                printf("%4d",function(j));/*在循环语句中调用函数*/
                printf("\n");
                return 0;
}
int function(int a)/*函数的定义*/
{
        int b=0;/*定义整型变量*/
        static int c;/*定义静态整型变量*/
        b++; /*进行加 1 运算*/
        c++;/*进行加 1 运算*/
        return (a+b+c);/*返回运算结果*/
}
```

【运行结果】程序运行结果如图 6-22 所示。

图 6-22　例 6-17 程序运行结果

【程序说明】上例中三次调用了 function 函数，在 function 函数中定义了自动变量 b 和局部静态变量 c，每次调用 funciton 函数开始时和函数调用结束时 b 和 c 的变化情况如表 6-1 所示。

表 6-1　函数调用过程中局部变量值的变化情况

调用次数	函数调用开始时		函数调用结束时	
	b	c	b	c
第一次调用	0	0	1	1
第二次调用	0	1	1	2
第三次调用	0	2	1	3

因此，运行结果为：

　4　 5　 6

（3）寄存器变量

寄存器变量具有与自动变量完全相同的性质。当把一个变量指定为寄存器存储类型时，系统将它放在 CPU 中的一个寄存器中，通常把使用频率较高的变量（如循环次数较多的循环变量）定义为 register 类型。

　　【例 6-18】 寄存器变量的应用。

```
#include <stdio.h>
void m_table(void)/*函数的定义*/
{
        register int i,j;/*定义寄存器变量*/
        for(i=1;i<=9;i++)/*执行循环语句*/
        {
                for(j=1;j<=i;j++)
                        printf("%d*%d=%d    ",j,i,i*j);/*输出运算结果*/
                printf("\n");

        }
}
int main()
{
        void m_table(void);/*函数的声明*/
        m_table();/*函数的调用*/
        return 0;/*程序结束*/
}
```

　　【运行结果】 程序运行结果如图 6-23 所示。

图 6-23　例 6-18 程序运行结果

　　【程序说明】 由于频繁使用变量 i、j，故将它们放在寄存器中。

　　① 只有局部自动变量和形参可以作为寄存器变量，其他（如全局变量、局部静态变量）则不行。

　　② 只有 int、char 和指针类型变量可定义为寄存器型，而 long、double 和 float 型变量不能设定为寄存器型，因为它们的数据长度已超过了通用寄存器本身的位长。

　　③ 可用于变量空间分配的寄存器个数依赖于具体的机器。当编译器遇到 register 说明，且没有寄存器可以用于分配时，就把变量当作 auto 型变量进行存储分配，并且 C 语言编译器严格按照说明在源文件中出现的顺序来分配存储器。因此，寄存器变量定义符对编译器来说，是一种请求，而不是命令。根据程序的具体情况，编译器可能自动地将某些寄存器变量改为非寄存器变量。

6.7.2　全局变量的存储类别

全局变量是在静态存储区分配存储单元的，其默认的初值为 0。全局变量的存储类型有两种，即外部（extern）类型和静态（static）类型。

（1）外部全局变量

在多个源程序文件的情况下，如果在一个文件中要引用其他文件中定义的全局变量，则应该在需要引用此变量的文件中，用 extern 进行说明。

【例 6-19】　输入 a 和 m，求 a^m 的值。

程序包含两个文件 file1.c 和 file2.c。

文件 file1.c 中的内容为：

```
#include <stdio.h>
int a; /*定义外部变量*/
int main()
{
    int power(n);/*函数的声明*/
    int d,m;/*定义整型变量*/
    printf("enter the number a and its power:");/*输出信息提示*/
    scanf("%d,%d",&a,&m);/*输入整型变量*/
    d=power(m);/*函数的调用*/
    printf("%d**%d=%d\n",a,m,d);/*输出运算结果"**"代表幂次*/
    return 0;/*程序结束*/
}
```

文件 file2.c 中的内容为：

```
extern int a;/*把 file1 中已定义的全局变量 a 的作用域扩展到本文件*/
int power(n)/*函数定义*/
{
    int i,y=1;/*定义整型变量*/
    for(i=1;i<=n;i++)/*执行循环语句*/
        y*=a;/*进行乘法运算*/
    return y;/*返回运算结果，结束*/
}
```

【运行结果】程序运行结果如图 6-24 所示。

图 6-24　例 6-19 程序运行结果

【程序说明】上例中，file2.c 要使用 file1.c 中定义的全局变量 a，故需在文件开头对变量 a 用 extern 进行说明，说明该变量在其他文件中已定义过，本文件不必再为其分配内存。

① extern 只能用来说明变量，不能用来定义变量，因为它不产生新的变量，只是宣布该变量已在其他地方有过定义。因此，供其他文件访问的全局变量，在程序中只能定义一次，但在不同的地方可以被多次说明为外部变量。

② extern 不能用来初始化变量。例如：extern int x=1;是错误的。

（2）静态全局变量

在程序设计时，如果希望在一个文件中定义的全局变量仅限于被本文件引用，而不能被其他文件访问，则可以在定义此全局变量时前面加上关键字 static，例如：

static　　int x;

此时，全局变量的作用域仅限于本文件，在其他文件中即使进行了 extern 说明，也无法使用该变量。

由此可见，静态全局变量与外部全局变量在同一个文件内的作用域是一样的，但外部全局变量的作用域可以延伸至其他程序文件，而静态全局变量在被定义的源程序文件以外是不可见的。

6.8　内部函数和外部函数

C 程序是由函数组成的，这些函数既可以在一个文件中，也可以在多个不同的文件中，根据函数的使用范围，可以将其分为内部函数和外部函数。

6.8.1　内部函数

用存储类别 static 定义的函数称为内部函数，其一般形式为：

static　类型说明符　函数名（形参表）

例如：

static float sum(float x,float y)

{

　　…

}

内部函数又称静态函数。内部函数只能被本文件中其他函数所调用，而不能被其他外部文件调用。使用内部函数，可以使函数局限于所在文件，如果在不同的文件中有同名的内部函数，则互不干扰。这样，有利于不同的人分工编写不同的函数，而不必担心函数是否同名。

6.8.2　外部函数

按存储类别 extern（或没有指定存储类别）定义的函数，作用域是整个程序的各个文件，可以被其他文件的任何函数调用，称为外部函数。本书前面所用的函数因没有指定存储类别，隐含为外部函数。其一般形式为：

extern　类型说明符　函数名（形参表）

例如：

extern char compare(char s1,char s2)

{

　　…

}

由于函数都是外部性质的，因此，在定义函数时，关键字 extern 可以省略。在调用函数的文件中，一般要用 extern 说明所用的函数是外部函数。

6.9　应用举例

【例 6-20】　通过键盘输入一个较大正整数 n（n≥6），并验证从 6～n 之间的所有偶数都可以分解为两个素数之和的形式。

【问题分析】判断素数的条件是：如果一个大于 2 的整数 n 不能被 2～sqrt(n) 之间的任一

整数整除，则是素数。

设置循环变量 k 为从 6 开始至 n 为止的连续偶数，查找 a，b 两个素数，使 a+b=k 成立。由于除 2 之外，其他素数都是奇数，所以 a，b 始终取奇数。

如果一个偶数能表示为一组以上的素数之和，在本程序中只取一个素数最小、另一个素数最大的一组。

【参考代码】

```c
#include <stdio.h>
#include <math.h>
int prime(int n)    /*函数的声明*/
{
    int i,k;    /*定义整型变量*/
    k=sqrt(n);    /*开方计算*/
    for(i=2;i<=k;i++)    /*执行循环语句*/
        if(n%i==0)    /*if条件分支语句，判断素数*/
            return 0;
        return 1;
}
int main()
{
    int a,b,n,k;    /*定义整型变量*/
    while(1)    /*while 循环控制语句*/
    {
        printf("Please input a number>=6:");    /*输出信息提示*/
        scanf("%d",&n);    /*输入整型变量*/
        if(n>=6)    /*if条件分支语句*/
            break;    /*跳出*/
    }
    for(k=6;k<=n;k+=2)    /*执行循环语句*/
        for(a=3;a<=k/2;a++)    /*执行循环语句*/
            if(prime(a))    /*if条件分支语句，判断是否为素数*/
            {
                b=k-a;    /*减法计算*/
                if(prime(b))    /*if条件分支语句，判断是否为素数*/
                {
                    printf("%d=%d+%d\n",k,a,b);    /*输出结果*/
                    break;    /*跳出*/
                }
            }
            return 0;
}
```

【运行结果】程序运行结果如图 6-25 所示。

【程序说明】主函数中，首先输入整型变量 n，且满足条

图 6-25　例 6-20 程序运行结果

件 n 大于 6，然后进行素数判断，如果 a 是素数，且 b=k–a 也是素数时，输出计算结果。

【例 6-21】　有一个一维数组，内放 10 个学生成绩，写一个函数，当主函数调用此函数后，能求出平均分、最高分和最低分。

【问题分析】可以定义数组 score，长度为 10，用来存放 10 个学生成绩。设计函数 average 用来求平均成绩、最高分和最低分。函数 average 不用数组元素作为函数实参，而是用数组名作为函数实参，形参也用数组名，在 average 函数中引用各数组元素，求平均值并返回给 main 函数，最高分和最低分使用全局变量。

【参考代码】

```c
#include <stdio.h>
float max=0,min=0;/*定义全局变量，max 最高分，min 最低分*/
int main()
{
        float average(float array[],int n);/*函数的声明*/
        float ave,score[10];/*定义实型变量*/
        int i; /*定义整型变量*/
        printf("Please enter 10 scores:");/*输出信息提示*/
        for(i=0;i<10;i++) /*循环控制语句*/
                scanf("%f",&score[i]);/*输入实型数组*/
        ave=average(score,10);            /*计算平均值*/
        printf("max=%6.2f\nmin=%6.2f\naverage=%6.2f\n",max,min,ave);/*输出计算结果*/
        return 0;
}
float average(float array[],int n)    /*函数的定义*/
{
        int i;/*定义整型变量*/
        float aver,sum=array[0];/*定义实型变量*/
        max=min=array[0];/*给变量赋值*/
        for(i=1;i<n;i++)/*循环控制语句*/
        {
                if(array[i]>max)/*if 条件分支语句*/
                        max=array[i];/*查找最大值*/
                else if(array[i]<min)/*if 条件分支语句*/
                        min=array[i];/*查找最小值*/
                sum+=array[i];/*求和运算*/
        }
        aver=sum/n;/*求平均值运算*/
        return(aver);/*返回运算结果*/
}
```

【运行结果】程序运行结果如图 6-26 所示。

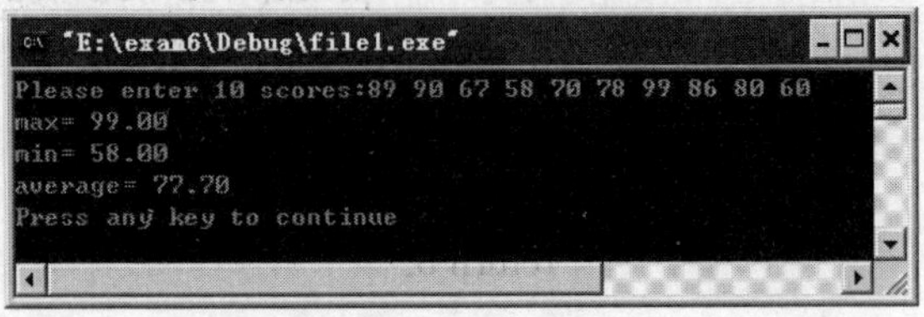

图 6-26　例 6-21 程序运行结果

【程序说明】

① 用数组名作函数参数，应该在主调函数和被调用函数分别定义数组，例中 array 是形

参数组名，score 是实参数组名，分别在其所在函数中定义，不能只在一方定义。

② 实参数组与形参数组类型应一致，例中都为 float 型，如不一致，结果将出错。

③ 自定义函数一次只能返回一个数值，因此最高分 max 和最低分 min 使用全局变量。

【例 6-22】 有两个数组 a,b，各有 10 个元素，将它们对应地逐个相比（即 a[0]与 b[0]比，a[1]与 b[1]比……）。如果数组 a 中的元素大于数组 b 的相应元素的数目多于数组 b 中大于数组 a 中相应元素的数目（例如：a[i]>b[i]6 次，b[i]>a[i]3 次，其中 i 每次为不同的值），则认为数组 a 大于数组 b，分别统计出两个数组相应元素大于、等于或小于的次数。

【问题分析】可以定义两个数组 a 和 b，长度均为 10，用来存放数据。自定义函数 large 用来对数组元素进行比较，通过设定变量 flag 的不同值，来区分数组 a 和数组 b 中元素的大小关系，例如 flag=1,代表大于；flag=0,代表等于；flag=-1,代表小于。

【参考代码】

```c
#include <stdio.h>
int main()
{
    int large (int x,int y);/*函数的声明*/
    int a[10],b[10],i,n=0,m=0,k=0;/*定义整型数组和变量*/
    printf("Please enter array a:\n");/*输出信息提示*/
    for(i=0;i<10;i++)
        scanf("%d",&a[i]);/*输入数组 a 的 10 个元素*/
    printf("Please enter array b:\n");
    for(i=0;i<10;i++)
        scanf("%d",&b[i]);/*输入数组 b 的 10 个元素*/
    for(i=0;i<10;i++)
    {
        if(large(a[i],b[i])==1)/*数组 a 元素大于数组 b 元素，n 加 1*/
            n=n+1;
        else if(large(a[i],b[i])==0)/*数组 a 元素和数组 b 元素相等，m 加 1*/
            m=m+1;
        else                          /*数组 a 元素小于数组 b 元素，k 加 1*/
            k=k+1;
    }
    printf("a[i]>b[i] %d times\na[i]=b[i] %d times\na[i]<b[i] %d times\n",n,m,k);/*输出比较
                                                                   结果*/
    if(n>k)
        printf("array a is larger than array b\n");
    else if (n<k)
        printf("array a is smaller than array b\n");
    else
        printf("array a is equal array b\n");
}
int large (int x,int y)/*函数的定义*/
{
    int flag;/*定义整型变量 flag*/
```

```
if(x>y)/*if 条件分支进行判断，x>y flag=1*/
      flag=1;
else if(x<y)/*if 条件分支进行判断，x<y flag=-1*/
      flag=-1;
else
      flag=0;/*if 条件分支进行判断，x=y flag=1*/
return (flag);/*返回运算结果，结束*/
}
```

【运行结果】程序运行结果如图 6-27 所示。

【程序说明】程序中数组 a 和数组 b 中均存放 10 个元素，通过对 large 返回值的判断，来统计对应元素的比较情况，例如 flag=1 代表大于，flag=0 代表等于，flag=–1 代表小于。变量 n，m，k 分别用于统计大于、等于和小于三种情况的次数，最后在 main 函数中输出结果。

图 6-27　例 6-22 程序运行结果

6.10　常见错误分析

① 在函数定义后加分号，例如：

```
int min(int a,int b);
{
      return (a<b?a:b);
}
```

【编译报错信息】编译报错信息如图 6-28 所示。

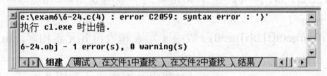

图 6-28　编译错误信息

【错误分析】函数定义的括号后面不能用分号，因为这不是一个函数调用。

② 使用库函数时，没有用"#include"命令将该原型函数的头文件包含进来，例如：

```
main()
{
      float i=4;
      printf("i=%f\n",sqrt(i));
}
```

【编译警告信息】编译警告信息如图 6-29 所示。

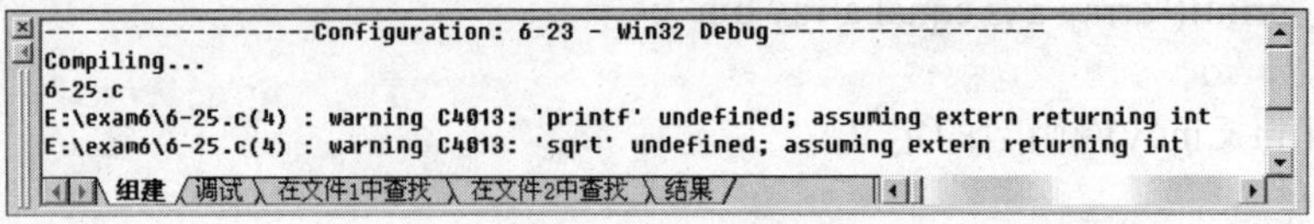

```
-------------------Configuration: 6-23 - Win32 Debug-------------------
Compiling...
6-25.c
E:\exam6\6-25.c(4) : warning C4013: 'printf' undefined; assuming extern returning int
E:\exam6\6-25.c(4) : warning C4013: 'sqrt' undefined; assuming extern returning int
◀ ▮ ▶  组建 ╱ 调试 ╲ 在文件1中查找 ╲ 在文件2中查找 ╲ 结果 ╱ ◀ ▮ ▶
```

图 6-29　编译警告信息

【错误分析】输出结果为：i=0.000000，这显然是错误的，正确的写法是在 main 函数前，添加语句：

#include <math.h>

③ 非整型函数前没有类型标识符，例如：

average(float x,float y)

{

　　　float av;

　　　av=(x+y)/2.0;

　　　return av;

}

【编译警告信息】编译警告信息如图 6-30 所示。

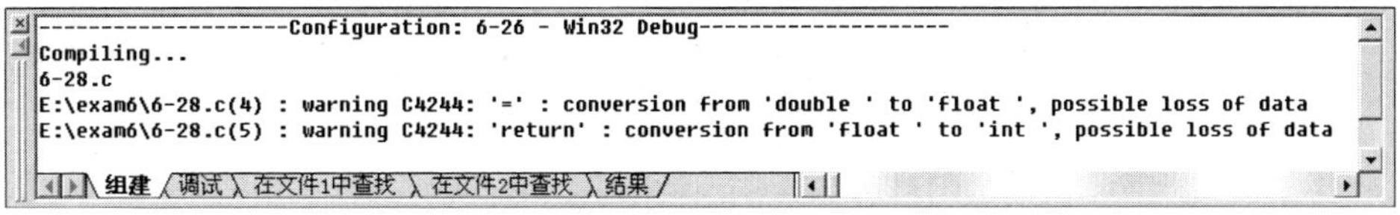

```
--------------------Configuration: 6-26 - Win32 Debug--------------------
Compiling...
6-28.c
E:\exam6\6-28.c(4) : warning C4244: '=' : conversion from 'double ' to 'float ', possible loss of data
E:\exam6\6-28.c(5) : warning C4244: 'return' : conversion from 'float ' to 'int ', possible loss of data
```
组建 / 调试 \ 在文件1中查找 \ 在文件2中查找 \ 结果 /

图 6-30　编译警告信息

【错误分析】由于省略类型表示整型，则返回时总是给一个整数值，这样当执行语句 "average(1.8,2.6);" 时，返回值为整数 2，而且程序不会有任何有关的语法错误。因此，即使是 int 型也应该明确地写出来。

④ 非整型用户自定义函数在调用函数之后，而未加说明，例如：

main()

{

　　　float a=1.8,b=2.6;

　　printf("The avergae of %5.2f and %5.2f is %5.2f\n", a,b, average(a,b));

}

float average(float x,float y)

{

　　return ((x+y)/2.0);

}

【编译警告信息】编译警告信息如图 6-31 所示。

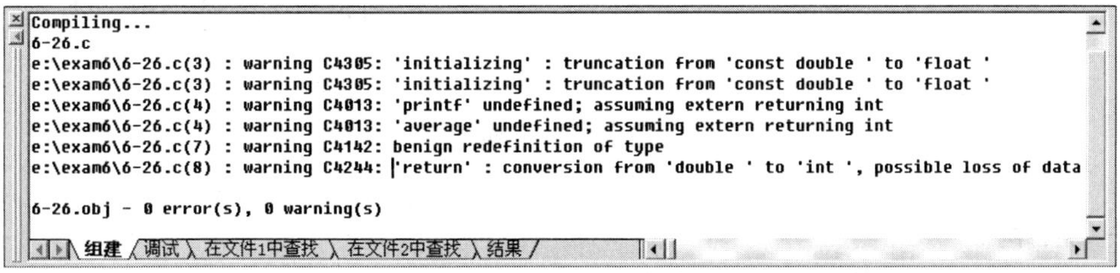

```
Compiling...
6-26.c
e:\exam6\6-26.c(3) : warning C4305: 'initializing' : truncation from 'const double ' to 'float '
e:\exam6\6-26.c(3) : warning C4305: 'initializing' : truncation from 'const double ' to 'float '
e:\exam6\6-26.c(4) : warning C4013: 'printf' undefined; assuming extern returning int
e:\exam6\6-26.c(4) : warning C4013: 'average' undefined; assuming extern returning int
e:\exam6\6-26.c(7) : warning C4142: benign redefinition of type
e:\exam6\6-26.c(8) : warning C4244: 'return' : conversion from 'double ' to 'int ', possible loss of data

6-26.obj - 0 error(s), 0 warning(s)
```
组建 / 调试 \ 在文件1中查找 \ 在文件2中查找 \ 结果 /

图 6-31　编译警告信息

【原因分析】编译时，程序不会有任何有关的语法错误，但输出结果为 "The avergae of 1.80 and 　2.60 is　0.00"，average 是非整型函数，且调用在先，定义在后，因此应在调用之前进行函数说明，如可以在 main 之前或 main 中说明部分加上

```
float average(float x,float y);
```

⑤ 使用未赋值的自动变量，例如：

```
main()
{
    int i;
    printf("%d\n",i);
}
```

【编译警告信息】编译警告信息如图 6-32 所示。

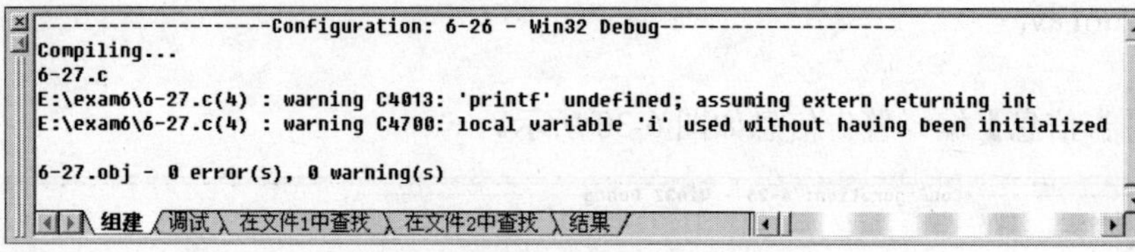
--------------------Configuration: 6-26 - Win32 Debug--------------------
Compiling...
6-27.c
E:\exam6\6-27.c(4) : warning C4013: 'printf' undefined; assuming extern returning int
E:\exam6\6-27.c(4) : warning C4700: local variable 'i' used without having been initialized
6-27.obj - 0 error(s), 0 warning(s)
组建
调试
在文件1中查找
在文件2中查找
结果

图 6-32　编译警告信息

【原因分析】运行结果是-858993460，这里的-858993460 是一个不可预知的数，因此，在引用自动变量时，必须对其初始化或对其赋值。

本章小结

函数是 C 语言的基本模块，是构成结构化程序的基本单元。一个可执行的 C 程序由一个 main 函数和若干个用户自定义函数组成，本章主要介绍了多函数 C 语言程序的设计。

本章的主要内容如下。

① 函数分为库函数和用户自定义函数，任何函数都应该先定义后调用，若无法满足这一要求，需要在调用点之前作函数的原型声明。

② 用户自定义函数由函数头和函数体两部分组成，函数头给出了函数的数据类型、函数名和形参表，函数体是实现函数功能的代码。

③ 函数调用时，实参个数与形参一致，并且类型与形参最好一致。注意区分函数调用过程中普通变量作为参数的“值传递”方式以及数组作为函数参数的“地址传递”方式。

④ 函数的嵌套调用和递归调用。这是两种常用程序结构，应当在分析清楚嵌套调用和递归调用的执行过程的基础上，掌握好嵌套和递归程序的设计技术。

⑤ 变量和函数的存储类别。掌握不同作用域和生存周期的变量及函数的定义与引用方法。

习　题

一、选择题

1．下列叙述中错误的是（　　）。

A．主函数中定义的变量在整个程序中都是有效的

B．在其他函数中定义的变量在主函数中也不能使用

C．形式参数也是局部变量

D．复合语句中定义的变量只在该复合语句中有效

2．下列正确的函数定义形式是（　　）。

　　A．double fun(int x,int y)　　　　　　　　B．double fun(int x;int y)

　　C．double fun(int x,int y);　　　　　　　　D．double fun(int x,y)

3．若调用一个函数，且此函数中没有 return 语句，则正确的说法是该函数（　　　）。

　　A．没有返回值　　　　　　　　　　　　　　B．返回若干个系统默认值

　　C．能返回一个用户所希望的函数值　　　　　D．返回一个不确定的值

4．下面函数调用语句含实参的个数是（　　　）。

func((exp1,exp2),(exp3,exp4,exp5));

　　A．1　　　　　　　　B．2　　　　　　　　C．4　　　　　　　　D．5

5．在 C 语言中，函数的数据类型是指（　　　）。

　　A．函数返回值的数据类型　　　　　　　　　B．函数形参的数据类型

　　C．调用该函数时的实参的数据类型　　　　　D．任意指定的数据类型

二、填空题

1．下面程序的运行结果是_____。

```c
#include <stdio.h>
int d=1;
fun(int p)
{
    static int d=5;
    d+=p;
    printf("%d ",d);
    return(d);
}
main()
{
    int a=3;
    printf("%d \n",fun(a+fun(d)));
}
```

2．下面程序的运行结果是_____。

```c
#include <stdio.h>
int a=3,b=4;
void fun(int x,int y)
{
    printf("%d,%d",x+y,b);
}
main()
{
    int a=5,b=6;
    fun(a,b);
}
```

3．下面程序的运行结果是_____。

```c
#include <stdio.h>
main()
{
    int k=4,m=1,p;
    p=func(k,m);
    printf("%d    ",p);
    p=func(k,m);
```

```
        printf("%d\n",p);
}
int func(int a ,int b)
{
        static int m,i=2;
        i+=m+1;
        m=i+a+b;
        return(m);
}
```

4．下面程序的运行结果是_____ 。

```
#include <stdio.h>
int x,y;
num()
{
        int a=15,b=10;
        int x,y;
        x=a−b;
        y=a+b;
        return ;
}
main()
{
        int a=7,b=5;
        x=a+b;
        y=a−b;
        num();
        printf("%d,%d\n",x,y);
}
```

5．下面程序的运行结果是_____ 。

```
#include <stdio.h>
num()
{
        extern int x,y;
        int a=15,b=10;
        x=a−b;
        y=a+b;
        return ;
}
int x,y;
main()
{
        int a=7,b=5;
        x=a+b;
        y=a−b;
        num();
        printf("%d,%d\n",x,y);
}
```

三、编程题

1. 在屏幕上显示一些不同半径的圆的面积。

2. 编写函数，求 $1+1/2+1/3+\cdots+1/n$ 的值，并在主函数中调用它。

3. 写一个判断素数的函数，在主函数输入一个整数，输出是否为素数的信息。

4. 输入一个 3×4 的矩阵，求其中的最大元素值。

5. 通过调用函数，在键盘输入 10 个整数，并把其中最大的数和最小的数显示出来。

6. 通过调用函数，以每行 5 个素数的格式输出 100～200 之间的所有素数。

第 7 章　预处理命令

所谓预处理是指在进行编译的第一遍扫描（词法扫描和语法分析）之前所做的工作。预处理是 C 语言的一个重要功能，它由预处理程序负责完成。当对一个源文件进行编译时，系统将自动引用预处理程序对源程序中的预处理部分作处理，处理完毕自动进行对源程序的编译。

在前面各章中，已多次使用过以"#"号开头的预处理命令。如包含命令#include，宏定义命令#define 等。在源程序中这些命令都放在函数之外，而且一般都放在源文件的前面，它们称为预处理部分。

C 语言提供了多种预处理功能，如宏定义、文件包含、条件编译等。C 语言的预处理命令均以"#"打头，末尾不加分号，以区别于 C 语句、C 声明和定义。合理地使用预处理功能编写的程序便于阅读、修改、移植和调试，也有利于模块化程序设计。本章介绍常用的三种预处理功能。

7.1　宏定义

写好 C 语言，漂亮的宏定义很重要，使用宏定义可以防止出错，提高可移植性、可读性、方便性，宏定义是 C 语言提供的三种常用预处理功能中的一种。

在 C 语言源程序中允许用一个标识符来表示一个字符串，称为"宏"。被定义为"宏"的标识符称为"宏名"。在编译预处理时，对程序中所有出现的"宏名"，都用宏定义中的字符串去代换，这称为"宏代换"或"宏展开"。宏定义是由源程序中的宏定义命令完成的。宏代换是由预处理程序自动完成的。

在 C 语言中，"宏"分为有参数和无参数两种。下面分别讨论这两种"宏"的定义和调用。

7.1.1　不带参数的宏定义

不带参数的宏定义的一般形式为：

#define　标识符　字符串

其中的"#"表示这是一条预处理命令。"define"为宏定义命令。"标识符" 就是所谓的符号常量，也称为"宏名"。"字符串"可以是常数、表达式、格式串等。

预处理工作也叫作宏展开：将宏名替换为字符串。掌握"宏"概念的关键是"换"。一切以换为前提，做任何事情之前先要换，准确理解之前就要换，即在对相关命令或语句的含义和功能作具体分析之前就要换。在前面介绍过的符号常量的定义就是一种无参宏定义。此外，常对程序中反复使用的表达式进行宏定义。例如：

#define　　PI　3.1415926

它的作用是指定标识符 PI 来代替常量 3.1415926。在编写源程序时，所有的 3.1415926 都可由 PI 代替，而对源程序作编译时，将先由预处理程序进行宏代换，即用 3.1415926 常量去置换所有的宏名 PI，然后再进行编译。

对于宏定义还要说明以下几点。

① 习惯上宏名用大写字母表示，以便于与变量区别。但也允许用小写字母。

② 使用宏可提高程序的通用性和易读性，减少不一致性，减少输入错误和便于修改。例如，数组大小常用宏定义。

③ 预处理是在编译之前的处理，而编译工作的任务之一就是语法检查，预处理不作语法检查。

④ 宏定义不是说明或语句，在行末不必加分号，如加上分号则连分号也一起置换。

⑤ 宏定义必须写在函数之外，默认其作用域为从宏定义命令起到源程序结束。如要终止其作用域可使用# undef 命令。

例如：

```
#define    PI    3.14
main()
{
    …
}
#undef    PI
f1()
{
    …
}
```

表示 PI 只在 main 函数中有效，在 f1 中无效。

⑥ 宏定义允许嵌套，在宏定义的字符串中可以使用已经定义的宏名。在宏展开时由预处理程序层层代换。

例如：

```
#define    PI    3.14
#define    L    2*PI*y        // PI 是已定义的宏名*
```

对语句：

```
printf("%f",L);
```

在宏代换后变为：

```
printf("%f",2*3.14*y);
```

⑦ 字符串" "中永远不包含宏，即：宏名在源程序中若用引号括起来，则预处理程序不对其作宏代换。

【例 7-1】 验证字符串中不包含宏。

```
#include <stdio.h> /*将文件 stdio.h 包含进来*/
#define YES 100 /*利用宏定义定义符号常量 YES*/

int main()
{
    printf("YES "); /*输出字符串 YES*/
    printf("\n"); /*回车换行*/
    return 0;
}
```

【运行结果】程序运行结果如图 7-1 所示。

图 7-1 例 7-1 程序运行结果

【程序说明】虽然定义宏名 YES 表示 100，但在 printf 语句中 YES 被引号括起来，因此不作宏代换。程序的运行结果为：YES 这表示把"YES"当字符串处理。

⑧ 宏定义不分配内存，变量定义分配内存。

7.1.2 带参数的宏定义

C语言允许宏带有参数。在宏定义中的参数称为形式参数，在宏调用中的参数称为实际参数。对带参数的宏，在调用中，不仅要宏展开，而且要用实参去代换形参。

带参数的宏定义一般形式为：

#define 宏名（参数表） 字符串

在字符串中可以含有各个形参。

带参宏调用的一般形式为：

宏名(实参表);

例如：

#define S(a,b) a*b

area=S(3,2); //第一步被换为 area=a*b; ，第二步被换为 area=3*2;

【例 7-2】 带参数的宏定义。

```c
#include <stdio.h> /*将文件 stdio.h 包含进来*/
#define MAX(a,b) (a>b)?a:b /*带参数宏定义*/
int main()
{
    int x,y,max; /*定义整型变量 x,y,max */
    printf("input two numbers:     "); /*输出提示信息*/
    scanf("%d%d",&x,&y); /*输入两个整数，分别存放在变量 x，y 中*/
    max=MAX(x,y); /*宏调用*/
    printf("max=%d\n",max); /*输出 max 的值*/
    return 0;
}
```

【运行结果】程序运行结果如图 7-2 所示。

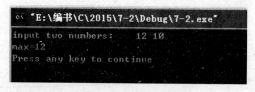

【程序说明】程序的第二行进行带参宏定义，用宏名 MAX 表示条件表达式(a>b)?a:b，形参 a,b 均出现在条件表达式中。程序中 max=MAX(x,y) 为宏调用，实参 x,y，将代换形参 a,b。宏展开后该语句为：max=(x>y)?x:y;

图 7-2 例 7-2 程序运行结果

对于带参数的宏定义有以下问题需要说明。

① 宏名和参数的括号间不能有空格。

② 宏替换只作替换，不作计算，不作表达式求解。

③ 在宏定义中的形参是标识符，而宏调用中的实参可以是表达式。

④ 在宏定义中，字符串内的形参通常要用括号括起来以避免出错。

⑤ 带参的宏和带参的函数很相似，但有本质上的不同：函数调用在编译后程序运行时进行，并且分配内存；宏替换在编译前进行，不分配内存。在带参宏定义中，形参不分配内存单元，因此不必作类型定义；而宏调用中的实参有具体的值，要用它们去代换形参，因此必须作类型说明。在函数中，形参和实参是两个不同的量，各有自己的作用域，调用时要把实参值赋予形参，进行"值传递"；而在带参宏中，只是符号代换，不存在值传递的问题。

函数只有一个返回值，利用宏则可以设法得到多个值；宏展开使源程序变长，函数调用不会；宏展开不占运行时间，只占编译时间，函数调用占运行时间（分配内存、保留现场、值传递、返回值）。

⑥ 宏定义也可用来定义多个语句，在宏调用时，把这些语句又代换到源程序内。看下面的例子。

【例 7-3】 利用宏定义定义多个语句。

```
#include <stdio.h> /*将文件 stdio.h 包含进来*/
#define SSSV(s1,s2,s3,v) s1=l*w;s2=l*h;s3=w*h;v=w*l*h; /*带参数宏定义*/
int main()
{
    int l=3,w=4,h=5,sa,sb,sc,vv; /*定义整型变量 l,w,h,sa,sb,sc,vv，并给 l,w,h 赋值 */
    SSSV(sa,sb,sc,vv); /*宏调用*/
    printf("sa=%d\nsb=%d\nsc=%d\nvv=%d\n",sa,sb,sc,vv); /*输出 sa,sb,sc,vv 的值*/
    return 0;
}
```

【运行结果】程序运行结果如图 7-3 所示。

【程序说明】程序第二行为宏定义，用宏名 SSSV 表示 4 个赋值语句，4 个形参分别为 4 个赋值运算符左部的变量。在宏调用时，把 4 个语句展开并用实参代替形参。使计算结果送入实参之中。

图 7-3　例 7-3 程序运行结果

7.1.3　撤销宏定义命令

宏定义命令#define 应该写在函数外面，通常写在一个文件之首，这样这个宏定义在整个文件范围内都有效。但是，也可以用命令#undef 撤销已定义的宏，终止该宏定义的作用域。

【例 7-4】 撤消已定义的宏举例。

```
#include <stdio.h> /*将文件 stdio.h 包含进来*/
#define PI 3.1415926 /*利用宏定义定义符号常量 PI*/
int main()
{
    printf("%f\n",PI); /*输出 PI 的值*/
    function();/*函数调用*/
    return 0;
}
#undef   PI /*撤销宏定义*/
function()/*自定义函数*/
{
    printf("%f\n",PI); /*输出 PI 的值*/
}
```

【运行结果】程序提示有错，错误信息如图 7-4 所示。

```
Compiling...
7-4.c
E:\编书\c\2015\7-4\7-4.c(6) : warning C4013: 'function' undefined; assuming extern returning int
E:\编书\c\2015\7-4\7-4.c(12) : error C2065: 'PI' : undeclared identifier
执行 cl.exe 时出错。
```

图 7-4　例 7-4 程序错误信息

【程序说明】程序中调用函数 function()，而此函数是在后面定义的，所以有警告信息。程序中#undef PI 撤销了宏定义，所以在后面的 function()里输出 PI 的值时系统提示错误。表示 PI 只在 main 函数中有效，在 function 中无效；若无#undef PI，则 PI 在 main 函数、function 函数中都有效。

7.2 文件包含命令

文件包含是指一个源文件可以将另一个源文件的全部内容包含进来，即将另一个文件包含到本文件之中。它是以“#include”开头的预处理命令，在前面各章中使用系统函数时，已经使用了文件包含命令。在程序设计中，文件包含是很有用的。一个大的程序可以分为多个模块，由多个程序员分别编程。有些公用的符号常量或宏定义等可单独组成一个文件，在其他文件的开头用包含命令包含该文件即可使用。这样，可避免在每个文件开头都去书写那些公用量，从而节省时间，并减少出错。本节主要介绍文件包含命令的基本格式和它的用途。

文件包含命令的格式如下：

[格式 1]#include   "文件名"

[格式 2]#include   <文件名>

其中，文件名是由 C 语言的语句和预处理命令组成的文本文件的名字。

格式 1：系统先在本程序文件所在的磁盘和路径下寻找包含文件；若找不到，再按系统规定的路径搜索包含文件。

格式 2：系统仅按规定的路径搜索包含文件：在包含文件目录中去查找(包含文件目录是由用户在设置环境时设置的)，而不在源文件目录去查找。

注意事项如下。

① 一个#include 命令只能指定一个被包含文件，若有多个文件要包含，则需用多个#include 命令。

② 为了减少寻找包含文件时出错，通常都使用格式 1。

③ 由于包含文件的内容全部出现在源程序清单中，所以包含文件的内容必须是 C 语言的源程序清单。否则，在编译源程序时会出现编译错误。

④ 文件包含允许嵌套，即在一个被包含的文件中又可以包含另一个文件。

⑤ 包含文件还有一个很重要的功能，是将多个源程序清单合并成一个源程序后进行编译。

【例 7-5】 多源程序文件处理。

假定有下列源程序文件:ccw1.c、ccw2.c、ccw3.c,源程序文件 ccw1.c 的内容如下：

#include <stdio.h> /*将文件 stdio.h 包含进来*/

float max2(x,y) /*定义函数 max2 */

float x,y; /* 定义实型变量 x, y*/

{ if(x>y) return(x); /* 如果 x>y ，返回 x 的值*/

else return(y); /*否则返回 x 的值*/

}

【运行结果】编译 ccw1.c 程序提示有错，错误信息如图 7-5 所示。

```
--------------------Configuration: ccw1 - Win32 Debug--------------------
Linking...
LIBCD.lib(crt0.obj) : error LNK2001: unresolved external symbol _main
Debug/ccw1.exe : fatal error LNK1120: 1 unresolved externals
执行 link.exe 时出错.
```

图 7-5 编译 ccw1.c 程序错误信息

【错误分析】单独编译 ccw1.c 会出现没有主函数的错误

源程序文件 ccw2.c 的内容如下:

#include <stdio.h> /*将文件 stdio.h 包含进来*/

float max3(x,y,z) /*定义函数 max3 */

float x,y,z; /* 定义实型变量 x，y，z*/

{ float m; /* 定义实型变量 m*/

m=max2(max2(x,y),z); /* 嵌套调用 max2（）*/

return(m); /*返回 m 的值*/

}

【运行结果】编译 ccw2.c 程序提示有错，错误信息如图 7-6 所示。

```
--------------------Configuration: ccw2 - Win32 Debug--------------
Linking...
ccw2.obj : error LNK2001: unresolved external symbol _max2
LIBCD.lib(crt0.obj) : error LNK2001: unresolved external symbol _main
Debug/ccw2.exe : fatal error LNK1120: 2 unresolved externals
执行 link.exe 时出错.
```

图 7-6　编译 ccw2.c 程序错误信息

【错误分析】单独编译 ccw2.c 会出现没有主函数的错误和 max2()函数的错误。

源程序文件 ccw3.c 的内容如下:

#include <stdio.h> /*将文件 stdio.h 包含进来*/

int main()

{ float x1,x2,x3,max; /* 定义实型变量 x1,x2,x3,max */

scanf("%f,%f,%f",&x1,&x2,&x3); /* 输入三个值，分别保存在 x1,x2,x3 中 */

max=max3(x1,x2,x3); /* 调用 max3（）*/

printf("max(%f,%f,%f)=%f\n",x1,x2,x3,max); /* 输出最大值*/

return(0);

}

【运行结果】编译 ccw3.c 程序提示有错，错误信息如图 7-7 所示。

```
--------------------Configuration: ccw3 - Win32 Debug--------
Linking...
ccw3.obj : error LNK2001: unresolved external symbol _max3
Debug/ccw3.exe : fatal error LNK1120: 1 unresolved externals
执行 link.exe 时出错.
```

图 7-7　编译 ccw3.c 程序错误信息

【错误分析】单独编译 ccw3.c 会出现函数 max3()没有定义的错误。

如果在 ccw3.c 的程序开头将 ccw1.c 和 ccw2.c 程序文件包含进去，再编译运行程序文件 ccw3.c 就能正确执行。如:

#include <stdio.h> /*将文件 stdio.h 包含进来*/

#include "ccw1.c" /*将文件 ccw1.c 包含进来*/

#include "ccw2.c" /*将文件 ccw2.c 包含进来*/

int main()

{ float x1,x2,x3,max; /* 定义实型变量 x1,x2,x3,max */

scanf("%f,%f,%f",&x1,&x2,&x3); /* 输入三个值，分别保存在 x1,x2,x3 中 */

```
max=max3(x1,x2,x3); /*  调用 max3 ()*/
printf("max(%f,%f,%f)=%f\n",x1,x2,x3,max); /* 输出最大值*/
return(0);
}
```

【运行结果】程序运行结果如图 7-8 所示。

```
"E:\编书\c\2015\7-5\ccw3\Debug\ccw3.exe"
24,56,12
max(24.000000,56.000000,12.000000)=56.000000
Press any key to continue
```

图 7-8　例 7-5 程序运行结果

【程序说明】在编译预处理时,ccw3.c 程序清单已经用文件 ccw1.c 和 ccw2.c 的内容替代两个文件包含命令,能够正确输出最大值。

7.3　条件编译命令

一般情况下,源程序中所有的行都参加编译。但有时希望其中一部分内容只在满足一定条件下才进行编译,即对一部分内容指定编译条件,这就是"条件编译"(conditional compile)。条件编译命令将决定哪些代码被编译,而哪些是不被编译的。可根据表达式的值或某个特定宏是否被定义来确定编译条件。

条件编译有三种形式,下面分别介绍:

(1)第一种形式

```
    #ifdef  标识符
程序段 1
    #else
程序段 2
    #endif
```

功能:如果标识符已被 #define 命令定义则对程序段 1 进行编译;否则对程序段 2 进行编译。如果没有程序段 2,此形式也可以写为:

```
    #ifdef  标识符
程序段
    #endif
```

(2)第二种形式

```
    #ifndef 标识符
程序段 1
    #else
程序段 2
    #endif
```

与第一种形式的区别是将"ifdef"改为"ifndef"。它的功能是,如果标识符未被#define命令定义则对程序段 1 进行编译,否则对程序段 2 进行编译。这与第一种形式的功能正相反。

【例 7-6】　条件编译举例 1
#include <stdio.h> /*将文件 stdio.h 包含进来*/
#define DEBUG ok /*利用宏定义定义符号常量 DEBUG*/
int main()
{
　　#ifdef DEBUG /*如果 DEBUG 已定义，则编译下面的 printf 语句*/
　　printf("yes\n"); /*输出字符串 yes*/
　　#endif /*与上面 ifdef 配对出现*/
　　#ifndef DEBUG /*如果 DEBUG 未定义，则编译下面的 printf 语句*/
　　printf("no\n"); /*输出字符串 no*/
　　#endif /*与上面 ifndef 配对出现*/
　　return 0;
}

【运行结果】程序运行结果如图 7-9 所示。

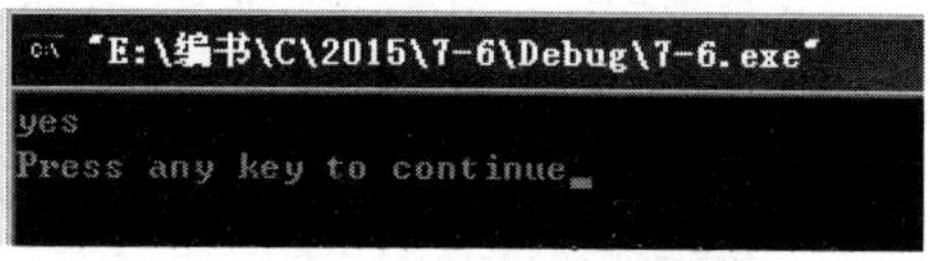

【程序说明】标识符 DEBUG 已被#define 命令定义所以对 printf("yes\n")进行编译。

图 7-9　例 7-6 程序运行结果

在程序的第一行宏定义中，定义 DEBUG 表示字符串 ok，其实也可以为任何字符串，甚至不给出任何字符串，写为：

#define DEBUG

也具有同样的意义。只有取消程序的第一行才会去编译第二个 printf 语句。读者可上机试作。

（3）第三种形式
#if 常量表达式
　　程序段 1
#else
　　程序段 2
#endif

功能：如常量表达式的值为真(非 0)，则对程序段 1 进行编译，否则对程序段 2 进行编译。因此可以使程序在不同条件下，完成不同的功能。

【例 7-7】　条件编译举例 2
#include <stdio.h> /*将文件 stdio.h 包含进来*/
#define R 1 /*利用宏定义定义符号常量 R*/
int main()
{
　　float c,r,s; /*定义实型变量 c,r,s */
　　printf ("input a number:　　"); /*输出提示信息*/
　　scanf("%f",&c);
　　#if R /*如果 R 为非 0 值，则计算 r 的值并输出*/
　　r=3.14159*c*c; /*进行计算*/
　　printf("area of round is: %f\n",r); /*输出 r 的值*/
　　#else /*如果 R 为 0，则计算 s 的值并输出*/
　　s=c*c; /*进行计算*/
　　printf("area of square is: %f\n",s); /*输出 s 的值*/

```
    #endif /*与上面 if 配对出现*/
    return 0;
}
```

【运行结果】程序运行结果如图 7-10 所示。

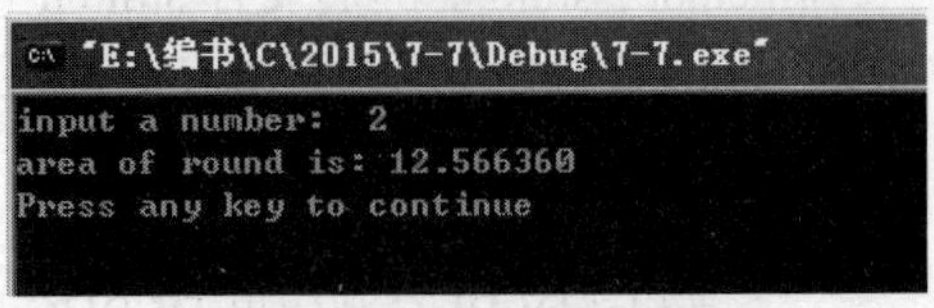

```
"E:\编书\C\2015\7-7\Debug\7-7.exe"
input a number:  2
area of round is: 12.566360
Press any key to continue
```

图 7-10 例 7-7 程序运行结果

【程序说明】在程序第二行宏定义中，定义 R 为 1，因此在条件编译时，常量表达式的值为真，故计算并输出圆面积。

7.4 常见错误分析

预处理错误会引发语法错误，常见的预处理错误如下所示。

① 缺少宏定义标志符“#”：如 define pi 3.1415926

【编译报错信息】编译报错信息如图 7-11 所示。

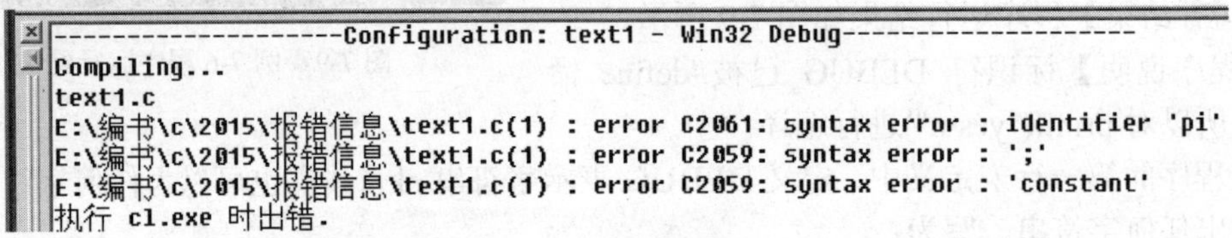

```
--------------------Configuration: text1 - Win32 Debug--------------------
Compiling...
text1.c
E:\编书\c\2015\报错信息\text1.c(1) : error C2061: syntax error : identifier 'pi'
E:\编书\c\2015\报错信息\text1.c(1) : error C2059: syntax error : ';'
E:\编书\c\2015\报错信息\text1.c(1) : error C2059: syntax error : 'constant'
执行 cl.exe 时出错.
```

图 7-11 缺少宏定义标志符编译错误信息截图

【错误分析】define 前缺少标志符“#”，只要添加了“#”，错误都能消除。

② 宏定义后面多加了分号“；”，误认为是语句。

如：#define pi 3.1415926;

且后面有使用 pi 的语句：area=2*pi*r*r;

【编译报错信息】编译报错信息如图 7-12 所示。

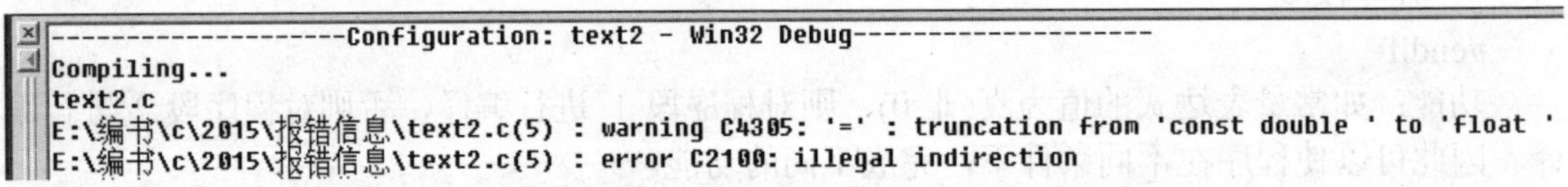

```
--------------------Configuration: text2 - Win32 Debug--------------------
Compiling...
text2.c
E:\编书\c\2015\报错信息\text2.c(5) : warning C4305: '=' : truncation from 'const double ' to 'float '
E:\编书\c\2015\报错信息\text2.c(5) : error C2100: illegal indirection
```

图 7-12 宏定义后面加了分号编译错误信息截图

【错误分析】3.1415926 后面多加了分号“；”，误认为是语句，应去掉“；”。

③ 文件包含命令中头文件名错误。

如把#include stdio.h 误写成#include sdtio.h

【编译报错信息】编译报错信息如图 7-13 所示。

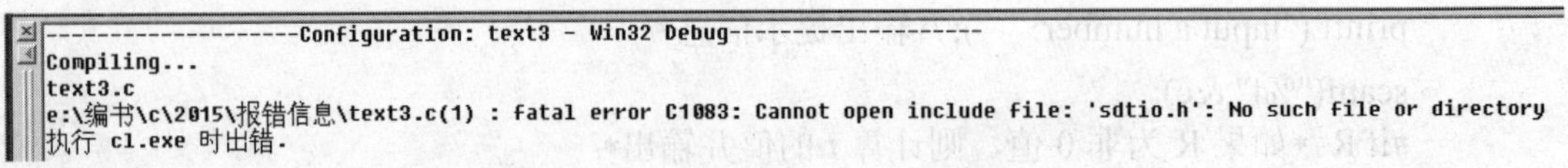

```
--------------------Configuration: text3 - Win32 Debug--------------------
Compiling...
text3.c
e:\编书\c\2015\报错信息\text3.c(1) : fatal error C1083: Cannot open include file: 'sdtio.h': No such file or directory
执行 cl.exe 时出错.
```

图 7-13 头文件名错误编译错误信息截图

【错误分析】文件名 stdio.h 拼写错误。

④ 文件包含命令中头文件名应用一对尖括号或一对双引号括起来。

如：#include（stdio.h）

【编译报错信息】编译报错信息如图 7-14 所示。

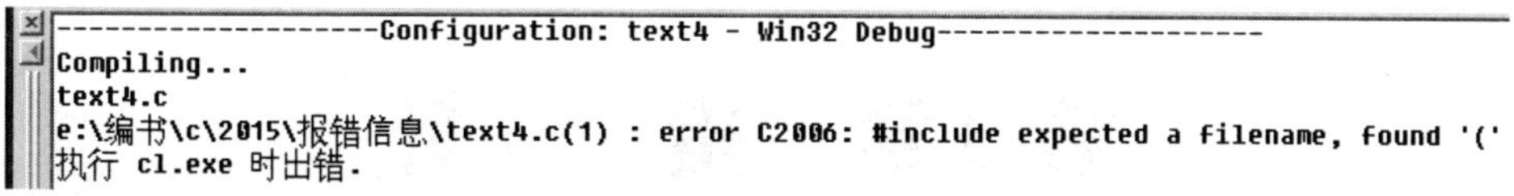

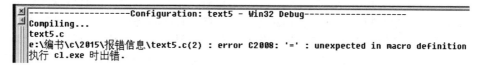

```
--------------------Configuration: text4 - Win32 Debug--------------------
Compiling...
text4.c
e:\编书\c\2015\报错信息\text4.c(1) : error C2006: #include expected a filename, found '('
执行 cl.exe 时出错.
```

图 7-14　编译错误信息截图

【错误分析】头文件名两侧不能用圆括号括起来。

⑤ 定义符号常量时，不能加赋值号 "="。

如：#define　pi=3.1415926

【编译报错信息】编译报错信息如图 7-15 所示。

```
--------------------Configuration: text5 - Win32 Debug--------------------
Compiling...
text5.c
e:\编书\c\2015\报错信息\text5.c(2) : error C2008: '=' : unexpected in macro definition
执行 cl.exe 时出错.
```

图 7-15　多加赋值号编译错误信息截图

【错误分析】pi 后多加了赋值号 "="，误以为是变量赋值。

本 章 小 结

① 预处理功能是 C 语言特有的功能，它是在对源程序正式编译前由预处理程序完成的。程序员在程序中用预处理命令来调用这些功能。

② 宏定义是用一个标识符来表示一个字符串，这个字符串可以是常量、变量或表达式。在宏调用中将用该字符串代换宏名。

③ 宏定义可以带有参数，宏调用时是以实参代换形参，而不是 "值传送"。

④ 文件包含是预处理的一个重要功能，它可用来把多个源文件连接成一个源文件进行编译，结果将生成一个目标文件。

⑤ 条件编译允许只编译源程序中满足条件的程序段，使生成的目标程序较短，从而减少了内存的开销并提高了程序的效率。

⑥ 使用预处理功能便于程序的修改、阅读、移植和调试，也便于实现模块化程序设计。

习　　题

填空题

1. C 语言提供了多种预处理功能，如_____、_____、_____等。

2. 在 C 语言中，"宏" 分为_____和_____两种。

3. 不带参数的宏定义的一般形式为_____，带参数的宏定义的一般形式为_____。

4. 文件包含命令的格式为_____。

第8章 指　　针

指针是 C 语言中一种重要的构造类型，是 C 语言中功能最强的机制，是使用起来最复杂的机制，对初学者来说，也是在使用时最容易出错的机制。指针在 C 程序中应用广泛，从基本的数据结构，如链表和树，到大型程序中常用的数据索引和复杂数据结构的组织，都离不开对指针的使用。说指针是 C 语言中功能最强的机制，是因为指针机制使得程序员可以按地址直接访问指定的存储空间，可以在权限许可的范围内对存储空间的数据进行任意的解释和操作。例如，程序员不仅可以在数据区中的任意位置任意写入数据，而且可以任意指定一段数据，要求计算机系统将其作为由机器指令序列组成的程序段加以执行。这种技术在编写操作系统、嵌入式系统以及黑客攻击程序时经常用到。正是由于指针机制提供了如此灵活的数据访问能力，C 语言才被如此广泛地应用于需要对存储空间进行非常规访问的领域，例如操作系统、嵌入式系统以及其他系统软件的编程。说指针是 C 语言中使用起来最复杂的机制，是因为在使用指针时需要对指针有明确的概念：不仅需要在语言层面上了解指针的语法和语义，而且需要知道指针在计算机内部的确切含义、表达方式和处理机制，才能真正掌握指针的使用方法。说指针是 C 语言中最容易出错的机制，是因为指针是一种对数据间接访问的手段，C 语言中对指针间接的重数没有语法上的限制。同时，指针的使用往往是与复杂的类型以及不同类型间的转换联系在一起的。在复杂的被操作对象类型以及没有限制的多重间接访问所带来的复杂的指针类型面前，即使是富有经验的编程人员也会踌躇再三，也会由于一时的疏忽而在指针问题上出错。大部分难以查找和排除的不确定性故障，特别是引起程序崩溃的故障，都是由于对指针的处理和使用不当而造成指向数据错误、地址越界或无效指针等错误所引发的。凡此种种，使指针成为一个在 C 语言中需要重点学习和掌握的内容。

8.1　变量的地址和指针

在程序中，需要定义一个变量时，首先要定义变量的数据类型，数据类型决定了一个变量在内存中所占用的存储空间的大小。其次要定义变量名。C 语言的编译系统会根据变量的类型在适当的时候为指定的变量分配内存单元。例如在 VC 环境下，一个 int 型数据占据 4 个字节，一个 double 型数据占据 8 个字节的存储空间。

在计算机的内部，所有的内存单元都要统一进行"编号"，即：所有的内存单元都要有地址，每一内存单元具有唯一的内存地址。系统为每一个已定义的变量分配一定存储空间，使变量名与内存的一个地址相对应，为一个变量进行赋值操作，实质就是要将变量的值存入系统为该变量名分配的内存单元中，即：变量的值要存入变量名对应的内存地址中。比如定义

int　i,j,k;

编译程序可能会为它们在内存中作如图 8-1（a）形式的分配。

也就是说变量 i 占据以 2000 开始的四个字节，j 占据从 2004 开始的四个字节，k 占据从 2008 开始的四个字节。在确定了变量的地址之后，就可以通过变量名对内存中变量对应的地址进行操作。对编程者来说，可以使用变量名进行程序设计。程序运行需要进行运算时，要根据地址取出变量所对应的内存单元中存放的值，参加各种计算，计算结果最后还要存入变

量名对应的内存单元中。如：

 i=10;

 j=20;

 语句"i=10;"是将整数值 10 送入 2000 开始的地址单元，语句"j=20;"是将整数值 20 送入 2004 开始的地址单元。而

 k=i+j;

则是将 2000 中存放的值和 2004 中存放的值取出相加，然后放到 2008 开始的单元中去。这个赋值语句执行完后的情况如图 8-1（b）所示。这种按变量地址存取变量值的方法称为"直接访问"方式。

 如果将变量 i 的地址存放在另一个变量 p 中，通过访问变量 p，间接达到访问变量 i 的目的，这种方式称为变量的"间接访问"。保存其他变量地址的变量就称为指针变量。因此，可以认为：指针是用于指向其他变量的变量。

 要取出变量 i 的值 10，既可以通过使用变量 i 直接访问，也可以通过变量 i 的地址间接访问。

 间接访问变量 i 的方法是：从地址为 3000 的内存单元中，先找到变量 i 在内存单元中的地址 2000，再从地址为 2000 的单元中取出 i 的值 10，这种对应关系如图 8-2 所示。

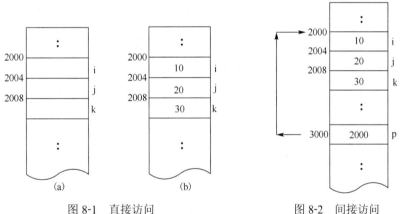

     图 8-1 直接访问   图 8-2 间接访问

 所谓指针变量，就是专门用来保存指针的一类变量，它的值是其他变量的地址，该地址就是某个变量在内存单元中对应的存放位置。这种间接存取关系反映了指针的特性。

 指针变量 p 与整型变量 i 的区别在于：i 的值是 10，其内存单元地址是 2000；而指针变量 p 是存放变量 i 的地址，通过 p 可间接取得变量 i 的值。要注意区分"值"与"地址"的含义。

 指针用于存放其他数据的地址，那么指针都可以引用哪些数据呢？当指针指向变量时，利用指针可以引用该变量；当指针指向数组时，利用指针可以访问数组中的所有元素；指针还可以指向函数，存放函数的入口地址，利用指针调用该函数；指针指向结构体（参见第 9 章），引用结构体变量的成员。

8.2 指针变量的定义

 指针变量与一般变量一样，必须先说明后使用。定义一个指针变量需要解决两个问题：一是说明指针变量的名字，二是说明指针变量指向的数据类型，即指针变量指向的变量的数

据类型。指针变量说明的形式为：

　　类型说明符　*变量名 1,*变量名 2…;

　　例如，下面语句分别定义了指向整型变量的指针变量 p 和指向实型变量的指针变量 q。

　　int *p;　　　　/* 说明 p 为指向整型变量的指针变量 */

　　float x, *q;　　/* 说明了实型变量 x 和指向实型变量的指针变量 q */

　　说明如下。

　　① 变量名前的"*"在定义时不能省略，它是说明其后变量是指针类型变量的标志。

　　② 其他类型的变量允许和指针变量在同一个语句中定义，例如：

　　int m,n,*p,*q;

　　此语句定义了 4 个变量,其中 m 和 n 是 int 型变量,p 和 q 是指向 int 型变量的指针变量。

　　③ 指针定义中的"数据类型"是指针指向的目标变量的数据类型，而不是指针变量的数据类型。指针变量的数据类型由"*"说明为指针类型。

8.3　指针运算

8.3.1　取地址运算符

　　"&"运算符是取地址运算符，它是单目运算符，其功能是返回其后所跟操作数的地址，其结合性为从右向左，例如：

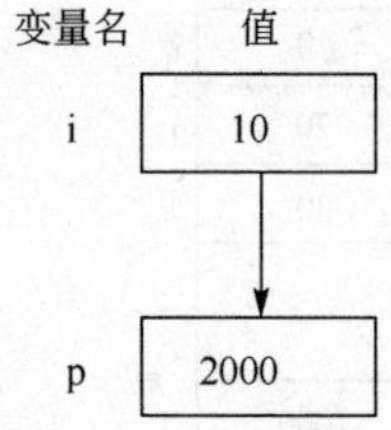

图 8-3　指针变量 p 与整型变量 i 的关系

　　int i=10,*p;

　　p=&i;

将变量 i 的地址（注意，不是 i 的值）赋值给 p。这个赋值语句可以理解为 p 接收 i 的地址，如图 8-3 所示。如果给 i 分配的地址是 2000 开始的存储单元，则赋值后 p 的值是 2000。

　　注意:要区分开取地址运算符&与双目运算符&（按位与）。

8.3.2　指针运算符

　　"*"运算符是指针运算符，也称为间接运算符，它也是单目运算符。其功能是取该指针指向的存储单元的值。例如：

　　int x=10, *p, y;

　　p=&x; /* 取变量 x 的地址赋给指针变量 p */

　　y=*p; /* *p 表示取指针变量 p 所指单元的内容，即变量 x 的值，则 y=10 */

　　注意：此例中第 1 个语句和第 3 个语句都出现了"*p"，但意义是不同的。这是因为"*"在类型说明和在取值运算中的含义是不同的。在第一个语句中的"*p"表示将变量 p 说明为指针变量，用"*"以区别于一般变量，这里是说明指针变量 p。而在第 3 个语句中的"*p"是使用指针变量 p，此时"*"是运算符，表示取指针所指向存储单元的内容，即对 p 进行间接存取运算，取变量 x 的值。

8.3.3　赋值运算

　　（1）指针变量的初始化

　　指针变量的初始化，就是在定义指针变量的同时为其赋初值。由于指针变量是指针类型，所赋初值应是一个地址值。其一般格式如下：

数据类型 *指针变量名 1=地址 1,*指针变量名 2=地址 2…;

其中的地址形式有多种，如&变量名、数组名、其他的指针变量等。

"&" 运算符是取地址运算符，"&变量名" 也可以直接理解为变量的地址。例如：

int i;

int *p=&i;

这两个语句分别定义了整型变量 i 和指向整型变量 i 的指针变量 p，并且将变量 i 的地址作为 p 的初值。

char s[20];

char *str=s;

这两个语句分别定义了字符型数组变量 s 和指向字符型变量的指针变量 str，并且将字符数组 s 的首地址作为 str 的初值。

说明如下。

① 不能用尚未定义的变量给指针变量赋初值，例如下面的用法是错误的：

float *q=&x;

float x;

② 当用一个变量地址为指针变量赋初值时，该变量的数据类型必须与指针变量指向的数据类型一致。例如下面的用法是错误的，因为 m 和 p 指向的数据类型不匹配。

float m;

int *p=&m;

③ 除 0 之外，一般不把其他整数作为初值赋给指针变量。程序运行期间，变量的地址是由计算机分配的，当用一个整数为一个指针变量赋初值后，可能会造成难以预料的后果。当用 0 对指针赋初值时，系统会将该指针变量初始化为一个空指针，不指向任何对象。

（2）使用赋值语句赋值

在程序执行中，可以使用赋值语句为指针变量赋值，一般格式如下：

指针变量=地址;

例如：

int m=100,*p,*q;

p=&m; /*将变量 m 的地址赋给指针变量 p*/

另外，指针变量和一般变量一样,存放在它们之中的值是可以改变的,也就是说可以改变它们的指向,假设

int a=10,b=20,*p1,*p2;

p1=&a;

p2=&b;

则建立如图 8-4 所示的联系。

这时赋值表达式：

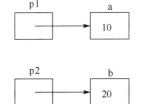

图 8-4 指针变量 p1，p2 与 a，b 的关系（1）

p2=p1

就使 p2 与 p1 指向同一对象 a，此时*p2 就等价于 a，而不是 b，如图 8-5 所示。

如果在图 8-4 的基础上执行如下表达式：

*p2=*p1;

则表示把 p1 指向的内容赋给 p2 所指的区域，此时就变成图 8-6 所示。

图 8-5　指针变量 p1，p2 与 a，b 的关系（2）　　　图 8-6　指针变量 p1，p2 与 a，b 的关系（3）

通过指针访问它所指向的一个变量是以间接访问的形式进行的，所以比直接访问一个变量要费时间，而且不直观，因为通过指针要访问哪一个变量，取决于指针的值(即指向)，例如"*p2=*p1；"实际上就是"b=a；"，前者不仅速度慢而且目的不明。但由于指针是变量，可以通过改变它们的指向，以间接访问不同的变量，这给程序员带来灵活性，也使程序代码编写得更为简洁和有效。

8.3.4　空指针与 void 指针

（1）空指针

空指针就是不指向任何对象的指针，表示该指针没有指向任何内存单元。构造空指针有下面两种方法。

赋 0 值，这是唯一的允许不经转换就赋给指针的数值。

赋 NULL 值，NULL 的值等于 0，两者等价。例如

#define NULL 0

int *p;

p=0;

或

p=NULL;

空指针常常用来初始化指针，避免野指针的出现。

对指针变量赋 0 值和不赋值是不同的。指针变量未赋值时，可以是任意值，是不能使用的，否则将造成意外错误。而指针变量赋 0 值后，则可以使用，只是它不指向具体的变量而已。

（2）void 指针

void 这个关键字并不陌生，在函数里经常可以看到一些没有返回值的函数，这种函数的前面都有一个 void 作为返回值类型。C 语言规定，指针变量也可以定义为 void 型，如果一个指针被声明为 void 类型，可以称之为"无类型指针"，或者就称之为 void 指针。无类型指针不是说这个指针不能指向任何类型的变量或单元，相反，无类型指针可以指向任意类型的数据。

已经知道指针其实就是保存地址的整型变量，普通的指针可以修改自己的值来改变指针的指向，当然也可以指针之间相互赋值，但是有一个前提，那就是指针的类型必须相同。如：

int * a, *b;

float *c;

int x;

a = &x;

b = a;　　 /*正确*/

c = a;　　 /*错误*/

由于 a 和 b 都是整型指针，所以 b = a;是正确的，该语句使得指针 a 和 b 都指向变量 x。而 c =a;是错误的，是因为 a 是整型指针，而 c 是浮点型指针。类型不同的指针是无法赋值的。如果在上面这个小例子中再定义一个指针 d，指针 d 的类型为无类型指针，则：

```
void * d;
d = a;        /*正确*/
d = c;        /*正确*/
```

因为 d 是 void 指针，它可以指向任意类型的数据，所以任意类型的指针都可以给 d 赋值。虽然 void 指针可以指向任意类型的数据，但是在使用 void 指针时必须对其进行强制类型转换，将 void 指针转换成它所指向单元的实际类型，然后才可以使用。另外，将 void 指针赋值给其他指针时也需要将 void 指针强制类型转换为所需要类型的指针。例如有以下程序段：

```
int x = 100;
void * p = &x;                 /*定义 void 指针 p 指向 x */
int *q = NULL;                 /*定义整型指针 q */
/*printf("*p =%d\n",*p);        错误，非法使用指针 p */
printf("*p =%d\n ",*(int *)p); /*正确，输出 p 指向单元内容*/
/*q = p;                        错误，非法，void 指针赋给整型指针*/
q = (int *)p;                  /*正确，合法，void 指针赋给整型指针*/
printf("*q =%d\n",*q);         /*输出指针 q 指向单元内容*/
```

在上面的程序段中声明了 void 指针 p 和整型指针 q，由于 p 是无类型指针，可以将任意类型的变量的地址赋给它，所以将整型变量 x 的地址赋给 p 是正确的。但是在使用 void 指针 p 时一定要将 void 指针强制类型转换为它指向的变量类型，所以程序段的第 4 行是错误的，而第 5 行是正确的。程序段的第 6 行是错误的，是因为将 void 指针赋值给普通指针时一定要进行强制类型转换，因此程序段的第 7 行是正确的。

已经知道指针就是内存单元的地址，指针变量就是存放指针的变量。不同数据类型在内存中所占内存单元的数量是不一样的，但是不同数据类型的地址却是一样的，都使用该数据在内存单元中的首地址。这样系统就可以使用 void 指针来存放这个首地址，这和数据类型是没有关系的。但是，当要使用这个数据时，通过指针来访问内存单元，系统不仅需要知道内存单元的首地址，而且还要知道这个数据在内存中占用了几个单元，只有这样才能正确地读出数据。所以在使用 void 指针时必须对指针进行强制类型转换，目的就是为了告诉系统去访问几个内存单元。

8.4　指针与数组

8.4.1　一维数组的指针表示

（1）定义指向一维数组的指针变量

在 C 语言中，指针和数组有着紧密的联系，其原因在于凡是由数组下标完成的操作皆可用指针来实现。在数组中已经知道，可以通过数组的下标唯一确定了某个数组元素在数组中的顺序和存储地址，这种访问方式也称为"下标"表示法。例如：

```
int a[5] = {1, 2, 3, 4, 5}, x, y;
x=a[2]; /* 通过下标将数组 a 下标为 2 的第 3 个元素的值赋给 x，x=3 */
y=a[4]; /* 通过下标将数组 a 下标为 4 的第 5 个元素的值赋给 y，y=5 */
```

对数组元素的引用除了第 5 章数组中介绍的用下标表示法外，也可以用指针表示法来实现。由于每个数组元素相当于一个变量，因此指针变量既然可以指向一般的变量，同样也可以指向数组中的元素，也就是可以用"指针"表示法访问数组中的元素。例如：

int a[5] = {1, 2, 3, 4, 5},*p;

p=&a[0];

由于一维数组的数组名是一个地址常量，程序运行时它的值是一维数组第 1 个元素的地址。所以可以通过数组名将数组的首地址赋给指针变量，即：

p=a;

经过上面的定义之后，就可以使用指针 p 对数组进行访问了。例如，由于 p 已经指向了 a[0]元素，要输出元素 a[0]，就可以使用以下的方法：

printf("%d",*p);

从图 8-7 中可以看出有以下关系：p，a，&a[0]均指向同一单元，它们是数组 a 的首地址，也是数组 a 的 0 号元素 a[0]的首地址。应该说明的是，p 是变量，而 a，&a[0]都是常量。在编程时应予以注意。

（2）通过指针引用数组元素

现在的问题是，怎样用指针 p 去访问数组的其他元素呢？C 语言规定：如果指针变量 p 已指向数组中的一个元素，则 p+1 指向同一数组中的下一个元素。

引入指针变量后，就可以用两种方法来访问数组元素了。

如果 p 的初值为&a[0]，则其对应的关系如图 8-8 所示。

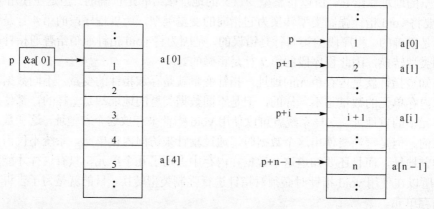

图 8-7　指针变量 p 与数组 a 的关系　　　图 8-8　用指针变量 p 表示数组 a

① p+i 和 a+i 就是 a[i]的地址，或者说它们指向 a 数组的第 i 个元素。

② *(p+i)或*(a+i)就是 p+i 或 a+i 所指向的数组元素，即 a[i]。例如，*(p+5)或*(a+5)就是 a[5]。

③ 指向数组的指针变量也可以带下标，如 p[i]与*(p+i)等价。

注意：不要以为总是有*(p+i)和 a[i]相等的对应关系，如果赋值是

p=&a[4];

则 p 指向 a[4]，p+1 指向 a[5]，而 p−1 指向 a[3]，也就是说，指针在数组中是可以移动的。

根据以上叙述，引用一个数组元素可以用以下方法。

① 下标法，即用 a[i]形式访问数组元素。在前面介绍数组时都是采用这种方法。

② 指针法，即采用*(a+i)或*(p+i)形式，用间接访问的方法来访问数组元素，其中 a 是数组名，p 是指向数组的指针变量，其初值是 p=a。

【例 8-1】 分析下面程序运行结果。

```
#include<stdio.h>
int main()
{
    int a[5],*p,i; /*定义整型数组 a,整形指针 p,整形变量 i */
    for(i=0;i<5;i++)/*循环，当 i>=5 结束循环 */
        a[i]=i+1; /*为数组中元素赋值*/
    p=a; /*初始化指针，使指针指向数组的首地址*/
    for(i=0;i<5;i++)/*循环，当 i>=5 结束循环 */
        printf("*(p+%d):%d\n",i,*(p+i)); /*使用指针法输出数组*/
    for(i=0;i<5;i++)/*循环，当 i>=5 结束循环 */
        printf("*(a+%d):%d\n",i,*(a+i)); /*使用指针法输出数组*/
    for(i=0;i<5;i++)/*循环，当 i>=5 结束循环 */
        printf("p[%d]:%d\n",i,p[i]); /*使用下标法输出数组*/
    for(i=0;i<5;i++)/*循环，当 i>=5 结束循环 */
        printf("a[%d]:%d\n",i,a[i]); /*使用下标法输出数组*/
    return 0;
}
```

【运行结果】 程序运行结果如图 8-9 所示。

【程序说明】 程序中 a 为数组名，p 为指向数组首地址的指针，访问数组可以用下标法 a[i]或 p[i]，也可以用指针法，即*(a+i)或*(p+i)。

（3）数组中的指针运算

1）加减算术运算

对于指向数组的指针变量，可以加上或减去一个整数 n。设 p 是指向数组 a 的指针变量，则 p+n，p−n，p++，++p，p−−，−−p 运算都是合法的。指针变量加或减一个整数 n 的意义是把指针指向的当前位置(指向某数组元素)向前或向后移动 n 个位置，这里加减的单位不是以字节为单位，而是以指向的数据类型所占用的字节数为单位。如在 VC 环境下，int

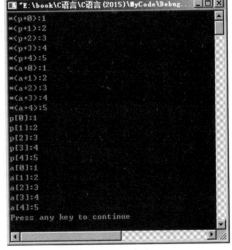

图 8-9　例 8-1 程序运行结果

变量占 4 个字节，double 型变量占 8 个字节。因此，p+n 表示的实际地址为（假设 p 指针的类型为 type）：

p+n*sizeof(type)

【例 8-2】 分析下面程序运行结果。

```
#include <stdio.h>
int main ( )
{
    int   a[10]={1, 2, 3, 4, 5, 6, 7, 8, 9, 10};
/*定义整型数组 a,并初始化 */
    int   *p=a; /*定义指针 p，并初始化使其指向数组的首地址*/
    printf("a is: %X, a+3 is: %X\n ",a, a+3);
```

/*使用数组名输出数组的首地址和数组中第四个元素的地址*/

　printf("p is: %X, p+3 is: %X\n ",p, p+3);

/*使用指针输出指针指向的数组的首地址和数组中第四个元素的地址*/

　printf("*a is : %d, *(a+3) is : %d\n ",*a, *(a+3));

/*使用指针法用数组名输出数组的第一个元素和数组中第四个元素的值*/

　printf("*p is : %d, *(p+3) is : %d\n ",*p, *(p+3));

/*使用指针法输出指针指向的数组的第一个元素和数组中第四个元素的值*/

　printf("p[0] is : %d, p[3] is : %d\n ",p[0], p[3]);

/*使用下标法输出数组的第一个元素和数组中第四个元素的值*/

　return 0;

}

图 8-10　例 8-2 程序运行结果

【运行结果】程序运行结果如图 8-10 所示。

【程序说明】当指针变量 p 指向数组首地址 a 时，a+i 等价于 p+i，同时还有*（a+i）等价于*（p+i），并且等价于 a[i]和 p[i]。

注意以下几个问题。

① 指针变量的加减运算只能对数组指针变量进行，对指向其他类型变量的指针变量作加减运算是毫无意义的。

② 指针变量可以实现本身的值的改变。如 p++是合法的；而 a++是错误的。因为 a 是数组名，它是数组的首地址，是常量。

③ 要注意指针变量的当前值。请看下面的程序。

【例 8-3】　找出程序中的错误。

```
#include <stdio.h>
int main()
{
    int *p,i,a[10]; /*定义整型数组 a,整形指针 p,整形变量 i */
    p=a; /*初始化指针 p，使指针 p 指向数组 a 的首地址*/
    for(i=0;i<10;i++) /*循环，当 i>=10 结束循环 */
        *p++=i;          /*通过指针 p 为数组赋值*/
    for(i=0;i<10;i++) /*循环，当 i>=10 结束循环 */
        printf("a[%d]=%d\n",i,*p++); /*通过指针 p 输出数组的值*/
    return 0;
}
```

【运行结果】程序运行结果如图 8-11 所示。

【程序说明】指针做加减运算时，应随时警惕，不要让指针指向数组以外。从上面程序可以看出，当第一个 for 循环结束时，指针 p 已指向 a[9]，当第二个 for 循环再做 p++，将使指针指向数组 a 的范围以外。修改此程序，需在第一个 for 循环后添加一个语句 "p=a;"，使指针变量 p 指回到数组 a 的首地址。

④注意（*px）++和*px++之间的关系。

【例 8-4】　分析下面程序运行结果。

图 8-11　例 8-3 程序运行结果

```
#include <stdio.h>
int main()
{
    int i,*px,a[5]={2,4,6,8,10},x=20;
```
/*定义整型数组 a,整形指针 px,整型变量 i 和 x,并初始化 x 为 20*/
```
    px=a;    /*初始化指针 px，使指针 px 指向数组 a 的首地址*/
    x=(*px)++;
```
/*（*px）++表示对 px 所指向的变量加 1，px 仍指向原来的对象*/
```
    for(i=0;i<5;i++)/*循环，当 i>=5 结束循环 */
        printf("a[%d]=%-5d",i,a[i]); /*输出数组 a 的值*/
    printf("\nx=%d\n",x);    /*输出 x 的值*/
    printf("*px=%d\n",*px); /*输出指针 px
```
所指向元素的值*/
```
    return 0;
}
```

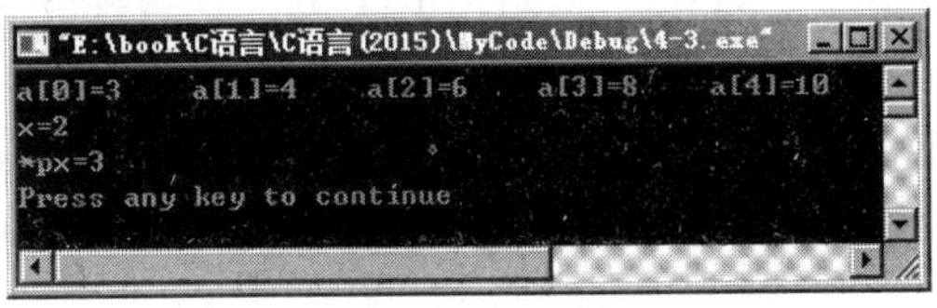

【运行结果】程序运行结果如图 8-12 所示。　　　　图 8-12　例 8-4 程序运行结果

【程序说明】从程序运行结果可以看出，（*px）++表示对 px 所指向的变量加 1，px 仍指向原来的对象，即先取出 px 所指元素 a[0] 的值（等于 2）赋给 x，然后将 px 所指元素 a[0] 的值自加 1，运行结束时 px 仍指向 a[0]。

【例 8-5】　分析下面程序运行结果。

```
#include <stdio.h>
int main()
{
    int i,*px,a[5]={2,4,6,8,10},y=30;
```
/*定义整型数组 a,整形指针 px,整型变量 i 和 y,并初始化 y 为 30*/
```
    px=a; /*初始化指针 px，使指针 px 指向数组 a 的首地址*/
    y=*px++;
```
/*先将指针 px 所指向的元素 a[0] （等于 2）赋给 y，然后指针加 1，px 指向 a[1]*/
```
    for(i=0;i<5;i++)/*循环，当 i>=5 结束循环 */
        printf("a[%d]=%-5d",i,a[i]); /*输出数组 a 的值*/
    printf("\ny=%d\n",y); /*输出 y 值*/
    printf("*px=%d\n",*px); /*输出指针 px 所指向元素的值*/
    return 0;
}
```

【运行结果】程序运行结果如图 8-13 所示。

【程序说明】*px++根据运算符的优先级和结合性，由于++和*的优先级相同，结合方向都是自右而左，所以等价于*(px++)。即先将指针 px 所指向的元素 a[0] （等于 2）赋给 y，然后指针加 1，px 指向 a[1]。

图 8-13　例 8-5 程序运行结果

（*px）++和*px++的区别为：（*px）++改变的是 px 所指向元素的值，整个表达式的值为 px 所指向元素值加 1；而*px++改变的是指针

px 的值, 表达式执行后 px 指向原来指向元素的下一个元素, 整个表达式的值为 px 原来所指元素的值。

⑤ *++px 和*px++: 都要修改 px 的值; *++px 是先修改 px 的值, 再取出 px 当前所指向的元素的值。为了增加可读性, 建议使用*（px++）和*（++px）。

【例 8-6】 分析下面程序运行结果。

```c
#include <stdio.h>
int main()
{
    int i,*px,a[5]={2,4,6,8,10},y=30;
/*定义整型数组 a,整形指针 px,整型变量 i 和 y,并初始化 y 为 30*/
    px=a; /*初始化指针 px, 使指针 px 指向数组 a 的首地址*/
    y=*++px;        /*修改 例 8-5 的 y=*px++;为 y=*++px;*/
    for(i=0;i<5;i++)/*循环, 当 i>=5 结束循环 */
            printf("a[%d]=%-5d",i,a[i]); /*输出数组 a 的值*/
    printf("\ny=%d\n",y); /*输出 y 的值*/
    printf("*px=%d\n",*px); /*输出指针 px 所指向元素的值*/
    return 0;
    }
```

【运行结果】 程序运行结果如图 8-14 所示。

【程序说明】 *++px 是先修改 px 的值, 即 px 指向 a[1],再取出 px 当前所指向的元素的值赋给 y, 因此 y 为 4。

图 8-14　例 8-6 程序运行结果

2）两个指针变量之间的运算

只有指向同一数组的两个指针变量之间才能进行运算, 否则运算毫无意义。

① 两指针变量相减　两指针变量相减所得之差是两个指针所指数组元素之间相差的元素个数。实际上是两个指针值(地址)相减之差再除以该数组元素的长度(字节数)。例如 p1 和 p2 是指向同一整型数组的两个指针变量, 设 p1 的值为 2010H, p2 的值为 2000H, 而整型数组每个元素占 4 个字节, 所以 p1-p2 的结果为(2010H-2000H)/4=4,表示 p1 和 p2 之间相差 4 个元素。

两个指针变量不能进行加法运算。例如, pf1+pf2 是什么意思呢?毫无实际意义。

【例 8-7】 编写程序求字符串的长度。

```c
#include <stdio.h>
int main( )
{
char str[50], *p=str;
/*定义字符数组 str,字符指针 p 并指向字符数组 str*/
printf("Enter string:"); /*输入提示*/
gets(str); /*输入字符串 str*/
while ( *p )
p++; /* 找到串结束标记'\0'。退出循环时 p 指向'\0' */
printf("String length=%d\n", p-str );
/* 指向同一字符数组的两个指针进行减法运算，求出串长 */
```

```
        return 0;
    }
```

【运行结果】程序运行结果如图 8-15 所示。

图 8-15　例 8-7 程序运行结果

【程序说明】str 指向字符串的首地址，p 指针不断向后移动，一直移到字符串的末尾，"p-str" 是两个指针所指字符串之间相差的元素个数。

② 两指针变量进行关系运算　指向同一数组的两指针变量进行关系运算可表示它们所指数组元素之间的关系。例如，当指针 p 和指针 q 指向同一数组中的元素时，则：

p<q 当 p 所指的元素在 q 所指的元素之前时，表达式的值为 1，反之为 0；

p>q 当 p 所指的元素在 q 所指的元素之后时，表达式的值为 1，反之为 0；

p==q 当 p 和 q 指向同一元素时，表达式的值为 1，反之为 0；

p!=q 当 p 和 q 不指向同一元素时，表达式的值为 1，反之为 0。

【例 8-8】　编写程序将一个字符串反向。

```
#include <stdio.h>
int main( )
{
char str[50], *p, *s, c;
/*定义字符数组 str,字符指针 p,s,c */
printf("Enter string:"); /*输入提示*/
gets(str); /*输入字符串 str*/
p=s=str; /* 指针 p 和 s 指向 str */
while ( *p )
p++; /* 找到串结束标记'\0' */
p--; /* 指针回退一个字符，指针 p 指向字符串中的最后一个字符*/
while ( s<p ) /* 当串前面的指针 s<（小于）串后面的指针 p 时，进行循环 */
{
c = *s; /* 交换两个指针所指向的字符 */
*s++ = *p; /* 串前面的指针 s 向后（+1）移动 */
*p-- = c; /* 串后面的指针 p 向前（-1）移动 */
}
puts(str); /*输出字符串 str*/
    return 0;
}
```

【运行结果】程序运行结果如图 8-16 所示。

图 8-16　例 8-8 程序运行结果

【程序说明】这里指针 p 和指针 s 指向同一字符数组 str，s 所指的元素在 p 所指的元素之前时，表达式 "s<p" 的值为 1；反之为 0。

指针变量还可以与 0 进行比较。

设 p 为指针变量，则 p==0 表明 p 是空指针，它不指向任何变量；p!=0 表示 p 不是空指针。例如：

```
#define NULL 0
int *p=NULL;
```

对指针变量赋 0 值和不赋值是不同的。指针变量未赋值时，可以是任意值，是不能使用的，否则将造成意外错误。而指针变量赋 0 值后，则可以使用，只是它不指向具体的变量而已。

8.4.2　二维数组的指针表示

（1）用二维数组名表示数组元素

在 C 语言中，二维数组是按行优先的规律转换为一维线性存放在内存中的，因此，可以通过指针访问二维数组中的元素。如果有：

int a[M][N];

则将二维数组中的元素 a[i][j]转换为一维线性地址的一般公式是：

线性地址＝a＋i×N＋j

其中：a 为数组的首地址，M 和 N 分别为二维数组行和列的元素个数。

若有：int a[4][3], *p;

p = &a[0][0];

则二维数组 a 的数据元素在内存中存储顺序及地址关系如图 8-17 所示。

数组名称	一维下标的指针含义	二维数组下标表示	元素在内存中的存储顺序	通过指针访问元素	通过指针按下标访问元素
a →	a[0] →	a[0][0]		p	p[0]
		a[0][1]		p+1	p[1]
		a[0][2]		p+2	p[2]
	a[1] →	a[1][0]		p+3	p[3]
		a[1][1]		p+4	p[4]
		a[1][2]		p+5	p[5]
	a[2] →	a[2][0]		p+6	p[6]
		a[2][1]		p+7	p[7]
		a[2][2]		p+8	p[8]
	a[3] →	a[3][0]		p+9	p[9]
		a[3][1]		p+10	p[10]
		a[3][2]		p+11	p[11]

图 8-17　二维数组的数据元素在内存中存储顺序及地址关系

这里，a 表示二维数组的首地址；a[0]表示第 0 行元素的起始地址，a[1]表示第 1 行元素的起始地址，a[2]和 a[3]分别表示第 2 行和第 3 行元素的起始地址。同样，a 和 a[0]是数组元素 a[0][0]的地址，也是第 0 行的首地址。a+1 和 a[1]是数组元素 a[1][0]的地址，也是第 1 行的首地址，以此类推。因此，*a 与 a[0]等价、*(a+1)与 a[1]等价、*(a+2)与 a[2]等价……即对于 a[i]数组，由*(a+i) 指向。由此，对于数组元素 a[i][j]，用数组名 a 的表示形式为：

((a+i)+j)

指向该元素的指针为：

*(a+i)+j

数组名虽然是数组的地址，但它和指向数组的指针变量不完全相同。指针变量的值可以改变，即它可以随时指向不同的数组或同类型变量，而数组名自它定义时起就确定下来，不能通过赋值的方式使该数组名指向另外一个数组。

（2）用指针表示二维数组元素

从图 8-17 中，可以看出指针和二维数组元素的对应关系，清楚了两者之间的关系，就能用指针处理二维数组了。

设 p 是指向数组 a 的指针变量，若有：

　　p=a[0];

则 p+j 将指向 a[0]数组中的元素 a[0][j]。

　　由于 a[0]、a[1]…a[M−1] 等各个行数组依次连续存储,则对于 a 数组中的任一元素 a[i][j],
指针的一般形式如下:

　　p+i*N+j

　　元素 a[i][j]相应的指针表示为:

　　*(p+i*N+j)

　　同样,a[i][j] 也可以使用指针下标法表示:

　　p[i*N+j]

　　例如上面的定义:

　　int a[4][3], *p;

　　若有:

　　int *p=a[0];

则数组 a 的元素 a[1][2]对应的指针为: p+1*3+2

　　元素 a[1][2]也就可以表示为: *(p+1*3+2)

　　用下标表示法,a[1][2]表示为: p[1*3+2]

　　注意:对上述二维数组 a,虽然 a[0]、a 都是数组首地址,但二者指向的对象不同, a[0]
是一维数组的名字,它指向的是 a[0]数组的首地址,对其进行"*"运算,得到的是一个数组
元素值,即 a[0]数组首元素值,因此, *a[0] 与 a[0][0]是同一个值;而 a 是一个二维数组的名
字,它指向的是它所属元素的首元素,它的每一个元素都是一个行数组,因此,它的指针移
动单位是"行",所以 a+i 指向的是第 i 个行数组,即指向 a[i]。对 a 进行"*"运算,得到的
是一维数组 a[0]的首地址,即*a 与 a[0]是同一个值。

【例 8-9】 用指针变量来输出二维数组中的元素。

```
#include <stdio.h>
#define   M   3
#define   N   4
int main (   )
{
    int    a[M][N]={1,2,3,4,5,6,7,8,9,10,11,12}; /*定义二维整型数组 a,并初始化*/
    int    *p,i,j; /*定义整形指针 p,整型变量 i 和 j*/
    for(i=0;i<M;i++)/*循环，当 i>=M 结束循环 */
    {
        p=a[i]; /*指针 p 指向二维数组每行的第一个元素 */
        for(j=0;j<N;j++)/*循环，当 j>=N 结束循环 */
            printf("%5d",*(p+j)); /*使用指针法输出二维数组中第 j 行的元素 */
        printf("\n");       /*换行 */
    }
    return 0;
}
```

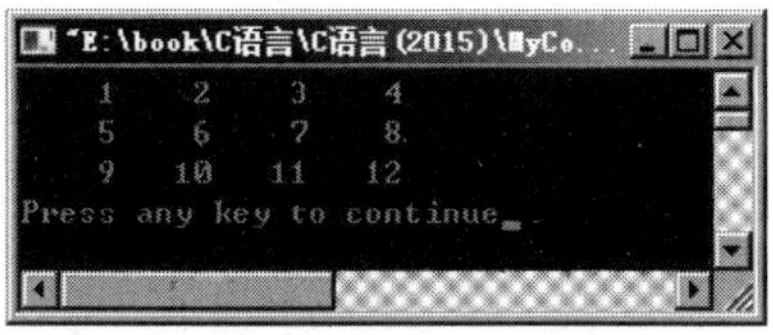

图 8-18　例 8-9 程序运行结果

【运行结果】程序运行结果如图 8-18 所示。

【程序说明】其中,p=a[i]表示将每行数组的首地址赋

给 p，再由偏移量法来将每行数 组中的元素输出。

由于二维数组在存储器中是线性存放的，因而可将二维数组看作一维数组，由指针 p 指向每一个元素，即 p=a[0]或 p=&a[0][0]，再由 p++方式指向数组中的每一个元素。程序可改为：

```c
#include <stdio.h>
#define   M   3
#define   N   4
int main (  )
{
    int   a[M][N]={1,2,3,4,5,6,7,8,9,10,11,12};
      /*定义二维整型数组 a,并初始化*/
    int *p; /*定义整型指针 p */
    for(p=a[0];p<a[0]+N*M; p++)
      /*循环，当指针 p 的地址超出二维数组地址范围结束循环  */
   {
        if ((p-a[0])%N==0)
                printf("\n");/*用于分行显示*/
        printf("%5d",  *p); /*输出二维数组中的元素  */
   }
      printf("\n");/*换行  */
      return 0;
}
```

【例 8-10】 求二维数组元素的最大值。

此问题只需对数组元素遍历，即可求解。因此，可以通过顺序移动数组指针的方法实现。程序如下：

```c
#include <stdio.h>
int main()
{
  int a[3][4]={{3,17,8,11},{66,7,8,19},{12,88,7,16}};
      /*定义二维整型数组 a,并初始化*/
  int *p,max; /*定义整型指针 p,整形变量 max*/
  for(p=a[0],max=*p;p<a[0]+12;p++)
  /*循环，当指针 p 的地址超出二维数组地址范围结束循环  */
    if(*p>max) /*若指针 p 所指元素大于 max，则指针 p 所指元素赋值给 max */
      max=*p;
  printf("MAX=%d\n",max); /*输出 max 的值*/
  return 0;
}
```

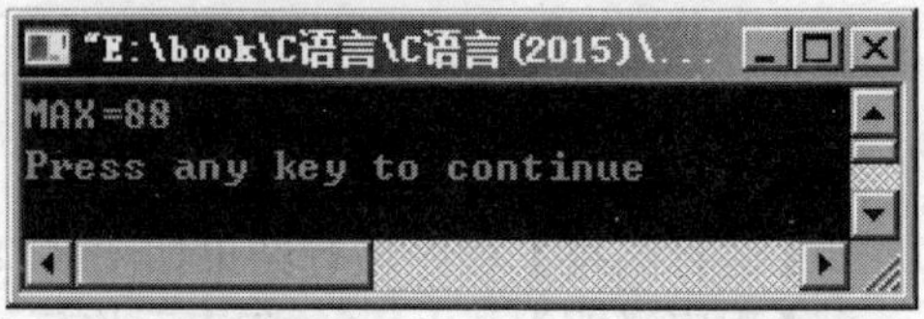

【运行结果】程序运行结果如图 8-19 所示。

【程序说明】这个程序的主要算法都是在 for 语

图 8-19　例 8-10 程序运行结果

句中实现的：p 是一个 int 型指针变量；p=a[0]是置数组的首元素地址为指针初值；max=*p 将数组的首元素值 a[0][0]作为最大值初值；p<a[0]+12 是将指针的变化范围限制在 12 个元素的范围内；p++使得每比较一个元素后，指针后移一个元素位置。

【例 8-11】 求二维数组元素的最大值，并确定最大值元素所在的行和列。

本例较之上例有更进一步的要求，需要在比较的过程中，把较大值元素的位置记录下来，显然仅用上述指针移动方法是不行的，需要使用能提供行列数据的指针表示方法。

```c
#include <stdio.h>
int main()
{
    int a[3][4]={{3,17,8,11},{66,7,8,19},{12,88,7,16}};
     /*定义二维整型数组 a,并初始化*/
    int *p=a[0],max,i,j,row,col;
     /*定义整型指针 p 并初始化,整型变量 max,row,col,i 和 j*/
    max=a[0][0]; /*初始化 max*/
    row=col=0; /*初始化 row 和 col*/
    for(i=0;i<3;i++)/*循环，当 i>=3 结束循环  */
        for(j=0;j<4;j++)/*循环，当 j>=4 结束循环  */
            if(*(p+i*4+j)>max)
/*若指针 p 所指元素大于 max，则 p 所指元素赋值给 max,并记录元素所在行和列  */
            {
                max=*(p+i*4+j);
                row=i;
                col=j;
            }
    printf("MAX=a[%d][%d]=%d\n",row,col,max); /*输出 row,col,max 的值*/
    return 0;
}
```

【运行结果】程序运行结果如图 8-20 所示。.

【程序说明】本例较之上例有更进一步的要求，需要在比较的过程中，把较大值元素的位置记录下来，使用 row 和 col 分别记录行和列的位置。

以上是用指针表示数组元素的程序，也可以使用二维数组名的方法来表示数组元素，请读者自己编写相应的程序。

图 8-20 例 8-11 程序运行结果

8.4.3 指针与字符串

正如在前面讲述的那样，C 语言中是没有字符串变量的，对字符串的访问有两种方法。

① 用字符数组存放一个字符串，然后采用字符数组来完成操作。例如：

char string [30]= "This is a string.";

和前面介绍的数组属性一样，string 是数组名，它代表字符数组的首地址。可使用下面语句进行输出：

printf("%s\n", string);

② 用字符串指针指向一个字符串。

如果把字符数组的首地址赋给一个指针变量，那么这个指针变量则指向这个字符数组，使用该指针变量可以完成对字符数组的操作。

可以用字符串常量对字符指针进行初始化。例如，有说明语句：

char *str = "This is a string.";

是对字符指针进行初始化。此时，字符指针指向的是一个字符串常量的首地址，即指向字符串的首地址。

【例 8-12】 编写程序，用指针实现字符串复制。

```
#include <stdio.h>
int main()
{
    char a[]="I am a student."; /*定义字符数组 a,并初始化*/
    char b[30],*p1,*p2; /*定义字符数组 b,字符型指针 p1 和 p2 */
    int i; /*定义整型变量 i */
    for(p1=a,p2=b;*p1!='\0';p1++,p2++)/*循环，当 p1 等于'\0'结束循环 */
        *p2=*p1; /*将指针 p1 所指元素赋值给指针 p2 所指元素*/
    *p2='\0'; /*给指针 p2 所指字符串末尾加上字符串结束标志'\0'*/
    printf("string a is: %s\n",a); /*输出字符串 a 的值*/
    printf("string b is: ");/*输出提示 */
    for(i=0;b[i]!='\0';i++)/*使用循环输出字符串 b 的值*/
        printf("%c",b[i]);
    printf("\n");/*换行 */
    return 0;
}
```

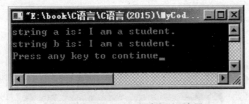

图 8-21　例 8-12 程序运行结果

【运行结果】 程序运行结果如图 8-21 所示。

【程序说明】 p1，p2 是指向字符型数组的指针变量。先使 p1 和 p2 的值分别为字符串 a 和 b 第 1 个字符的地址。*p1 最初的值为'I'，赋值语句"*p2=*p1；"的作用是将字符'I'（a 串中第 1 个字符）赋给 p2 所指向的元素，即 b[0]，然后 p1 和 p2 分别加 1，指向其下一个位置，直到*p1 的值为'\0'时结束。执行时，p1 和 p2 值不断改变，并且是同步变化的。

【例 8-13】 有字符串 a 和 b，编写程序，使用指针将字符串 b 连接到字符串 a 的后面。

```
#include <stdio.h>
int main( )
{
    char a[50], b[30]; /*定义字符数组 a 和 b*/
    char *str1,*str2,*p; /*定义字符型指针 str1,str2 和 p */
    printf("Enter string 1:"); /*输入提示 */
```

```
scanf("%s", a); /*输入字符串 a */
printf("Enter string 2:"); /*输入提示 */
scanf("%s", b); /*输入字符串 b*/
str1=a; /字符指针 str1 指向字符数组 a 的首地址 */
str2=b; /字符指针 str2 指向字符数组 b 的首地址 */
p=str1; /字符指针 p 指向字符指针 str1 */
while ( *p!= '\0' ) /* 找到串 str1 的串结束标记 */
    p++;
while ( *p++ = *str2++ ) ; /* 将 str2 连接到 str1 的后面 */
printf("a+b=%s\n", a); /* 调用串连接函数 strcat */
    return 0;
}
```

【运行结果】程序运行结果如图 8-22 所示。

【程序说明】这里要注意字符指针与字符数组之间的区别。例如，有说明语句：

char string[30]= "This is a string.";

此时，string 是字符数组，它存放了一个字符串。

字符指针 str1 与字符数组 string 的区别是：str1 是一个变量，可以改变 str1 使它指向不同的字符串，但不能改变 str1 所指向的字符串常量的值。string 是一个数组，可以改变数组中保存的内容。

图 8-22　例 8-13 程序运行结果

如果有：

char *str="string", *str1="This is another string.";

char string[100]="This is a string.";

则在程序中，可以使用如下语句：

str++; /* 指针 str 加 1 */

str = "This is a NEW string."; /* 使指针指向新的字符串常量 */

str = str1; /* 改变指针 str 的指向 */

strcpy(string, "This is a NEW string.") /* 改变字符串的的内容 */

strcat(string, str) /* 进行串连接操作 */

在程序中，不能进行如下操作：

string++; /* 不能对数组名进行++运算 */

string = "This is a NEW string."; /* 错误的串操作 */

string = str1; /* 对数组名不能进行赋值 */

strcat(str, "This is a NEW string.") /* 不能在 str 的后面进行串连接 */

strcpy(str, string) /* 不能向 str 进行串复制 */

字符指针与字符数组的区别在使用中要特别注意。

8.5　指针与函数

在函数之间可以传递一般的变量的值，同样，在函数之间也可以传递地址（指针）。函数与指针之间有着密切的关系，它包含三种含义：指针作为函数的参数，函数的返回值为指针以及指向函数的指针。

8.5.1　指针作为函数参数

在前面已经介绍了函数的概念，现在来试着编写一个函数，以解决两个数互换的问题。一般情况下可能会写出如下程序。

【例 8-14】　用 swap() 函数交换两个变量的值。

```
#include <stdio.h>
void    swap(int p1,int p2)
{
    int    t; /*定义整型变量 t*/
    t=p1; /*借助 t，将 p1 和 p2 的值交换 */
    p1=p2;
    p2=t;
}
int main (    )
{
    int    a, b; /*定义整型变量 a 和 b*/
    printf("please    input    a and b:"); /*输入提示 */
    scanf("%d%d",&a,&b); /*输入 a 和 b */
    printf("Before Swap: a=%d,    b=%d\n",a,b); /*输出 a 和 b */
    swap(a,b); /*调用 swap()函数,参数是整型变量 a 和 b 的值*/
    printf("After Swap:    a=%d,    b=%d\n",a,b); /*输出 a 和 b */
    return 0;
}
```

【运行结果】程序运行结果如图 8-23 所示。

【程序说明】怎么回事呢？它们并没有交换。回忆一下，C 语言的函数参数是值传递。现在让我们一起来看看程序的执行过程。主函数 main 调用函数 swap 时，将参数 a、b 的值传递给 swap 的形参 p1，p2，这相当于有赋值

p1=a;
p2=b;

图 8-23　例 8-14 程序运行结果

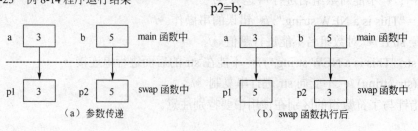

图 8-24　例 8-14 执行示意图

情况如图 8-24（a）所示，p1，p2 接收到数值后，在 swap 中互换，由于参数是值传递，被调函数中形参的改变并不影响到对应的实参，所以互换后的结果如图 8-24（b）所示，实

参 a，b 的值并没有任何改动。这样，当 swap 运行完返回 main 后，输出的当然还是原来 a、b 的值。

那怎么办呢？把 swap 定义为整型，用返回值将结果带回？这显然不行，函数只能返回一个值。可能会想到用全局变量来解决这个问题。是的，全局变量可以解决这个问题，但这样简单的问题都要使用全局变量，那么更多的函数回送多个值呢？大量使用全局变量降低了程序的可读性，增加了程序出错的可能。看来这也不是好办法。那怎么办？可以利用指针作为函数参数，它将一个变量的地址传递到被调函数中，由于指针指向的单元和变量对应的单元相同，因而可以在被调函数中通过指针运算符"*"实现对主调函数中变量值的修改，在被调函数调用结束之后，修改的值仍然可用，这就弥补了参数传值不能带回值的问题。把例 8-14 改写如下。

【例 8-15】 用指针实现用 swap() 函数交换两个变量的值。

```c
#include <stdio.h>
void    swap(int *p1,int *p2)
{
    int    t; /*定义整型变量 t*/
            /*借助 t，将指针 p1 和 p2 所指元素的值交换，注意这里交换的是值*/
    t=*p1;
    *p1=*p2;
    *p2=t;
}
int main (   )
{
    int    a, b; /*定义整型变量 a 和 b*/
    printf("please    input    a and b:"); /*输入提示 */
    scanf("%d%d",&a,&b); /*输入 a 和 b */
    printf("Before Swap: a=%d,    b=%d\n",a,b); /*输出 a 和 b */
    swap(&a,&b); /*调用 swap()函数,参数是整型变量 a 和 b 是地址 */
    printf("After Swap:    a=%d,    b=%d\n",a,b); /*输出 a 和 b */
    return 0;
}
```

【运行结果】程序运行结果如图 8-25 所示。

【程序说明】程序中，swap 函数的形参为指向整型的指针，调用 swap 函数的实参为整型变量的地址。调用 swap 函数后，指针变量 p1 中存入变量 a 的地址，指针变量 p2 中存入变量 b 的地址，指针变量 p1 指向变量 a，指针变量 p2 指向变量 b，其各个变量的状态和相互关系可用图 8-26 描述。

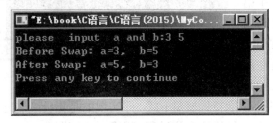

图 8-25　例 8-15 程序运行结果

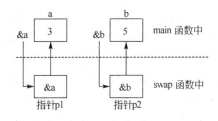

图 8-26　进入 swap 函数时参数传递情况

　　调用 swap 函数，首先执行语句 "t=*p1"，将指针 p1 所指的内容存入临时变量 t 中；然后执行语句 "*p1=*p2"，将指针 p2 所指的内容存入指针 p1 所指的变量中；最后执行语句 "*p2=t"，将临时变量 t 暂存的数据送入指针 p2 所指的变量中；从而完成交换两个变量值的操作。swap 函数的整个执行过程和各个变量值的变化过程可用图 8-27 描述。

　　如果把程序写成例 8-16，程序的运行结果怎样的呢？

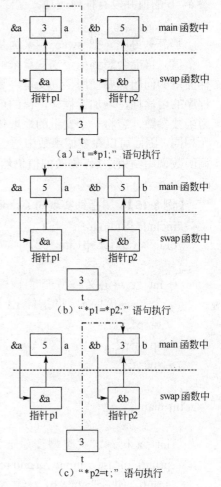

（a）"t =*p1;" 语句执行

（b）"*p1=*p2;" 语句执行

（c）"*p2=t ;" 语句执行

图 8-27　例 8-15 中 swap 函数的执行过程和各个变量的值的变化过程

　　【例 8-16】 用指针实现用 swap()函数交换两个变量的值。

```c
#include <stdio.h>
void    swap(int *p1,int *p2)
{
    int   *t; /*定义整型指针变量 t*/
    t=p1; /*借助 t，将指针 p1 和 p2 所的值交换，注意这里交换的是地址 */
    p1=p2;
    p2=t;
}
int main (   )
{
    int   a, b; /*定义整型变量 a 和 b*/
    printf("please    input    a and b:"); /*输入提示 */
    scanf("%d%d",&a,&b); /*输入 a 和 b */
    printf("Before Swap: a=%d,   b=%d\n",a,b); /*输出 a 和 b */
    swap(&a,&b); /*调用 swap()函数,参数是整型变量 a 和 b 的地址*/
    printf("After Swap:   a=%d,   b=%d\n",a,b); /*输出 a 和 b */
    return 0;
}
```

　　【运行结果】 程序运行结果如图 8-28 所示。

　　【程序说明】 同样是使用指针作为形参，为什么没有将 a 和 b 的值进行交换呢？在例 8-15 中语句 "*p1=*p2"，它的含义是 "取指针变量 p2 的内容赋给指针变量 p1 所指的变量中"，即该语句实现对指针变量所指内容之间的相互赋值。而在例 8-16 中语句 "p1=p2" 的含义与例 8-15 中语句是

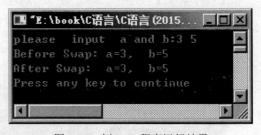

图 8-28　例 8-16 程序运行结果

根本不同的，它的含义是 "将指针变量 p2 的值赋给指针变量 p1"，即实现的是指针变量之间的相互赋值。swap 函数的整个执行过程和各个变量值的变化过程可用图 8-29 描述。

"指针变量所指单元的内容"（简称指针的内容）与"指针变量的值"（简称指针的值）是根本不同的。前者是通过指针取指针所指向单元的变量的值，后者是指针变量本身的值（即指针变量中存的地址）。初学者要特别注意区别。

从这个例子中可以看到：虽然 C 语言的函数参数都是值传递，但是可以通过地址值间接地把被调函数的某些数值传送给主调函数。这样指针又为人们在函数之间传递数据提供了一种新的途径。因此，指针参数传递中应注意以下问题。

① C 语言中从实参到形参的传递是值传递：无论什么参数都是传值方式。

② 能够修改实参变量值的原因：形参和实参共用同一存储单元。

③ 要从函数获得多个值的可用多个指针变量作为函数参数，通过修改指针所指变量的值来返回多个值。

8.5.2 指针作为函数的返回值

除了可以将基本类型作为函数返回值类型之外，还可以将地址作为函数返回值，当将地址作为函数返回值时，该函数被称为指针函数。其定义形式为：

数据类型 ＊ 函数名（形参表）

 { 函数体；

 }

其中，函数名前面的"＊"表示该函数返回类型为指针，数据类型表明指针指向的类型，函数的返回值是一个指向该数据类型的指针。注意，此时说明的是函数，而不是指针。

【例 8-17】 使用指针函数求两个变量的最大值。

```c
#include <stdio.h>
int * max (int *x,int *y) /* 函数 max 的返回值为指向整型的指针 */
{ int *p;
 p = *x>*y ?x:y; /* p 为指向最大值的指针 */
 return ( p ); /* 返回指针 p */
}
int main ( )
{
    int a, b, * pmax; /* 指针 pmax 指向最大值变量 */
    printf ("please   input   a and b:"); /*输入提示 */
    scanf ("%d%d",&a, &b); /*输入 a 和 b */
```

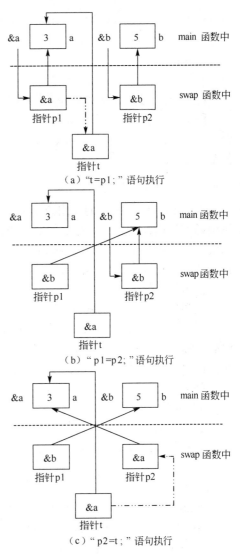

图 8-29 例 8-16 中 swap 函数的执行过程和各个变量的值的变化过程

```
        pmax = max(&a, &b); /* 调用 max 时实参为变量 a 和 b 的地址 */
        printf("max=%d\n", *pmax); /*输出 pmax 的值 */
        return 0;
    }
```

【运行结果】程序运行结果如图 8-30 所示。

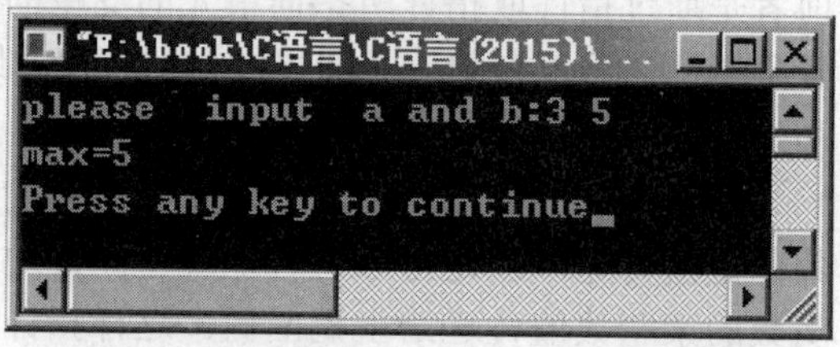

【程序说明】因为函数 max()的返回值是指针，所以定义了指针变量 pmax，将函数的返回值赋给 pmax。

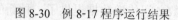

图 8-30　例 8-17 程序运行结果

8.5.3　函数的指针

在 C 语言中，指针的使用方法非常灵活，指向函数的指针就是一个在其他的高级语言中非常罕见的功能。在定义一个函数之后，编译系统为每个函数确定一个入口地址，当调用该函数的时候，系统会从这个"入口地址"开始执行该函数。存放函数的入口地址的指针就是一个指向函数的指针，简称函数的指针。

函数的指针的定义方式是：

类型标识符　（* 指针变量名）（）

类型标识符为函数返回值的类型。特别值得注意的是，由于 C 语言中，（）的优先级比*高，因此，"* 指针变量名"外部必须用括号，否则指针变量名首先与后面的（）结合，就是前面介绍的"返回指针的函数"。试比较下面两个说明语句：

int (*pf)( ); /* 定义一个指向函数的指针，该函数的返回值为整型数据 */

int *f( ) /* 定义一个返回值为指针的函数，该指针指向一个整型数据 */

和变量的指针一样，函数的指针也必须赋初值，才能指向具体的函数。由于函数名代表了该函数的入口地址，因此，一个简单的方法是：直接用函数名为函数指针赋值，即：

函数指针名 = 函数名

例如：

double fun( );　　/* 函数说明 */

double (*f)( );　　/* 函数指针说明 */

f = fun;　/* f 指向 fun 函数 */

函数型指针经定义和初始化之后，在程序中可以引用该指针，目的是调用被指针所指的函数，由此可见，使用函数型指针，增加了函数调用的方式。

【例 8-18】　用函数的指针，实现从两个数中输出较大者。

```
#include <stdio.h>
int main( )
{
    int max ( int ,int ); /* 函数说明 */
    int (*pf)( ); /* 函数指针定义 */
    int a,b,c; /*定义整型变量 a、b 和 c*/
    pf = max; /* 将函数的入口地址赋给指针 */
    printf ("please    input   a and b:"); /*输入提示 */
    scanf("%d%d", &a, &b); /*输入 a 和 b */
    c = (*pf)(a,b); /* 用指针调用函数，c 为 a 和 b 中较大者*/
    printf("a=%d,b=%d,max=%d\n", a, b, c); /*输出 a、b 和 c */
```

```
    return 0;
}
int max ( int x, int y ) /*自定义函数，求两个整数中的最大返回  */
{
    return ( x>y ) ? x : y;
}
```

【运行结果】程序运行结果如图 8-31 所示。

【程序说明】语句 c=(*pf)(a,b) 等价于 c=max(a,b)，因此当一个指针指向一个函数时，通过访问指针，就可以访问它指向的函数。

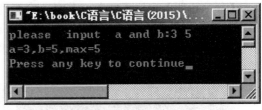

图 8-31　例 8-18 程序运行结果

需要注意的是，一个函数指针可以先后指向不同的函数，将哪个函数的地址赋给它，它就指向哪个函数，使用该指针，就可以调用哪个函数，但是，必须用函数的地址为函数指针赋值。另外，如果有函数指针(*pf)( )，则 pf+n、pf++、pf--等运算是无意义的。

8.6　指针数组和指向指针的指针

8.6.1　指针数组

（1）指针数组的定义

数组中每个元素都具有相同的数据类型，数组元素的类型就是数组的基类型。如果一个数组中的每个元素均为指针类型，即由指针变量构成的数组，这种数组称为指针数组，它是指针的集合。

指针数组说明的形式为：

类型 * 数组名[常量表达式]

例如：　int * pa[5];

表示定义一个由 5 个指针变量构成的指针数组，数组中的每个数组元素都是一个指向整型值的指针变量。

【例 8-19】　分析下面的程序的运行结果。

```
#include <stdio.h>
int main (    )
{
    int    a1=1; /*定义整型变量 a1*/
    int    a2[3]={2, 3, 4};/*定义整型数组 a2*/
    int    a3[4]={5,6,7,8};/*定义整型数组 a3*/
    int * pa[3],i; /*定义整型指针数组 pa 和整型变量 i*/
    pa[0]=&a1,pa[1]=a2,pa[2]=a3; /*初始化整型指针数组 pa */
    printf("%5d",**pa); /*通过指针数组 pa 输出 a1 的值 */
    printf("\n");/*换行  */
    for(i=0;i<3;i++)/*循环，当 i>=3 结束循环  */
       printf("%5d",*(pa[1]+i)); /*通过指针数组 pa 输出数组 a2 的元素值*/
    printf("\n");/*换行  */
```

```
    for(i=0;i<4;i++)/*循环，当 i>=4 结束循环 */
        printf("%5d",*(pa[2]++)); /*通过指针数组 pa 输出数组 a3 的元素值*/
    printf("\n");/*换行 */
    return 0;
}
```

【运行结果】程序运行结果如图 8-32 所示。

【程序说明】本例程序中，pa 是一个指针数组，其中 pa[0]指向一个整型变量，pa[1]指向一个长度为 3 的整型数组， pa[2] 指向一个长度为 4 的整型数组。数组的初始情况如图 8-33 所示。从上例中可以看出指针数组中的元素既可以指向一般的变量，也可以指向数组，因此使用起来非常灵活。

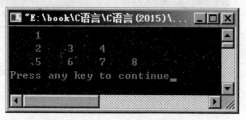

图 8-32　例 8-19 程序运行结果

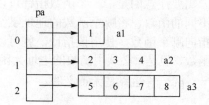

图 8-33　指针数组 pa

（2）指针数组在字符串中的使用

指针数组常用来表示一组字符串，这时指针数组的每个元素被赋予一个字符串的首地址。指向字符串的指针数组的初始化更为简单。例如：

```
char    *weekday[7]={"Sunday","Monday","Tuesday","Wednesday",
                     "Thursday","Friday","Saturday"};
```

也可以用一个二维数组来表示上面指针数组 weekday，其定义方法为

```
char    week[7][10]= {"Sunday","Monday","Tuesday","Wednesday",
                      "Thursday","Friday","Saturday"};
```

它们在内存中存储结构如图 8-34 所示。

S	u	n	d	a	y	\0		
M	o	n	d	a	y	\0		
T	u	e	s	d	a	y	\0	
W	e	d	n	e	s	d	a	y	\0
T	h	u	r	s	d	a	y	\0
F	r	i	d	a	y	\0		
S	a	t	u	r	d	a	y	\0

图 8-34　二维数组 week 存储结构

该数组一共占用了 70 个字节。从上面的例子可以看出如果采用二维数组来定义将会造成一定的存储空间浪费。

如果用指针数组来表示，由于指针数组的每个元素都是指针，因此它们可以指向字符串的首地址，通过这个首地址可以访问该字符串。而且相对二维数组可以节省内存空间。如图 8-35 所示。

图 8-35　指针数组 weekday 存储结构

【例 8-20】　编写一程序，用星期的英文名称初始化一个字符指针数组，键入一个整数，当该数在 0～6 时，输出对应的星期的英文，否则显示错误信息。输入 0，输出星期日。用指针数组实现。

```
#include <stdio.h>
int main( )
{
    int day; /*定义整型变量 day*/
    char * week_day[7]= {"Sunday","Monday","Tuesday","Wednesday","Thursday", "Friday",
"Saturday"};/*定义字符指针数组 week_day[7]，并初始化*/
    printf("Enter day: "); /*输入提示 */
    scanf("%d", &day); /*输入 day 的值 */
    if(day>=0 && day<7)
/*当输入的数在 0～6 之间时，输出对应星期的英文，否则报错*/
        printf("The day is :%s\n",week_day[day]);
    else
        printf("Input    error!\n");
    return 0;
}
```

【运行结果】程序运行结果如图 8-36 所示。

【程序说明】week_day 定义为指针数组，week_day 的每个元素被赋予一个字符串的首地址，因此使用语句 "printf("The day is:%s\n",week_day[day]);" 可以输出相应的字符串。

图 8-36　例 8-20 程序运行结果

8.6.2　指向指针的指针

一个指针可以指向任何一种数据类型，包括指向一个指针。当指针变量 p 中存放另一个指针 q 的地址时，则称 p 为指针型指针，也称多级指针。本节介绍二级指针的定义及应用。

指针型指针的定义形式为：

类型标识符 ** 指针变量名;

由于指针变量的类型是被指针所指的变量的类型，因此，上述定义中的类型标识符应为：被指针型指针所指的指针变量所指的那个变量的类型。

为指针型指针初始化的方式是用指针的地址为其赋值，例如：

int x ; /* 定义整型变量 x */

int *p; /* 定义指向整型变量的指针 p */

int **q; /* 定义多级指针 q */

若有：

p=&x; /* 指针 p 指向变量 x */

则在程序中，使用*p 等价于使用 x，成为对 x 的间接访问。

对二级指针若有：q=&p /* 指针型指针 q 指向指针 p */

则：使用*q，即间接访问二级指针等价于使用 p。再次间接访问二级指针，则有：

$$**q = *(*q) = *p = x$$

由此看来，对一个变量 x，在 C 语言中，可以通过变量名对其进行直接访问，也可以通过变量的指针对其进行间接访问（一级间接），还可以通过指针型指针对其进行多级间接访问。从图 8-37 分析变量 x、指针 p 和二级指针 q 的关系。

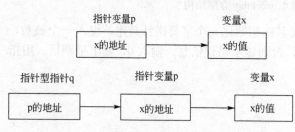

图 8-37 指针型指针、指针变量和变量

【例 8-21】 分析程序运行结果：

```c
#include <stdio.h>
int main (   )
{
    int x=10, *p=&x; /*定义整型变量 x，整型指针变量 p，并让 p 指向 x*/
    int **q=&p; /*定义二级指针 q，并让 q 指向指针 p */
    printf("x=%d,*p=%d,**q=%d\n",x,*p,**q);
    /*分别通过整型变量 x、指针变量 p 和二级指针 q 输出  */
    return 0;
}
```

【运行结果】程序运行结果如图 8-38 所示。

【程序说明】q 是二级指针，其存放的是 p 的地址，通过**q 可以访问 p 所指向的元素。

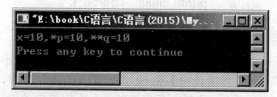

图 8-38 例 8-21 程序运行结果

【例 8-22】 使用二级指针引用字符串。

```c
#include <stdio.h>
#define SIZE 7
int main( )
{
    int i; /*定义整型变量 i*/
    char *  week_day[7]=  {"Sunday","Monday","Tuesday","Wednesday","Thursday",  "Friday", "Saturday"}; /*定义字符指针数组 week_day[7]，并初始化*/
    char **p; /*定义二级字符指针变量 p */
    for ( i=0; i<SIZE; i++ ) /*循环，当 i>=SIZE 时结束循环  */
    {
        p = week_day+i; /*使用  week_day+i 将指针向后移动*/
        printf ("%s      ", *p); /*输出字符串 p */
```

```
        }
        printf("\n"); /*换行 */
        return 0;
    }
```

【运行结果】程序运行结果如图 8-39 所示。

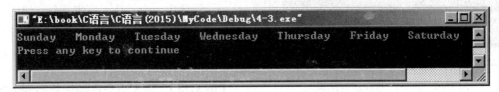

图 8-39 例 8-22 程序运行结果

【程序说明】程序中，p 是指针型指针，在循环开始 i 的初值为 0，语句 p= week_day +i; 用指针数组 week_day 中的元素 week_day [0]为其初始化，*p 是 week_day [0]的值，即字符串 " Sunday "的首地址，调用函数 printf()以%s 形式就可以输出 week_day [0]所指字符串。 week_day+i 即将指针向后移动，依次输出其余各字符串。

8.7 应用举例

【例 8-23】 使用指针，编写程序，要求输入一个字符串，求串长，求串长函数用递归方法实现。

【问题分析】首先设计递归算法。假设函数 strlen 的参数为指向字符串首地址的指针 s，则

① 若指针 s 的当前字符为'\0'，则 s 的串长为 0；

② 将串 s 分为两部分：第 1 个字符和除第 1 个字符之外的其它部分；

③ 则有：串长 = 1 + 除第 1 个字符之外的其余部分的长度。

【参考代码】

```c
#include <stdio.h>
int strlen ( char * s ) /* s 为指向字符串的指针 */
{
    if ( *s == '\0' ) /*已到字符串 s 的末尾*/
        return (0);
    else
        return ( 1+strlen( s+1 ) );
}
int main (  )
{
    char a[30],*string=a;
    /*定义字符数组 a，指针变量 string，并让 string 指向 a*/
    printf("Please input a string:"); /*输入提示 */
    gets(string); /*输入 string*/
```

```
        printf("String =%s,length=%d\n",string,strlen(string)); /*输出结果*/
        return 0;
}
```

图 8-40　例 8-23 程序运行结果

【运行结果】程序运行结果如图 8-40 所示。

【程序说明】

① 程序中 string 是字符串指针，使用字符数组 a 的起始地址为字符串指针进行初始化。

② strlen()函数使用递归算法，因此在 strlen()函数中调用 strlen()函数。

【例 8-24】 输入两个已经按从小到大顺序排列好的字符串，编写一个合并两个字符串的函数，使合并后的字符串，仍然是从小到大排列。

【问题分析】程序可分以下几步完成：

① 输入两个字符串，分别存放在 str1 和 str2 中，让 p 和 q 分别指向 str1 和 str2；

② 合并两个字符串，在合并过程中，一边比较一边按从小到大的顺序复制到字符串 str 中；

③ 输出合并后的字符串。

【参考代码】

```
#include <stdio.h>
int main ( )
{
    char str1[80], str2[80], str[80]; /*定义字符数组 str1，str2，str*/
    char *p, *q, *r, *s; /*定义指针变量 p，q，r，s*/
    int i, j, n; /*定义整型变量 i，j，n*/
    printf ("Enter string1:"); /*输入提示 */
    gets ( str1 ); /*输入 str1*/
    printf ("Enter string2:"); /*输入提示 */
    gets ( str2 ); /*输入 str2*/
    for ( p=str1, q=str2, r=str; *p!= '\0' && *q!= '\0'; ) /* 完成串合并 */
    if ( *p < *q ) /* 比较 str1 和 str2 中的字符 */
        *r++ = *p++; /* 若 str1 中的字符较小，则将它复制到 str 中 */
    else
        *r++ = *q++; /* 若 str2 中的字符较小，则将它复制到 str 中 */
    s = ( *p!='\0' ) ? p : q; /* 判断哪个字符串还没有处理完毕 */
    while ( *s != '\0' ) /* 继续处理（复制）尚未处理完毕的字符串 */
        *r++ = *s++;
    *r = '\0'; /* 向 str 中存入串结束标记 */
    printf ("Result:"); /*输出提示 */
    puts ( str ); /*输出结果*/
    return 0;
}
```

【运行结果】程序运行结果如图 8-41 所示。

【程序说明】

① 在合并字符串时,有可能出现一个字符串已经复制完成,但另一个字符串还没有完成,需要再写一个循环完成尚未处理完的字符串的复制。

② 当两个字符串合并完成后,需要在合并后的字符串末尾加上字符串的结束标志'\0'。

图 8-41　例 8-24 程序运行结果

8.8　常见错误分析

① 对指针变量赋予非指针值,如:

int i,*p;

p=i;

由于 i 是整型,而 p 是指向整型的指针,它们的类型并不相同,p 所要求的是一个指针值,即一个变量的地址,因此应该写作:

p=&i;

② 使用指针之前没有让指针指向确定的存储区,如:

char *str;

scanf("%s",str);

这里 str 没有具体的指向,接收的数据是不可控制的,应该特别记住:指针不是数组!上面的语句可改为:

char c[80],*str;

str=c;

scanf("%s",str);

③ 向字符数组赋字符串。

由于看到字符指针指向字符串的写法,如:

char *str;

str="This is a string! ";

就以为字符数组也可以如此,写作:

char s[80];

s="This is a string!";

这是错误的。C 语言不允许同时操作整个数组的数据,这时,可以用字符串拷贝函数完成:

strcpy(s, "This is a string!");

④ 希望获得被调函数中的结果,却没有用指针,如:

int a=5,b=10;

swap(a,b);

printf("%d, %d",a,b);

…

```
void swap(int x,int y)
{
    ...
}
```

由于 C 语言的参数都是值传递，要想得到被调函数中的结果就需要使用指针，如：

```
swap(&a,&b);
printf("%d，%d",a,b);
...
void swap(int *x,int *y)
{
    ...
}
```

⑤ 指针作非法操作，如：

```
int *l,*r,*x;
x=(l+r)/2;
```

由于 l 和 r 都是指针，它们不能相加。

⑥ 指针超越数组范围，如：

```
int a[10],i,*p;
p=a;
for(i=0;i<10;i++)
{ scanf("%d",p);
    p++;
}
for(i=0;i<10;i++)
{ printf("%5d",p);
    p++;
}
```

第一个 for 循环已使指针 p 移出了数组 a 的范围，第二个 for 循环操作时 p 始终处在数组 a 之外。使用指针操作数组元素时，应随时注意不要让指针越界。上面程序可以在两个 for 循环之间加上一句：

```
p=a;
```

使 p 重新指向数组 a 的开始处。

本 章 小 结

指针是 C 语言中的重要部分，也是 C 语言中最灵活但最不易掌握的部分。通过使用指针可以提高程序的运行速度。本章的重点如下。

（1）指针变量的定义和赋值

① 指针实际上就是存储单元的地址，因而所有的指针变量所需要的存储空间都相同。为了进行区分，只有通过指向存储单元中存放的数据类型来区分指针变量。

② 在定义指针变量时，一个"*"只能定义一个指针变量。在使用指针变量之前，要先为指针变量赋值，一般是将变量的地址赋给它，让它指向变量；或将数组名、函数名赋给指针变量，让它指向数组或函数。

（2）指针变量的使用及指针运算

① 对于指针变量必须遵循"先赋值后使用"的原则。指针变量的使用主要是通过指针去访问所指向的对象。

② 指针运算符"&"和"*"。取地址运算符"&"：获取变量的地址，一般给指针变量赋值；引用目标运算符"*"：通过指针实现对所指对象的访问。

③ 指针加减运算与关系运算。一般对指向数组的指针使用，用于完成对数组中元素的访问。指针的这些运算在计算时并不是以字节为单位，而是以所指向目标占用的存储单元为单位。

（3）指针与数组的关系

数组名本身就代表数组存储空间的首地址，因而可以通过指向数组的指针来完成对数组元素的访问。可以通过下标方式、偏移量方式、指针遍历方式实现对数组元素的访问。对于指向数组的指针，要注意它们之间的等价关系。

（4）指针与函数之间的关系

① 将指针作为函数参数是在函数中使用指针的常用方式。通过将指针作为函数参数来解决函数只能返回一个值的局限，这时实参一般是变量的地址或数组名。

② 也可将指针作为函数的返回类型。这时要求不能将函数体中局部变量的地址作为返回值。

③ 由于函数名本身就代表指向函数代码段的首地址，因而可以定义指向函数的指针，将函数名赋值给它，通过它完成函数调用。

习　题

一、选择题

1. 已知：int *p, a; 则语句"p=&a;"中的运算符"&"的含义是（　　）。

   A. 位与运算　　　　B. 逻辑与运算　　　　C. 取指针内容　　　　D. 取变量地址

2. 已知：int a, *p=&a; 则下列函数调用中错误的是（　　）。

   A. scanf("%d", &a);　　B. scanf("%d", p);　　C. printf("%d", a);　　D. printf("%d", p);

3. 说明语句"int (*p)( );"的含义是（　　）。

   A. p 是一个指向一维数组的指针变量

   B. p 是指针变量，指向一个整型数据

   C. p 是一个指向函数的指针，该函数的返回值是一个整型。

   D. 以上都不对

4. 执行以下程序后，a 的值为（　　）。

```
int main()
{ int a,b,k=4,m=6,*p1=&k,*p2=&m;
  a=p1==&m;
  b=(-*p1)/(*p2)+7;
  printf("%d,",a);
  printf("%d\n",b);
  return 0;
}
```

   A. -1, 7.0　　　　　B. 1, 7　　　　　　C. 0, 7　　　　　　D. 4, 7.0

5. 已知：char b[5], *p=b; 则正确的赋值语句是（　　）。

A. b="abcd"；　　　　B. *b="abcd"；　　　　C. p="abcd"；　　　　D. *p="abcd"；

6. 已知：int a[10]={1,2,3,4,5,6,7,8,9,10}, *p=a；则不能表示数组 a 中元素的表达式是（　　　）。

　　A. *p　　　　　　　B. a[10]　　　　　　　C. *a　　　　　　　D. a[p-a]

7. 已知：double *p[6]；它的含义是（　　　）。

　　A. p 是指向 double 型变量的指针　　　　　　　B. p 是 double 型数组

　　C. p 是指针数组　　　　　　　　　　　　　　　D. p 是函数指针

8. 若有 int k=2,*ptr1,*ptr2;且 ptr1 和 ptr2 均已指向变量 k,下面不能正确执行的语句是（　　　）。

　　A. k＝*ptr1+*ptr2；　B. ptr2＝k；　　　　C. ptr1＝ptr2；　　　D. k＝*ptr1*(*ptr2)；

9. 已知：char s[10], *p=s, 则在下列语句中，错误的语句是（　　　）。

　　A. p=s+5；　　　　　B. s=p+s；　　　　　C. s[2]=p[4]；　　　D. *p=s[0]；

10. 若有下面定义，则 p+5 表示（　　　）。

　　int a[10], *p＝a;

　　A. 元素 a[5]的地址　　　　　　　　　　　　　B. 元素 a[5]的值

　　C. 元素 a[6]的值　　　　　　　　　　　　　　D. 元素 a[6]的地址

11. 若有以下说明和语句，int a[ ]={1,2,3,4,5,6,7,8,9,0}, *p, i; p=a;且 0<=i<10,则下面哪个是对数组元素地址的正确表示（　　　）。

　　A. &(a+1)　　　　B. a++　　　　　　　C. &p　　　　　　　D. &p[i]

12. 有以下程序：

```
void fun1(char *p)
{  char *q;
   q=p;
   while(*q!= '\0')
   { (*q)++;
     q++;
   }
}
int main()
{  char a[ ]={"Program"},*p;
   p=&a[3];
   fun1(p);
   printf("%s\n",a);
   return 0;
}
```

　　程序执行后的输出结果是（　　　）。

　　A. Prohsbn　　　　　B. Prphsbn　　　　　C. Progsbn　　　　　D. Program

13. 以下语句或语句组中，能正确进行字符串赋值的是（　　　）。

　　A. char *sp; *sp="right!";　　　　　　　　　B. char s[10]; s="right!";

　　C. char s[10]; *s="right!";　　　　　　　　　D. char *sp="right!";

14. 已知 char str[ ]="OK!"；对指针变量 ps 的说明和初始化正确的是（　　　）。

　　A. char ps=str；　　B. char *ps=str；　　C. char ps=&str；　　D. char *pa=&str；

二、填空题

1. 在 C 程序中，指针变量能够赋＿＿＿＿＿值或＿＿＿＿＿值。

2. 下面的函数是求两个整数之和，并通过形参传回结果。

　　void add (int x, int y, ＿＿＿＿＿z)

　　{ ＿＿＿＿＿ = x+y;

　　}

3.
```c
#include <stdio.h>
int main()
{ int a[ ]={1,2,3,4,5,6},*k[3],i=0;
   while(i<3)
  { k[i]=&a[2*i];
     printf("%d",*k[i]);
     i++;
  }
  return 0;
}
```
程序运行后的输出结果是_____。

4. 设有定义：int n,*k=&n;以下语句将利用指针变量 k 读写变量 n 中的内容，请将语句补充完整。

   scanf("%d," _____);

   printf("%d\n", _____);

5. 若有以下定义，则不移动指针 p，且通过指针 p 引用值为 98 的数组元素的表达式是 _____。

   int w[10]={23,54,10,33,47,98,72,80,61}, *p=w;

6. 若有定义：int a[ ]={2,4,6,8,10,12},*p=a;则*(p+1)的值是_____， *(a+5)的值是_____。

7. 若有以下定义:int a[2][3]={2,4,6,8,10,12};则 a[1][0]的值是_____， *(*(a+1)+0)的值是_____。

8. 若有定义：int a[3][5],i,j;(且 0<=i<3,0<=j<5)，则 a 数组中任一元素可用五种形式引用。它们是：

   (1) a[i][j]   (4) (*(a+i))[j]

   (2) *(a[i]+j)   (5) *(_____+5*i+j)

   (3) *(*_____);

三、读程序，按要求完成下列习题。

1. 以下程序的功能是：通过指针操作，找出三个整数中的最小值并输出。请填空。
```c
#include <stdio.h>
int main()
{ int *a,*b,*c,num,x,y,z;
  a=&x;
  b=&y;
  c=&z;
   printf("输入 3 个整数：");
   scanf("%d%d%d",a,b,c);
   printf("%d,%d,%d\n",*a,*b,*c);
   num=*a;
   if(*a>*b)
    _____;
   if(num>*c)
    _____;
   printf("输出最小整数:%d\n",num);
   return 0;
}
```

2. 下面程序的功能是将两个字符串 s1 和 s2 连接起来，请填空。
```c
#include <stdio.h>
int main()
{ char s1[80],s2[80];
   gets(s1);
```

```
            gets(s2);
            conj(s1,s2);
            puts(s1);
            return 0;
        }
        void conj(char *p1,char *p2)
        { char *p=p1;
         while(*p1)
          _____;
          while(*p2)
         { *p1=_____;
          p1++;
          p2++;
         }
           *p1= '\0';
           _____;
        }
```

3. 以下程序将数组 a 中的数据按逆序存放，请填空。

```
#define M 8
int main()
{ int a[M],i,j,t;
    for(i=0;i<M;i++)scanf("%d",a+i);
    i=0;j=M-1;
    while(i<j)
    {   t=*(a+i);_____;*(_____)=t;
        i++;
        j--;
    }
    for(i=0;i<M;i++)
    printf("%3d",*(a+i));
    return 0;
}
```

四、编程题

1. 编写程序，使用指针完成两个整数的交换。

2. 编写程序，使用指针完成一个长度为 10 的整型数组排序。

3. 用数组方法和指针方法分别编写函数 insert(s1,s2,f)，其功能是在字符串 s1 中的指定位置 f 处插入字符串 s2。

4. 编写程序，调用函数完成从一个字符串左边取若干字符复制到另一个字符串中，要求用指针作为函数参数。

5. 编写程序，要求输入字符串，调用函数完成字符串的逆置，如输入 "abcd"，转换成 "dcba"，使用指针和递归函数。

第 9 章 结构体与共用体

C 语言的数据类型分为基本数据类型和构造数据类型，在前面章节中学过的 int、float、double 等数据类型都属于"基本数据类型"，都是 C 语言事先规定好的数据类型，编程时直接使用即可。同时 C 语言还允许用户自定义数据类型，这称之为"构造数据类型"，如前面说过的数组。本章要学习的结构体与共用体数据类型都属于"构造数据类型"。

9.1 结构体

结构体（structure）是不同数据类型的数据所组成的集合体，是构造类型数据。与前面所讲的构造类型数据数组的区别在于其中的成员可以不是同一个数据类型的。

每一个结构体有一个名字，称为结构体名。所有成员都组织在该名字之下。一个结构体由若干成员组成。它是组成结构体的要素，每个成员的数据类型可以不同，也可以相同。每个成员有自己的名字，称为结构体成员名。

结构体的应用为处理复杂的数据结构提供了有利的手段。特别是对处理那些数据结构比较复杂的程序提供了方便。

【例 9-1】 有一个如表 9-1 所示的学生成绩管理表，在 C 语言中该如何表示该表格中的数据？

表 9-1 某班学生成绩管理表

学　　号	性　　别	高　　数	英　　语	C 语言程序设计
1	F	90	85	78
2	M	89	76	90
3	M	76	43	69
4	M	58	92	76
…	…	…	…	…

根据前几章所学知识，一般会想到用数组表示该表格的数据，因为数组是具有相同数据类型的数据的集合，所以不能按每个人的所有信息（行）为单位来表示数据，只能按表格列的方向定义相应类型的数组来表示表格中的数据。定义的数组如下（假设该班最多有 30 人）：

```
int sID[30];          /*学号*/
char sSex[30];        /*性别*/
int sMath[30];        /*高数成绩*/
int sEng[30];         /*英语成绩*/
int sC[30];           /*C 语言程序设计成绩*/
```

对数组按照表 9-1 中数据进行初始化，则所有学生的"学号"在内存空间中连续存储，所有学生的"性别"在内存空间中连续存储，所有学生的"高数成绩"在内存空间中连续存储……这就相当于有 30 台电脑需要入库管理，但是按照"数组"这种存储方式，不能将电脑整台放在仓库中，只能将电脑按各个零件（显示器、主机、键盘、鼠标……）分开存储。这样存储若想对这些电脑进行管理，将会十分麻烦，且效率非常低。如果能将每台电脑整机来存储，则对其管理将要方便得多。

对表 9-1 中的数据管理也是一样，若能将数据每行作为一个整体管理就方便得多。在 C 语言中可以采用"结构体"数据类型，将每个学生的信息单独集中存放在内存的某一段内，将不同数据类型的数据集中在一起，统一分配内存，方便地实现对"表"数据结构的管理。

9.1.1　结构体类型的定义

声明一个结构体类型的一般形式为：

struct　结构体名
{　　数据类型　成员 1 的名字；
　　　数据类型　成员 2 的名字；
　　　数据类型　成员 3 的名字；
　　　……
　};

struct　是结构体类型标识符，是关键字。结构体名由标识符组成，称为结构体类型名。大括号{}中的结构体成员表，称为结构体。结构体成员表包含若干成员。

【例 9-2】　针对表 9-1 中的每个学生的信息，可以定义如下的结构体类型：

struct student
{ int sID;　　　　　　/*学号*/
char sSex;　　　　　 /*性别*/
int sMath;　　　　　 /*高数成绩*/
int sEng;　　　　　　/*英语成绩*/
int sC;　　　　　　　/*C 语言程序设计成绩*/
};

这里的 struct student 是根据实际需要，定义的一种新的数据类型，它相当于一个模型，但其中并无具体数据，系统对之也不分配实际内存单元。它的功能相当于 int、float 等，可以用 struct student 这种结构体数据类型来定义相应的结构体变量。

有关结构体声明应注意以下几点。

① 结构体声明描述了结构体的组织形式，在程序编译时并不为它分配存储空间。只是规定了一种特定的数据结构类型及它所占用的存储空间的存储模式。

② 结构体成员可以是简单变量、数组、指针、结构体或共用体等。所以，结构体可以嵌套使用，即一个结构体变量也可以成为另一个结构体的成员。例：有一组学生的信息包括学号，姓名，出生年、月、日，则可进行如下结构体类型的声明：

struct date
{
　　int year;
　　int month;
　　int day;
};/*定义了一个包含 year,month,day 三个成员的结构体数据类型 struct date*/
struct student
{
　　int sID;
　　char name[10];

struct date birthday; /*用数据类型 struct date 定义了一个变量 birthday，详见 9.1.2 节*/

};/*结构体数据类型 struct student 中有一个成员是结构体类型（struct date）*/

③ 结构体声明可以在函数内部，也可以在函数外部。在函数内部的结构体，只对函数内部可见；在函数外部声明的结构体，对声明点到源文件结束之间的所有函数都是可见的。一般在源文件的部位对结构体进行声明。

④ 结构体成员名可以与程序中其他变量同名，系统会自动识别它们，两者不会混淆。

9.1.2 结构体变量的定义

为了能在程序中使用结构体类型的数据，应当定义结构体类型的变量，并在其中存放具体的数据。结构体变量定义一般采用如下三种形式。

（1）先声明结构体类型再定义变量名

如例 9-2 中，已经定义了一个 struct student 的结构体数据类型，可以用该数据类型来定义变量，如：

struct student S1;

与整型变量 a 的定义形式作对比：int a;

这里的结构体变量 struct student S1;的定义中，struct student 是结构体数据类型，功能相当于 int，即说明变量的数据类型；S1 是结构体变量名，功能相当于 a。

应当注意，将一个变量定义为标准类型（基本数据类型）与定义为结构体类型的不同之处在于以下两点。

① 定义结构体变量不仅要求指定变量为结构体类型，而且要求指定为某一特定的结构体类型，因为可以定义出许多种具体的结构体类型。而在定义整型变量时，只需指定为 int 型即可。

② 定义基本数据类型变量，都可以用系统提供的相关数据类型直接定义，如 int a;

但定义结构体数据类型变量，必须先说明结构体数据类型再进行变量的定义，如：

struct student

{ int sID;

char sSex;

int sMath;

int sEng;

int sC;

};   /*结构体类型的说明*/

在定义了结构体变量后，系统会为之分配内存单元。结构体变量所占字节数为所有成员所占字节数的总和，如在 Turbo C16 位编译环境中，S1 在内存中占 2+1+2+2+2=9 个字节。

这种定义方法的特点是：用说明的结构体类型 struct student 定义了一次结构体变量之后，在此之后的任何位置还可用 struct student 类型来定义其他结构体变量。

若程序规模比较大，可将对结构体类型的声明集中放到一个文件中（以.h 为后缀的"头文件"）。若其他源文件需要用到此结构体类型，则可用#include 命令将该头文件包含到本文件中，便于修改，便于使用。

（2）在声明结构体类型的同时定义结构体变量

其定义形式为：

struct   结构体名

{

    数据类型 成员 1 的名字;
    数据类型 成员 2 的名字;
    数据类型 成员 3 的名字;
    ……
} 结构体变量名表;
例如:
struct student
{ int sID;
  char sSex;
  int sMath;
  int sEng;
  int sC;
}S1;
该例中结构体数据类型名为 struct student,用它定义了一个结构体变量 S1。
(3)直接定义结构体变量,不出现结构体名
其定义形式为:
struct
{
    数据类型 成员 1 的名字;
    数据类型 成员 2 的名字;
    数据类型 成员 3 的名字;
    ……
} 结构体变量名表;
例如:
struct
{ int sID;
  char sSex;
  int sMath;
  int sEng;
  int sC;
}S1;
这种定义方法的特点是:不能用来另行定义别的结构体变量,要想定义新的结构体变量,就必须将 struct { }这部分重写。
结构体变量的定义应注意的几点如下。
① 注意结构体数据类型的定义和结构体变量的定义的区别。结构体数据类型的定义描述了结构体类型的模式,不分配内存;而结构体变量定义则是按照结构体声明中规定的结构体类型(或内存模式),在编译时,为结构体变量分配内存单元。该变量和其他变量一样可以进行赋值、存取或运算等操作,但结构体数据类型是无法实现这些操作的。
② 结构体变量的定义一定要在结构体数据类型定义之后或与结构体数据类型定义同时进行。若结构体数据类型没有定义,不能用它来定义结构体变量。
③ 结构体变量中的成员可以单独使用,其作用和地位与一般变量相同。
④ 结构体变量占用实际内存的大小可用 sizeof( )运算来实现。即: sizeof(结构体名)。

要注意的是：系统为结构体变量分配内存的大小，并非是所有成员所占内存字节数的总和，它不仅与所定义的结构体类型有关，还与计算机系统本身有关。通常，系统为结构体变量分配内存的大小，会大于或等于所有成员所占内存字节数的总和。

9.1.3　用 typedef 定义数据类型

关键字 typedef 用于为系统固有的或自定义数据类型定义一个别名。数据类型的别名通常使用大写字母，但这不是强制性的，只是为了与已有数据类型相区分。

如：typedef int INTEGER；为 int 数据类型定义了一个新名字 INTEGER，则若程序中出现 INTEGER a；即表示定义了一个 int 型的变量。

也可以利用 typedef 为结构体数据类型定义一个别名，如下面的语句：

typedef struct student STU；

或者

typedef struct student

{ int sID；

　char sSex；

　int sMath；

　int sEng；

　int sC；

}STU；

以上两种定义方式是等价的，都是为 struct student 这种结构体数据类型定义了一个新的名字 STU，利用 STU 定义结构体变量与利用 struct student 定义结构体变量是一样的。即下面两条语句是等价的，二者都能用于定义结构体变量，当然，前者定义变量的形式更简洁。

STU S1，S2；

struct student S1，S2；

注意：typedef 只是为一种已存在的类型定义一个新的名字而已，并未定义一种新的数据类型。

9.1.4　结构体变量的引用

定义了结构体变量后，可以引用该变量。但需注意以下几点。

① 不能将一个结构体变量作为一个整体进行输入和输出，只能对每个具体的成员进行输入、输出操作。

如对已定义的结构体变量 S1，不能按如下方式引用：

printf("%d%c%d%d%d",S1)；

访问结构体变量的成员，需使用"成员运算符"（也称"圆点运算符"）。其访问格式如下：

结构体变量名.成员名

如，可用下面的语句为结构体变量 S1 的 sC 成员进行赋值。

S1.sC=90；

S1.sC 为结构体成员，与其他类型变量的使用方法是一样的。

注意：结构体变量不能作为整体进行输入和输出，但允许对具有相同结构体类型的变量进行整体赋值。

② 如果成员本身又属一个结构体类型，则要用若干个成员运算符，一级一级地找到最低一级的成员。例：

```
        struct date
        {int year;
          int month;
        };
    struct student
    { int sID;
      char sSex;
      struct date birth;
      int sMath;
      int sEng;
      int sC;
    }s,s1,s2;
```

则要引用结构体变量 s 的 birth 成员的 year 成员，则需如此引用：s.birth.year。

③ 对结构体成员的操作与其他变量一样，可进行各种运算，如：

赋值运算：　　s.birth.year =1990;

算术运算：　　ave=(s. sMath + s. sEng+ s. sC)/3;

自加减运算：s.sC++;

　　　　　　　－－s.sC;

关系运算：　　s1.sC>s2.sC;

9.1.5　结构体变量的初始化

和其他数据类型的变量一样，对结构体变量可以初始化，即在定义结构体变量的同时，对其成员指定初值。

结构体变量初始化的格式：struct　结构体名　结构体变量名={ 初始数据 }；

对结构体变量初始化应注意以下几点。

① 初始化数据与数据之间用逗号隔开。

② 初始化数据的个数要与被赋值的结构体成员的个数相等。

③ 初始化数据的类型要与相应的结构体成员的数据类型一致。

④ 不能直接在结构体成员表中对成员赋初值。

【例 9-3】 对结构体变量的初始化。

```
struct student
{ int sID;
  char sSex;
  int sMath;
  }S1={2, 'F',89};
```

或者

```
struct student
{ int sID;
  char sSex;
  int sMath;
};
struct student S1={2, 'F',89};
```

对已经初始化的结构体变量，可以用 printf 函数将其数据输出：

printf("学号：%d\n 性别：%c\n 数学成绩：%d\n",S1.sID,S1.sSex,S1.sMath);

注意：下面对结构体变量初始化的方法是错误的，因为不能直接在结构体成员表中对成员赋初值。

```
struct student
{ int sID=2;
 char sSex= 'F';
 int sMath=89;
 int sEng=90;
 int sC=78;
}S1;
```

9.2　结构体数组

一个结构体变量中可存放一组数据（如例 9-1 的学生成绩管理表中的一行信息）。若该班有 30 个学生，则这 30 个学生的信息都可以用结构体变量来表示，它们具有相同的数据类型，可以用数组来表示，这就是结构体数组。结构体数组中每个数组元素都是一个结构体类型的数据，它们都分别包括各个成员项。

9.2.1　结构体数组的定义

结构体数组必须先定义，后引用。其定义形式与定义结构体变量的方法差不多，只需说明其为数组即可。如：本章开始的例 9-1，针对表中信息，定义了表示学生信息的结构体数据类型：

```
struct student
{ int sID;            /*学号*/
 char sSex;           /*性别*/
 int sMath;           /*高数成绩*/
 int sEng;            /*英语成绩*/
 int sC;              /*C 语言程序设计成绩*/
};
```

若该班有 30 名学生，则需定义 30 个结构体变量，在此就可以用数组表示，即：

struct student s[30];

其中 s[0]……s[29]分别表示 30 个学生变量。

也可以直接定义一个结构体数组，如：

```
struct student
{ int sID;            /*学号*/
 char sSex;           /*性别*/
 int sMath;           /*高数成绩*/
 int sEng;            /*英语成绩*/
 int sC;              /*C 语言程序设计成绩*/
} s[30];
```

或者

```
struct
{ int sID;              /*学号*/
  char sSex;            /*性别*/
  int sMath;            /*高数成绩*/
  int sEng;             /*英语成绩*/
  int sC;               /*C 语言程序设计成绩*/
} s[30];
```

9.2.2 结构体数组的初始化

结构体数组也可在定义的同时进行赋值，即对其进行初始化。如对结构体数组 s[30]的前 3 个元素进行初始化。

struct student s[30]={{1, 'F',90,80,70},{2, 'M',78,89,98}, {3, 'M', 76,81,90}};

初始化后该班第 1 个学生的信息为：学号为"1"，性别为"女（F）"，高数成绩"90"，英语成绩"80"，C 语言程序设计成绩"70"。

第 2 个学生的信息为：学号为"2"，性别为"男（M）"，高数成绩"78"，英语成绩"89"，C 语言程序设计成绩"98"。

第 3 个学生的信息为：学号为"3"，性别为"男（M）"，高数成绩"76"，英语成绩"81"，C 语言程序设计成绩"90"。

9.2.3 结构体数组的引用

下面以一个例子来说明结构体数组的引用。

【例 9-4】 利用结构体数组计算上面 3 位同学的"英语成绩"的平均分。

① 首先分析该程序要求，结构体数组的每个元素是一位同学的信息，其中每位同学的 sEng 成员表示"英语成绩"，要求平均成绩，只要将每位同学的 sEng 成员的值加起来除以 3 即可。

② 流程图如图 9-1 所示。

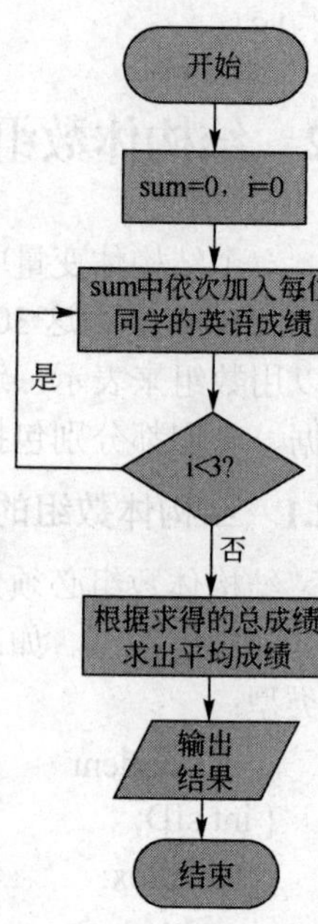

③ 根据流程图，编写程序代码如下：

图 9-1 例 9-4 程序流程图

```
#include <stdio.h>
typedef struct student
{
    int sID;        /*学号*/
    char sSex;      /*性别*/
    int sMath;      /*高数成绩*/
    int sEng;       /*英语成绩*/
    int sC;         /*C 语言程序设计成绩*/
}STU;
int main()
{
    int i,sum=0;
    STU s[30]={{1,'F',90,80,70},{2,'M',78,89,98},{3,'M',76,81,90}};
                        /*对结构体数组进行初始化*/
```

```
    for(i=0;i<3;i++)
        sum=sum+s[i].sEng;              /*计算三位同学的英语成绩的总和*/
    printf("三位同学的英语成绩平均分为：%5.1f\n",sum/3.0);
                                    /*输出三位同学的英语成绩的平均分*/

    return 0;
}
```

【运行结果】程序运行结果如图 9-2 所示。

图 9-2　例 9-4 程序运行结果

【程序说明】引用学生成绩时使用的是结构体变量的成员，因为是普通的结构体变量，所以使用"."引用成员。

9.3　结构体指针变量

结构体指针变量是指向结构体变量的指针，该指针变量的值就是结构体变量的起始地址，其目标变量是一个结构体变量。

9.3.1　指向结构体变量的指针

声明一个结构体类型 STU：

```
typedef struct student
{
    int sID;            /*学号*/
    char sSex;          /*性别*/
    int sMath;          /*高数成绩*/
    int sEng;           /*英语成绩*/
    int sC;             /*C 语言程序设计成绩*/
}STU;
```

则定义一个指向该结构类型的指针变量的方法为：STU *p；

这里只是定义了一个指向 STU 结构体类型的指针变量 p，但此时的 p 并没有指向一个确定的存储单元，其值是一个随机值。为使 p 指向一个确定的存储单元，需要对指针变量进行初始化。

例：pt=&S1；

使指针 pt 指向结构体变量 S1 所占内存空间的首地址，即 pt 是指向结构体变量 S1 的指针。

当然也可对定义指针变量初始化，例：STU *p=&S1；

C 语言规定了两种用于访问结构体成员的运算符，一种是成员运算符，也称圆点运算符（前面介绍过）；另一种是指向运算符，也称箭头运算符，其访问形式为：

指向结构体的指针变量名->成员名

如要给结构体指针变量 p 指向的结构体的 sEng 成员赋值 90，需使用语句：

p->sEng=90;

它与语句(*p).sEng=90;是等价的,因为()的优先级比成员运算符的优先级高,所以先将(*p)作为一个整体,取出 p 指向的结构体的内容,将其看成一个结构体变量,利用成员选择运算符访问它的成员。

9.3.2　指向结构体数组的指针

定义一个结构体数组 STU s[30];则定义结构体指针变量 p,并将其指向结构体数组 s 有以下三种方法:

① STU *p=s;

② STU *p=&s[0];

③ STU *p;

　　p=s;

这三种方法是等价的,指针变量 p 中存放的是数组 s 的首元素 s[0]的地址。

如图 9-3 所示,因指针 p 指向了 STU 结构体数组 s 的第 1 个元素 s[0]的地址,因此,可用指向运算符来引用 p 指向的结构体成员。

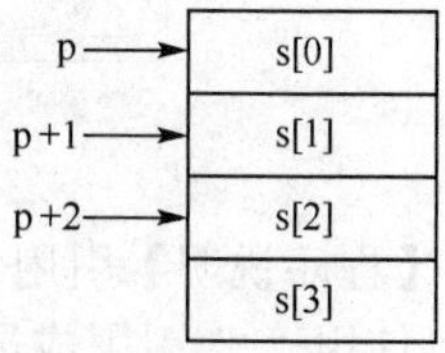

如 p->sEng 引用的是 s[0].sEng 的值,表示第 1 个学生的英语成绩;

(p+1) ->sEng 引用的是 s[1].sEng 的值,表示第 2 个学生的英语成绩,依次类推。

p →	s[0]
p+1 →	s[1]
p+2 →	s[2]
	s[3]

图 9-3　指向结构体数组的指针

9.3.3　结构体变量和结构体指针变量作为函数参数

与其他普通的数据类型一样,既可以定义结构体类型的变量、数组、指针,也可以将结构体类型作为函数参数的类型和返回值的类型。将一个结构体变量的值传递给另一个函数,有三种方法。

① 用结构体的单个成员作为函数参数,向函数传递结构体的单个成员。

用单个结构体成员作函数实参,与其他普通数据类型的变量作函数实参完全一样,都是传值调用,在函数内部对其进行操作,不会引起结构体成员值的变化。这种传递方式较少使用。

② 用结构体变量作函数参数,向函数传递结构体的完整结构。

用结构体变量作函数实参,向函数传递的是结构体的完整结构,即将整个结构体成员的内容复制给被调函数。在函数内可用成员运算符引用其结构体成员。因这种传递方式也是传值调用,所以,在函数内对形参结构体成员值的修改不会影响相应的实参结构体成员的值。

这种传递方式要求实参、形参的结构体数据类型必须一致。在函数调用期间形参也要占用内存单元,在空间和时间上开销大,若结构体的规模很大时,时空开销很大;此外,因为采用值传递方式,若在执行被调用函数期间改变了形参的值,该值不能返回主调函数,这造成使用上的不方便,因此这种传递方式也不常用。

③ 用结构体指针或结构体数组作函数参数,向函数传递结构体的地址。

用指向结构体的指针变量或结构体数组作函数实参的实质是向函数传递结构体的地址,因为是传地址调用,所以在函数内部对形参结构体成员值的修改,将影响到实参结构体成员的值。

由于仅复制结构体首地址一个值给被调函数，并不是将整个结构体成员的内容复制给被调函数，因此相对于第二种方式，这种传递方式效率更高。

【例 9-5】　现有一组学生信息如表 9-2 所示。

要求在主函数中输入学生信息，编写一个自定义函数，将高数成绩为 67 的同学的成绩改为 68，将修改后的学生信息在主函数中输出。

表 9-2　一组学生信息

学号	高数成绩	英语成绩
1	67	80
2	90	76
3	67	83

程序代码如下：

```c
#include <stdio.h>
typedef struct student
{
    int num;
    int math;
    int eng;
}STU;    /*将结构体数据类型说明*/
void altermath(STU *sx)
/*自定义函数，将 sx 的数学成绩改为 68*/
{
    sx->math=68;
}
int main()
{
    STU s[3];    /*定义一个结构体数组用于存放学生信息*/
    int i;
    s[0].num=1;s[0].math=67;s[0].eng=80; /*给第 1 位学生信息赋值*/
    s[1].num=2;s[1].math=90;s[1].eng=76;/*给第 2 位学生信息赋值*/
    s[2].num=3;s[2].math=67;s[2].eng=83;/*给第 3 位学生信息赋值*/
    printf("修改前的学生信息为：\n");
    for(i=0;i<3;i++)
        printf("%5d%5d%5d\n",s[i].num,s[i].math,s[i].eng);/*将学生的初始信息在屏幕上输出*/
    for(i=0;i<3;i++)
        if(s[i].math==67) altermath(&s[i]);
        /*逐一查找每位同学的数学成绩，若为 67 则调用自定义函数 altermath()来修改成绩*/
    printf("修改后的学生信息为：\n");
    for(i=0;i<3;i++)
        printf("%5d%5d%5d\n",s[i].num,s[i].math,s[i].eng);
        /*将修改后的学生信息在屏幕上输出*/
    return 0;
}
```

【运行结果】程序运行结果如图 9-4 所示。

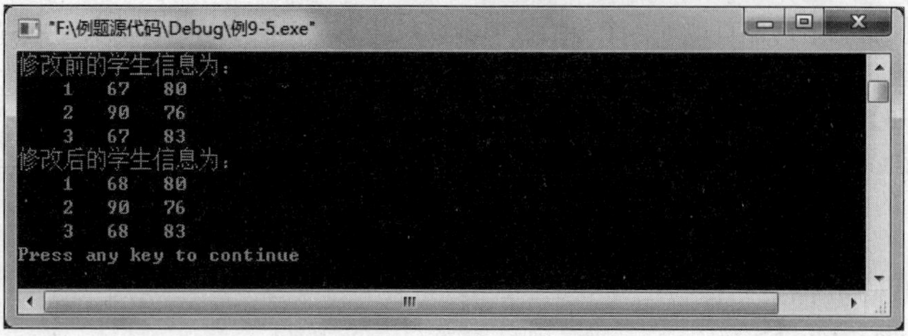

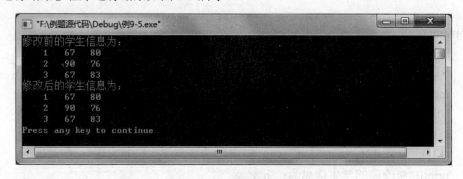

图 9-4　例 9-5 程序运行结果

【程序说明】此例中我们用结构体指针作函数参数，向函数传递结构体的地址，属于传地址调用，若改用结构体变量做函数参数，即将自定义函数改为：

void altermath(STU sx)

/*自定义函数，将 sx 的数学成绩改为 68*/

{

    sx.math=68;

}

调用函数时，程序语句改为：altermath(s[i]);

【运行结果】程序运行结果如图 9-5 所示。

图 9-5　例 9-5 改为传值调用时程序运行结果

【程序说明】由此运行结果我们可以看出，此处用结构体变量做函数参数，是"传值调用"，调用自定义函数时，只是将 s[i]的值传给了自定义函数中的 sx，在自定义函数中对 sx 所做的修改不能传回到主函数中，所以此处不能用传值函数来改变结构体成员的值。

9.4　链表

本节要介绍的链表是一种常见的线性数据结构。它是动态进行内存分配的一种结构，链表根据需要开辟内存单元。

未学习链表的时候，如果要存储数量比较多的同类型或同结构的数据时，通常会使用数组。比如要存储一个班级学生的某科分数，可以定义一个 float 型数组：

float score[30];

在使用数组的时候，总有一个问题困扰着大家：数组应该有多大？

在多数情况下，一般并不能确定要使用多大的数组，比如上例，可能并不知道该班级学生的人数，所以要把数组定义得足够大。这样，程序在运行时就申请了固定大小的认为足够大的内存空间。即使知道该班级的学生数，但是如果因为某种特殊原因人数有增加或者减少，则又必须重新修改程序，扩大数组的存储范围。这种分配固定大小的内存分配方法称之为静态内存分配。但是这种内存分配的方法存在比较严重的缺陷：在大多数情况下会浪费大量的内存空间，在少数情况下，当定义的数组不够大时，可能引起下标越界错误，甚至导致严重后果。

　　本节要介绍的动态分配内存的链表可以解决以上问题。

　　动态内存分配是指在程序执行的过程中根据需要动态地分配或者回收存储空间的内存分配方法。动态内存分配不像数组等静态内存分配方法那样需要预先分配存储空间，而是由系统根据程序的需要即时分配，且分配的大小就是程序要求的大小。

　　链表数据集合中的每个数据存储在称为结点的结构体中，一个结点通过该结点中存储的另一个结点的存储地址（指针）访问另一个结点，如果按照这种方法把所有结点依次串接起来，就称为链表。

　　链表是由结点组成的数据集合，而结点存储空间的建立与撤销是采用动态内存分配与撤销函数在程序运行时完成的。因此，链表是一种动态数据结构。

9.4.1　链表的类型及定义

　　链表是用一组任意的存储单元存储线性表元素的一种数据结构。

　　链表又分为单链表、双向链表和循环单链表等。

　　链表一般采用图形方式来形象直观地描述结点之间的连接关系。这种描述链表逻辑结构的图形称为链表图。

　　（1）单链表

　　单链表是最简单的一种链表，其数据元素是单向排列的，如图 9-6 所示。

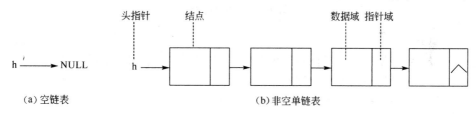

图 9-6　单链表

　　从图 9-6 可看出，链表有一个"头指针"变量，图中以 h 表示，它存放一个地址，该地址指向链表中的第一个元素。链表中每个元素称为"结点"（图中每个结点用一个方框表示），每个结点都包括两部分：一部分是数据域——用户要用的实际数据；另一部分是指针域——下一个结点的地址，可以用指针表示。链表中的最后一个结点的指针域为空（NULL），表明链表到此结束。

　　空链表表示链表中没有结点信息，它用一个值为 NULL 的指针变量表示，如图 9-6（a）所示。

　　链表中各元素在内存中可以不是连续存放的。要找某一元素，必须先找到上一个元素，根据它的指针域找到下一个元素的存储地址。如果不提供"头指针"，则整个链表都无法访问。

　　链表的数据结构可以用 "结构体"来实现。一个结构体变量可包含若干成员，这些成员可以是数值类型、字符类型、数组类型，也可以是指针类型。利用指针类型成员存放下一个结点的指针。例如：

```
struct node
{
  int data;
  struct node *next;
};
```

以上定义实现了一个数据域为 int 型变量的结点类型，成员变量 next 是一个指针变量，一般称为后继指针，它的数据类型就是本结构体类型。

可以利用 typedef 声明新的数据类型：

typedef struct node NodeTp;

一个链表就是由内存中若干个 NodeTp 类型的结构体变量构成的。在实际应用时，链表的数据域不限于单个的整型、实型或字符变量，它可能由若干个成员变量组成。普通链表中，知道某个结点的指针，很容易得到该结点的后继结点指针，但是欲得到该结点的直接前驱结点指针则必须从头指针出发进行搜索。

（2）循环单链表

循环单链表如图 9-7 所示，它的特点是最后一个结点的指针域存放着第一个结点的地址，这样一来，链表中的所有结点构成一个环，每个结点都有直接前驱和直接后继结点。

循环单链表的优点是从任何一个结点出发，能到达其他任何结点。

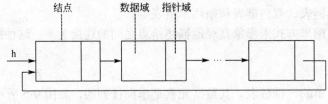

图 9-7   循环单链表

（3）双向链表

如果为每个结点增加一个指向直接前驱结点的指针域，就可以构成双向链表。双向链表可以沿着求前驱和求后继两个方向搜索结点。

双向链表的结点数据结构实现如下：

```
struct node
{
  int data;
  struct node *next,*previous; /*next 是后继结点指针，previous 是前驱结点指针*/
};
```

下面以单链表为例，介绍链表的基本操作。

9.4.2   处理动态链表的函数

链表结构是动态分配存储空间的，即在需要时才开辟一个结点的存储单元。动态分配和释放存储空间需要用到以下几个库函数。

（1）malloc 函数

函数原型为：

void *malloc(unsigned int size);

其作用是在内存的动态存储区中分配一个长度为 size 的连续空间。其参数是一个无符号整型数，返回值是一个指向所分配的连续存储区域的起始地址的指针。还有一点必须注意的是，当函数未能成功分配存储空间（如内存不足）就会返回一个 NULL 指针。所以在调用该函数时应该检测返回值是否为 NULL 并执行相应的操作。

（2）calloc 函数

函数原型为：

void *calloc(unsigned n,unsigned size);

其作用是在内存的动态区存储中分配 n 个长度为 size 的连续空间。函数返回一个指向分配域起始地址的指针；如果分配不成功（如内存空间不足），返回 NULL。

用 calloc 函数可以为一维数组开辟动态存储空间，n 为数组元素个数，每个元素长度为 size。

（3）free 函数

由于内存区域总是有限的，不能不限制地分配下去，而且一个程序要尽量节省资源，所以当所分配的内存区域不用时，就要释放它，以便其他的变量或者程序使用。这时就要用到 free 函数。

函数原型为：

void free(void *p);

其作用是释放由 p 指向的内存区，使这部分内存区能被其他变量使用。p 是调用 calloc 或 malloc 函数返回的指针值。free 函数无返回值。

9.4.3　动态链表的基本操作

（1）单链表的建立

建立单链表是在程序执行过程中从无到有的建立起一个链表，即一个一个地开辟结点和输入各结点数据，并建立起前后相连的关系。

【例 9-6】　建立一个包含 N 个整型数的单链表。

首先确定该单链表的结点数据类型如下：

```
typedef struct node
{
    int date;/*单链表中结点的数据域*/
    struct node *next; /*单链表中结点的指针域*/
}STU;
```

则单链表的建立程序源代码如下：

```
#include <stdio.h>
#include <malloc.h> /*包含动态内存分配函数的头文件*/
#define N 5 /*单链表中结点的个数（不包括头结点）*/
typedef struct node
{
    int data;
    struct node *next;
}STU;
STU* creatList(int n)
/*尾插法建立单链表，返回值为单链表的头指针*/
{
    STU *head,*s,*r;/*head 为头指针；s 指向当前结点；r 指向当前结点的前一个结点*/
```

```c
    int i=0;
    if((head=(STU *)malloc(sizeof(STU)))==NULL)
    /*为头结点分配内存空间，并检测是否分配成功*/
    {
        printf("error!");
        return(0);
    }
    head->next=NULL;/*将头结点的指针域置空*/
    r=head;
    for(i=0;i<n;i++)
    {
        if((s=(STU *)malloc(sizeof(STU)))==NULL) /*s 结点总指向当前处理结点*/
        {
        }
        scanf("%d",&s->data);/*从键盘读入数据，存入当前结点的数据域*/
        r->next=s;/*将 r 的指针域指向 s，形成单链表*/
        r=s;
    }
    r->next=NULL;
    return head;
}
void printList(STU *L)
/*输出链表元素*/
{
    STU *p;
    p=L->next;
    while(p!=NULL)
    {
        printf("%5d",p->data);
        p=p->next;
    }
    printf("\n");
}
int main()
{
    int n=N;
    STU *s;
    printf("请输入%d 个整型数，建立单链表：\n",n);/*单链表中元素的个数由 N 决定*/
    s=creatList(n);
    printf("建立的包含%d 个元素的单链表如下:\n",n);
    printList(s);
```

```
        return 0;
    }
```

该程序执行后会在屏幕上出现提示语"请输入 5 个整型数，建立单链表："，从键盘输入 5 个整型数按下回车后，即可建立一个单链表。

【运行结果】程序运行结果如图 9-8 所示。

图 9-8　例 9-6 程序运行结果

【程序说明】单链表的建立过程中需注意以下几点：

① 该程序中在单链表的第一个结点之前加了一个结点，称为"头结点"。加"头结点"的原因是为了方便操作。如果不加头结点，单链表的第一个结点的处理和其他结点是不同的，原因是第一个结点加入时链表为空，它没有直接前驱结点，它的地址就是整个链表的指针，需要放在链表的头指针变量中；而其他结点有直接前驱结点，其地址放入直接前驱结点的指针域。"第一个结点"问题在下面将要介绍的单链表的插入和删除操作中也存在，所以这里引入"头结点"的概念，头结点的类型与数据结点一致，标识链表的头指针变量 head 中存放该结点的地址，这样即使是空表，头指针变量 head 也不为空。头结点的加入使得"第一个结点"的问题不再存在，也使得"空表"和"非空表"的处理一致。

头结点的加入完全是为了运算方便，它的数据域无定义，指针域中存放的是第一个数据结点的地址，空表时为空。如图 9-9 所示。

（a）带头结点的空链表　　　　　（b）带头结点的非空链表

图 9-9　带头结点的单链表

② 写动态内存分配的程序应注意，应尽量对分配是否成功进行检测。

（2）单链表的查找运算

对单链表进行查找的思路为：对单链表的结点依次扫描，检测其数据域是否是所要查找的值，若是返回该结点的指针，否则返回 NULL。

因为在单链表的链域中包含了后继结点的存储地址，所以当实现的时候，只要知道该单链表的头指针，即可依次对每个结点的数据域进行检测。

【例 9-7】　在例 9-6 建立的单链表的基础上进行查找操作。

```c
#include <stdio.h>
#include <malloc.h> /*包含动态内存分配函数的头文件*/
#define N 5/*单链表中结点的个数（不包括头结点）*/
typedef struct node
{
    int data;
```

```
        struct node *next;
    }STU;
    int locate(STU *L,int x)
    /*查找运算的实现(返回 int 值) */
    {
        STU *p=L->next;
        int i=1;
        while(p!=NULL && p->data!=x)
        {
            p=p->next;
            i++;
        }
        if(p==NULL) return 0;/*若元素 x 不在链表中，返回 0*/
        else    return i;/*若在链表中找到了要找的元素，返回其位于链表中的第几个位置。
此查找运算也可直接返回 p，即返回指向要查找元素的指针*/
    }
    int main()
    {
        int n=N,x,i;
        STU *s;
        printf("请输入%d 个整型数，建立单链表:\n",n);
        s=creatList(n);/*该函数在例 9-6 中已定义*/
        printf("建立的包含%d 个元素的单链表如下:\n",n);
        printList(s); /*该函数在例 9-6 中已定义*/
        printf("请输入要查找的元素:\n");
        scanf("%d",&x);
        i=locate(s,x);
        if(i==0)   printf("该链表中没有要查找的元素%d。\n",x);
        else  printf("要查找的元素%d 是该链表中的第%d 个元素。\n",x,i);
        return 0;
    }
```

【运行结果】程序运行结果如图 9-10 所示。

图 9-10   例 9-7 程序运行结果

　　由运行结果可看出以上程序只是进行简单的查找运算，若链表中有多个相同的要查找的元素，则只返回第一个元素的位置。

　　思考：当有多个要查找的相同的元素时，如何将其全部显示出来？（参见 9.7 应用举例）

　　若链表中没有要查找的元素，得到程序运行结果为：

请输入 5 个整型数，建立单链表:

67 78 89 90 99

建立的包含 5 个元素的单链表如下:

67　　78　　89　　90　　99

请输入要查找的元素:

100

该链表中没有要查找的元素 100。

（3）单链表的插入操作

　　假设例 9-6 中建立的链表为一个班级中的 10 名同学的成绩，现在如果该班又进入了一名同学，则需要将该新同学的成绩加入到单链表中，即要对单链表进行插入操作。

　　设在一个单链表中存在两个个连续结点 p，q（其中 p 为 q 的直接前驱），若需要在 p，q 之间插入一个新结点 s，那么必须先为 s 分配存储空间并赋值，然后使 p 的链域存储 s 的地址，s 的链域存储 q 的地址，这样就完成了插入操作。见图 9-11。

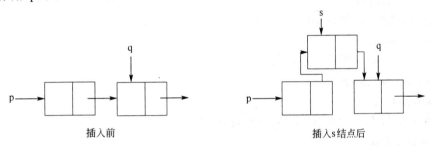

图 9-11　单链表插入操作示意图

　　图 9-11 中，完成插入操作的主要语句为：s->next=q;　　p->next=s;

【例 9-8】　建立一个含有 5 个元素的单链表，并在链表的尾部插入一个新元素。

```c
#include <stdio.h>
#include <malloc.h> /*包含动态内存分配函数的头文件*/
#define N 5/*单链表中结点的个数（不包括头结点）*/
typedef struct node
{
    int data;
    struct node *next;
}STU;
void insert(STU *L,int x)
/*将元素 x 插入链表 L 的尾部*/
{
    STU *s,*p,*q; /*指针 s 指向要插入的新结点*/
    if((s=(STU *) malloc(sizeof(STU)))==NULL)
```

```
            printf("error!");
        s->data=x; /*将元素 x 赋给新结点 s 的数据域*/
        p=L->next;/*p 指针首先指向第一个元素*/
        while(p!=NULL)
        {
            q=p;
            p=p->next;
        }/*p 指针顺着单链表的头指针往后找，直到单链表的末尾；*/
        /*q 指针指向单链表的最后一个结点*/
        s->next=q->next; /*把新结点的指针域指向原来 p 结点的后继结点*/
        q->next=s; /*p 结点的指针域指向新结点，完成在链表末尾插入结点的工作*/
}
int main()
{
        int n=N,x;
        STU *s;/*s 为链表头指针*/
        printf("请输入%d 个整型数，建立单链表:\n",n);
        s=creatList(n);
        printf("建立的包含%d 个元素的单链表如下:\n",n);
        printList(s);
        printf("请输入要插入的元素:\n");
        scanf("%d",&x);
        insert(s,x);
        printf("插入一个元素后的单链表如下:\n");
        printList(s);
        return 0;
}
```

【运行结果】程序运行结果如图 9-12 所示。

图 9-12　例 9-8 程序运行结果

【程序说明】此程序中的 creatList(n)和 printList(s)函数都是在例 9-6 中定义过的自定义函数，运行例 9-8 时需将这 2 个自定义函数也放在此程序中。

思考：如何在链表的任意位置插入元素？

（4）单链表的删除操作

有时需要使用单链表的删除操作，例如某班级调走了一名同学，则需要在成绩管理系统中将该名同学的成绩删除。

假如已经知道了要删除的结点 q 的位置，那么要删除 q 结点时只要令 q 结点的前驱结点的链域由存储 q 结点的地址改为存储 q 的后继结点的地址，并回收 q 结点即可。如图 9-13 所示。

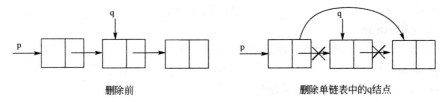

删除前   删除单链表中的q结点

图 9-13   单链表的删除操作示意图

图 9-13 中，删除操作的主要语句为：p->next=q->next; free(q);

【例 9-9】 在前面建立的单链表的基础上，在单链表中找到某一元素（可在程序中输入）并将其删除。

```c
#include <stdio.h>
#include <malloc.h> /*包含动态内存分配函数的头文件*/
#define N 5/*单链表中结点的个数（不包括头结点）*/
typedef struct node
{
    int data;
    struct node *next;
}STU;
void deleteList(STU *L,int x)
{
    STU *q,*p;
    p=L;
    q=L->next;
    while(q!=NULL&&q->data!=x)
    {
        p=q;
        q=q->next;
    }
    if(q==NULL)
        printf("链表中没有要删除的元素\n");
    else
    {
        p->next=q->next;
        free(q);
        printf("删除一个元素后的单链表如下:\n");
        printList(L);
```

```
        }
    }
    int main()
    {
        int n=N,x;
        STU *s;/*s 为链表头指针*/
        printf("请输入%d 个整型数，建立单链表:\n",n);
        s=creatList(n);
        printf("建立的包含%d 个元素的单链表如下:\n",n);
        printList(s);
        printf("请输入要删除的元素:\n");
        scanf("%d",&x);
        deleteList(s,x);
        return 0;
    }
```

【运行结果】程序运行结果如图 9-14 所示。

图 9-14　例 9-9 程序运行结果

【程序说明】单链表的删除操作需注意以下几点。

① 要删除 q 结点还需要找到 q 的前驱结点，改变 q 的前驱结点的指针域，使其直接指向 q 的后继结点，达到删除 q 结点的目的，所以在单链表的删除操作中需要用到指向 q 结点的前驱结点的指针，例 9-9 中用 p 指向 q 结点的前驱结点。

② 删除结点的函数 del 中用到了 free 函数来释放删除结点占用的内存空间。

9.4.4　栈和队列

栈、队列和链表都属于线性结构，线性结构的特点是：在数据元素的非空有限集中，① 存在唯一的一个被称为"第一个"的数据元素；② 存在唯一的一个被称为"最后一个"的数据元素；③ 除第一个之外，集合中的每个数据元素均只有一个前驱；④ 除最后一个之外，集合中每个数据元素均只有一个后继。

栈和队列都是操作受限制的特殊的线性表。

栈是一种只允许在表头进行插入和删除操作的特殊的线性表，其操作的原则是后进先出（或先进后出）。栈又称为后进先出表，简称 LIFO（Last In First Out）表。

队列是删除操作只在表头进行，插入操作只在表尾进行的特殊的线性表，其操作的原则是先进先出。队列又称为先进先出表，简称 FIFO（First In First Out）表。

9.5　共用体

　　共用体，有的也称为联合（Union），是将不同类型的数据组织在一起共同占用同一段内存的一种构造数据类型。同样都是将不同类型的数据组织在一起，但与结构体不同的是，共用体是从同一起始地址开始存放成员的值，即让所有成员共享同一段内存单元。共用体与结构体的类型定义方法相似，只是关键字变为 union。

　　声明一个共用体类型的一般形式为：

```
union  共用体名
{
     数据类型  成员 1 的名字；
     数据类型  成员 2 的名字；
     数据类型  成员 3 的名字；
     …
};
```

例：

```
union sample
{
     int i;
     char c;
     float f;
};
```

　　共用体数据类型和结构体数据类型都属于构造数据类型，都可以由程序员根据实际需要来定义，其不同之处在于共用体的所有成员共同占用一段内存，共用体变量所占内存空间大小取决于其成员中占内存空间最多的那个成员变量；而结构体的每个成员自己占用一段内存，结构体变量所占内存空间大小取决于所有成员中占内存空间的大小。

　　下面通过例 9-10 来演示共用体所占内存字节数的情况。

【例 9-10】

```
1     #include <stdio.h>
2     union sample
3     {
4          short s;
5          char c;
6          float f;
7     };
8     typedef union sample S;
9     int main()
10    {
11         int a;
12         a=sizeof(S);
13         printf("本程序中共用体数据类型所占内存字节为：%d\n",a);
```

```
14        return 0;
15    }
```

该程序运行结果为：

本程序中共用体数据类型所占内存字节为：4

若将以上程序的第 2 行和第 8 行中的"union"改为"struct"，将第 13 行的"共用体"改为"结构体"，那么程序的运行结果为：

本程序中结构体数据类型所占内存字节为：8

比较以上两个运行结果，发现程序中定义的共用体类型和结构体类型的成员是完全一样的，但共用体变量和结构体变量所占的内存空间却差别很大。

这是因为共用体是不同类型的数据成员占用同一段内存空间，只要保证占内存空间最大的数据成员有足够的存储空间即可，所以共用体变量所占内存空间的大小取决于其成员中占内存空间最多的那个成员变量。本例中，float 类型的成员占用的内存字节数最多，为 4 个字节，所以共用体类型占的内存空间即为 4 个字节。

结构体类型所占内存的字节数，并非是所有成员所占内存字节数的总和，它不仅与所定义的结构体类型有关，还与计算机系统本身有关。此处结构体类型占用的内存为 8 个字节。

对共用体变量的定义、引用和初始化都与结构体类似，在这儿就不详细论述了。

9.6 枚举类型

枚举，即"一一列举"之意，当某些量仅由有限个数据值组成时，通常用枚举类型表示。枚举数据类型描述的是一组整型值的集合。声明枚举类型需用关键字 enum，如：

enum weekday{sun,mon,tue,wed,thu,fri,sat};

声明了一个枚举数据类型 enum weekday，程序中可以用此数据类型来定义枚举类型的变量，如：

enum weekday a;

则枚举变量 a 的取值只有 7 种，即 sun,mon,tue,wed,thu,fri,sat。

9.7 应用举例

【例 9-11】 有 5 名学生，每名学生的信息包括学号、数学成绩、英语成绩，从键盘输入 5 名学生的信息，要求分别使用数组存储和单链表存储信息，实现：

① 输出成绩中有 100 分的学生的所有信息；

② 求该 5 名学生 2 门课程的总平均分。

【问题分析】每名学生的信息包括 3 个部分，所以学生信息需定义成结构体类型，按要求分别实现程序。

【参考代码】

方法一：用数组存储学生信息

```
#include <stdio.h>
#define N 5
typedef struct node
{
```

```
        int num;
        int score1;
        int score2;
}STU;
int main()
{
        STU s[N];
        int sum=0,ave,i;
        for(i=0;i<N;i++)
        {
                printf("请输入第%d 个学生的信息（学号、数学成绩、英语成绩）：\n",i+1);
                scanf("%d%d%d",&s[i].num,&s[i].score1,&s[i].score2);
        }
        printf("所有学生的信息如下：\n");
        printf("    学号\t\t 数学成绩\t 英语成绩\n");
        for(i=0;i<N;i++)
                printf("%5d:\t%10d\t%10d\t\n",s[i].num,s[i].score1,s[i].score2);
        for(i=0;i<N;i++)
        {
                sum=sum+s[i].score1+s[i].score2;
                if(s[i].score1==100||s[i].score2==100)
                {
                        printf("学号为%d 的学生有满分成绩\n",s[i].num);
                        printf("其信息为：学号：%d,\t 数学成绩：%d,\t 英语成绩：%d\n",s[i].num,s[i].
                        score1,s[i].score2);
                }
        }
        ave=sum/(N*2);
        printf("5 名学生 2 门课程的总平均分为：%d\n",ave);
        return 0;
}
```

方法二：用单链表存储学生信息

```
#include <stdio.h>
#include <malloc.h>
#define N 5/*单链表中结点的个数（不包括头结点）*/
typedef struct node
{
        int num;
        int score1;
        int score2;
        struct node *next;
}STU;
```

```
STU* creatList(int n)
/*尾插法建立单链表，返回值为单链表的头指针*/
{
    STU *head,*s,*r;/*head 为头指针；s 指向当前结点；r 指向当前结点的前一个结点*/
    int i=0;
    if((head=(STU *)malloc(sizeof(STU)))==NULL)
    /*为头结点分配内存空间，并检测是否分配成功*/
    {
        printf("error!");
        return(0);
    }
    head->next=NULL;/*将头结点的指针域置空*/
    r=head;
    for(i=0;i<n;i++)
    {
        if((s=(STU *)malloc(sizeof(STU)))==NULL)/*s 结点总指向当前处理结点*/
        {
            printf("error!");
            return(0);
        }
        printf("请输入第%d 个学生的信息（学号、数学成绩、英语成绩）：\n",i+1);
        scanf("%d%d%d",&s->num,&s->score1,&s->score2);/*从键盘读入数据，存入当
前结点的数据域*/
        r->next=s;/*将 r 的指针域指向 s，形成单链表*/
        r=s;
    }
    r->next=NULL;
    return head;
}

/*输出链表元素*/
{
    STU *p;
    p=L->next;
    printf("所有同学的信息如下：\n");
    printf("    学号\t\t 数学成绩\t 英语成绩\n");
    while(p!=NULL)
    {
        printf("%5d:\t%10d\t%10d\t\n",p->num,p->score1,p->score2);
        p=p->next;
    }
```

```
        printf("\n");
    }

int main()
{
    int n=N,x,sum=0,ave;
    STU *s,*t;
    s=creatList(n);
    printList(s);
    t=s->next;
    while(t!=NULL)
    {
        sum=sum+t->score1+t->score2;
        if(t->score1==100||t->score2==100)
        {
            printf("学号为%d 的学生有满分成绩\n",t->num);
            printf("其信息为：学号：%d,\t 数学成绩：%d,\t 英语成绩：%d\n",t->num,
t->score1,t->score2);
        }
        t=t->next;
    }
    ave=sum/(n*2);
    printf("5 名学生 2 门课程的总平均分为：%d\n",ave);
    return 0;
}
```

两种方法得到的运行结果是一样的。

【运行结果】程序运行结果如图 9-15 所示。

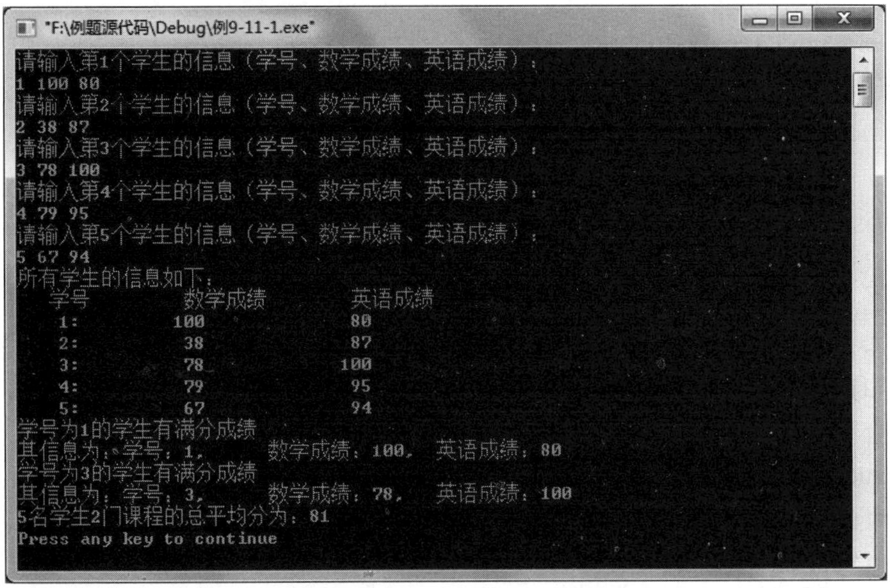

图 9-15　例 9-11 程序运行结果

【程序说明】因为程序中需要输入多个学生信息，每个学生信息包含 3 个部分，所以逐条输入学生信息程序运行界面更清晰。

9.8　常见错误分析

① 结构体类型声明时，漏掉了花括号}后面的分号。

```
#include <stdio.h>
struct node
{
    int num;
    int score1;
    int score2;
}
struct node n1,n2;
int main()
{
    n1.num=1;
    n2.num=2;
    printf("两个学生的学号分别为：%d,%d\n",n1.num,n2.num);
    return 0;
}
```

【编译报错信息】编译报错信息如图 9-16 所示。

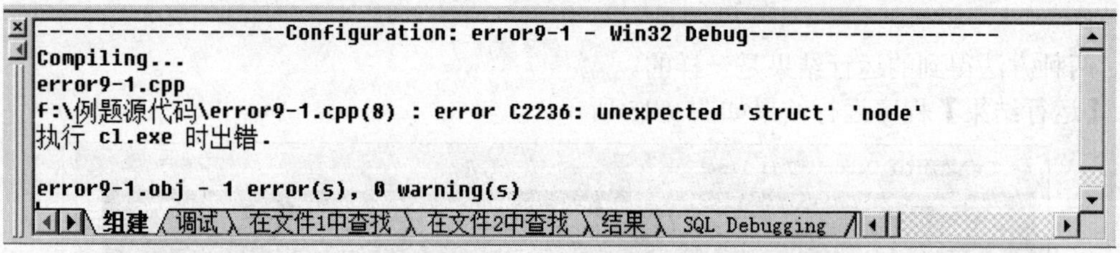

```
--------------------Configuration: error9-1 - Win32 Debug--------------------
Compiling...
error9-1.cpp
f:\例题源代码\error9-1.cpp(8) : error C2236: unexpected 'struct' 'node'
执行 cl.exe 时出错.

error9-1.obj - 1 error(s), 0 warning(s)
```
组建 ／ 调试 ＼ 在文件1中查找 ＼ 在文件2中查找 ＼ 结果 ＼ SQL Debugging

图 9-16　编译错误信息截图 1

【错误分析】编译系统提示语句中不该有 struct node，编译系统认为编程者想直接定义两个结构体变量 n1 和 n2，程序中只要在 struct node 结构体数据类型说明的最后加上分号即可去掉错误。

② 混淆了结构体数据类型和结构体变量，可对结构体变量成员赋值，不能对结构体类型成员进行赋值。

错误一：

```
#include <stdio.h>
struct student
{
    int sID=100;        /*学号*/
```

```
    char sSex='F';        /*性别*/
    int sMath=90;         /*高数成绩*/
    int sEng=80;          /*英语成绩*/
    int sC=89;            /*C 语言程序设计成绩*/
}sx;
int main()
{
    printf("学号为%d 的学生的英语成绩为%d",sx.sID,sx.sEng);
    return 0;
}
```

【编译报错信息】编译报错信息如图 9-17 所示。

```
error9-2.cpp
F:\例题源代码\error9-2.cpp(4) : error C2258: illegal pure syntax, must be '= 0'
F:\例题源代码\error9-2.cpp(4) : error C2252: 'sID' : pure specifier can only be specified for functions
F:\例题源代码\error9-2.cpp(5) : error C2258: illegal pure syntax, must be '= 0'
F:\例题源代码\error9-2.cpp(5) : error C2252: 'sSex' : pure specifier can only be specified for functions
F:\例题源代码\error9-2.cpp(6) : error C2258: illegal pure syntax, must be '= 0'
F:\例题源代码\error9-2.cpp(6) : error C2252: 'sMath' : pure specifier can only be specified for functions
F:\例题源代码\error9-2.cpp(7) : error C2258: illegal pure syntax, must be '= 0'
F:\例题源代码\error9-2.cpp(7) : error C2252: 'sEng' : pure specifier can only be specified for functions
F:\例题源代码\error9-2.cpp(8) : error C2258: illegal pure syntax, must be '= 0'
F:\例题源代码\error9-2.cpp(8) : error C2252: 'sC' : pure specifier can only be specified for functions
F:\例题源代码\error9-2.cpp(12) : error C2039: 'sID' : is not a member of 'student'
        F:\例题源代码\error9-2.cpp(3) : see declaration of 'student'
F:\例题源代码\error9-2.cpp(12) : error C2039: 'sEng' : is not a member of 'student'
        F:\例题源代码\error9-2.cpp(3) : see declaration of 'student'
执行 cl.exe 时出错.

error9-2.obj - 1 error(s), 0 warning(s)

组建 / 调试 \ 在文件1中查找 \ 在文件2中查找 \ 结果 \ SQL Debugging
```

图 9-17　编译错误信息截图 2

错误二：
```
#include <stdio.h>
struct student
{
    int sMath;        /*高数成绩*/
    int sEng;         /*英语成绩*/
    int sC;           /*C 语言程序设计成绩*/
};
int main()
{
    student.sID=100;
    student.sSex='F';
    student.sMath=90;
    student.sEng=80;
    student.sC=89;
    printf("学号为%d 的学生的英语成绩为%d\n",student.sID,student.sEng);
    return 0;
}
```

【编译报错信息】编译报错信息如图 9-18 所示。

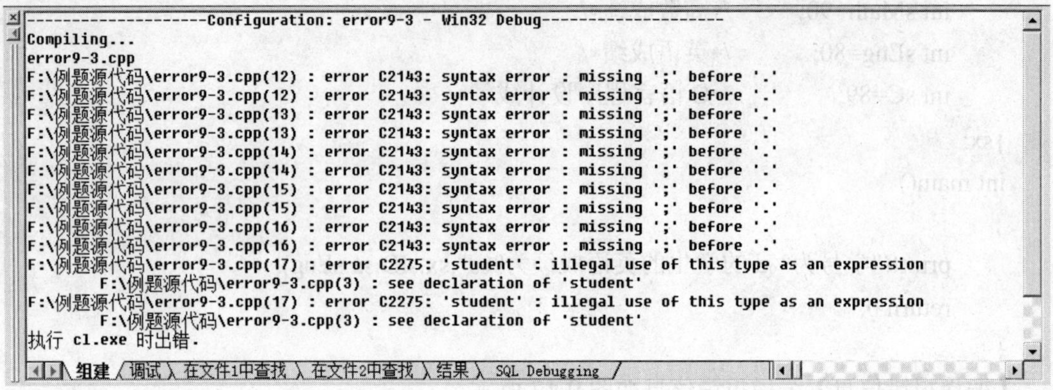

```
---------------------Configuration: error9-3 - Win32 Debug-------------------
Compiling...
error9-3.cpp
F:\例题源代码\error9-3.cpp(12) : error C2143: syntax error : missing ';' before '.'
F:\例题源代码\error9-3.cpp(12) : error C2143: syntax error : missing ';' before '.'
F:\例题源代码\error9-3.cpp(13) : error C2143: syntax error : missing ';' before '.'
F:\例题源代码\error9-3.cpp(13) : error C2143: syntax error : missing ';' before '.'
F:\例题源代码\error9-3.cpp(14) : error C2143: syntax error : missing ';' before '.'
F:\例题源代码\error9-3.cpp(14) : error C2143: syntax error : missing ';' before '.'
F:\例题源代码\error9-3.cpp(15) : error C2143: syntax error : missing ';' before '.'
F:\例题源代码\error9-3.cpp(15) : error C2143: syntax error : missing ';' before '.'
F:\例题源代码\error9-3.cpp(16) : error C2143: syntax error : missing ';' before '.'
F:\例题源代码\error9-3.cpp(16) : error C2143: syntax error : missing ';' before '.'
F:\例题源代码\error9-3.cpp(17) : error C2275: 'student' : illegal use of this type as an expression
        F:\例题源代码\error9-3.cpp(3) : see declaration of 'student'
F:\例题源代码\error9-3.cpp(17) : error C2275: 'student' : illegal use of this type as an expression
        F:\例题源代码\error9-3.cpp(3) : see declaration of 'student'
执行 cl.exe 时出错.
◄ ► 组建 ╲ 调试 ╲ 在文件1中查找 ╲ 在文件2中查找 ╲ 结果 ╲ SQL Debugging ╱
```

图 9-18   编译错误信息截图 3

【错误分析】上述两种赋值方法都是错误的，在 C 语言程序中，只能对结构体变量中的成员赋值，而不能对结构体数据类型中的成员赋值。

struct student 是用户自己定义了一种结构体数据类型，其用法相当于基本数据类型 int，struct student 仅是数据类型的名字，不是变量，不占存储单元。所以不能对数据类型的成员直接赋值，而应对定义的结构体变量相应成员赋值，如：

```c
#include <stdio.h>
struct student
{
    int sID;              /*学号*/
    char sSex;            /*性别*/
    int sMath;            /*高数成绩*/
    int sEng;             /*英语成绩*/
    int sC;               /*C 语言程序设计成绩*/
}sx;
int main()
{
    sx. sMath=90;
    sx. sEng=80;
    sx. sC=89;
    printf("学号为%d 的学生的英语成绩为%d\n",sx.sID,sx.sEng);
    return 0;
}
```

本 章 小 结

本章介绍的结构体、共用体和枚举类型都属于构造数据类型，这几种构造数据类型与基本数据类型的用法一样——可以用这些数据类型来定义相应的变量，但这些构造数据类型需要用户自己定义。初学者一定要区分开构造数据类型的说明和相应变量定义。

其中结构体是将不同类型的数据成员组织在一起形成的数据结构，适合于对关系紧密、逻辑相关、具有相同或者不同属性的数据进行处理，声明结构体数据类型的关键字为 struct；共用体是将逻辑相关、情形互斥的不同类型的数据组织在一起形成的数据结构，每一时刻只有一个数据成员起作用，声明共用体数据类型的关键字为 union。枚举类型描述的是一组整型值的集合，当某些量仅由有限个数据值组成时，通常用枚举类型表示，声明枚举类型的关键字为 enum。

注意上述三种构造数据类型的类型名称都由两个单词构成，如例 9-2 中的 struct student 是用户定义的一种结构体数据类型，若想定义一个这种类型的结构体变量 sx，则定义形式为：struct student sx;。

当然本章介绍了 typedef，可为系统固有的或自定义数据类型定义一个别名，所以本章中的所有构造数据类型都可以用 typedef 定义一个别名，如 typedef struct student STU; 则结构体变量 sx 的定义可以如下形式完成：STU sx;。

习　　题

一、选择题

1. C 语言程序中，结构体类型变量在程序执行期间（　　）。

   A. 所有成员一直驻留在内存中　　　　　　B. 只有一个成员驻留在内存中

   C. 部分成员驻留在内存中　　　　　　　　D. 没有成员驻留在内存中

2. 下列关于结构体的说法错误的是（　　）。

   A. 结构体是用户自己定义的一种数据类型

   B. 在定义结构体数据类型时，可以为成员设置默认值

   C. 结构体中可设定若干个不同数据类型的成员

   D. 结构体中成员的数据类型可以是结构体

3. 以下结构体数据类型的定义和结构体变量的定义中，正确的是（　　）。

```
A.                                    C.
   struct s                              struct
   {                                     {
       char c;                               char c;
       float f;                              float f;
   };                                    } s
   struct s a,b;                         struct s a,b;

B.                                    D.
   struct                                struct s
   {                                     {
       char c;                               char c;
       float f;                              float f;
   } s;                                  }
   struct s a,b;                         struct s a,b;
```

4. 以下程序的运行结果是（　　）。

```c
#include <stdio.h>
struct date
{
    int year;
    int month;
    int day;
```

```
};
int main()
{
    struct date today;
    printf("%d\n",sizeof(struct date));
}
```

  A. 6   B. 8   C. 10   D. 12

5. 已知学生记录描述为：

```
struct date
{
    int year;
    int month;
    int day;
};
struct student
{
    int sID;                //学生学号
    struct date birth;      //学生生日
};
struct student s;
```

设变量 s 所代表的学生生日是"1990 年 8 月 16 日"，下列对"生日"的正确赋值是（ ）。

  A. year=1990; month=8; day=16;

  B. birth.year=1990; birth.month=8; birth.day=16;

  C. s.birth.year=1990; s.birth.month=8; s.birth.day=16;

  D. s.year=1990; s.month=8; s.day=16;

6. 根据下面的定义，能打印出字母 M 的语句是（ ）。

```
struct p
{
    char name[10];
    int age;
};
struct p class[6]={"Jone",23, "Paul",22, "Mary",20, "adam",21};
```

  A. printf("%c\n",class[3].name);   B. printf("%c\n",class[3].name[1]);

  C. printf("%c\n",class[2].name[1]);   D. printf("%c\n",class[2].name[0]);

7. 若有如下结构体变量的定义：

```
struct person
{
    int id;
    char name[10];
};
struct person per,*s=&per;
```

则以下对结构体成员的引用中错误的是（ ）。

  A. per.name   B. s->name[0]

  C. (*per).name[6]   D. (*s).id

8. 下面程序的运行结果是（ ）。

```
struct s
{
    int x;
    int y;
};
main()
{
    struct s c[2]={1,3,2,7};
    printf("%d\n",c[0].y/c[0].x*c[1].x);
}
```

　　　　A．6　　　　　　　　B．1　　　　　　　　C．3　　　　　　　　D．0

9. 当定义一个共用体变量时，系统分配给它的内存是（　　　）。

　　A．各成员所需内存量的总和

　　B．共用体数据类型中第一个成员所需的内存量

　　C．共用体成员中占内存量最大者所需的容量

　　D．共用体数据类型中最后一个成员所需的内存量

10. C 语言共用体类型变量在程序运行期间（　　　）。

　　A．所有成员一直驻留在内存中　　　　　B．只有一个成员驻留在内存中

　　C．部分成员驻留在内存中　　　　　　　D．没有成员驻留在内存中

11. 下面对 typedef 的叙述中不正确的是（　　　）。

　　A．用 typedef 可以定义各种类型名，但不能用来定义变量

　　B．用 typedef 可以增加新类型

　　C．用 typedef 只是将已存在的类型用一个新的标识符来代表

　　D．使用 typedef 有利于程序的通用和移植

二、编程题

1. 利用结构体数据类型编程实现复数的加法和减法运算。

2. 现有 5 位同学，每位学生信息包括学号、成绩，请用数组存储这 5 位同学的信息，从键盘输入 5 位同学信息，并从屏幕输出这些信息。

3. 请将第 2 题中 5 位同学的信息用单链表存储并实现相应操作。

4. 请在第 3 题中建立的单链表中删除所有不及格的学生的信息。

5. 试建立一包含 10 个整型数的单链表，且表中元素值递增有序。请将一新的数据值 x 插入到单链表的适当位置上，以保持单链表的有序性。

6. 请实现非空单链表（元素为字符型数据）的就地逆置。

第 10 章　文　　件

　　程序中数据的输入可以从键盘读入，但数据量大时，用户工作量将会很大，而且每次运行时都需要重复工作，输出每次都需要人为记录的话，更大大增加了工作量。如果将数据保存在文件中，每次程序对文件进行读取，并且将结果保存在另一个文件中，则可以大大减轻工作量。实际上文件的概念是较广泛的，作为程序输入输出存储对象的通常指数据文件，也是本章所阐述的对象。

10.1　文件概述

　　（1）文件的定义
　　文件指存储在外部介质（如磁盘等）上的有序的数据集合，如前面章节中所提到的头文件 stdio.h、math.h，程序所生成的源文件.c 文件、编译后生成的.obj 目标文件，链接后生成的.exe 执行文件等。
　　（2）文件的分类
　　① 从用户角度来看，文件可分为普通文件与设备文件。
　　普通文件：指驻留在磁盘或其他外部介质上的有序数据集。普通文件依据其存储内容亦可分为程序文件，如源文件、头文件、目标文件、可执行文件等，以及数据文件，存储待输入的原始数据或输出的结果数据的文件。
　　设备文件：C 系统将所有外部设备都看作文件，如显示器、打印机、键盘等，将它们对系统的输入、输出等同于对磁盘文件的读和写。通常将显示器作为标准输出文件，打印在屏幕上显示即是向标准输出文件输出，printf，putchar 称为标准输出函数即这个原因。键盘则作为标准输入文件，从键盘上输入即从标准输入文件上读入数据，因此 scanf、getchar 被称为标准输入函数。
　　② 虽然文件在计算机中皆是用二进制 0、1 来表达与存储，但从文件的编码方式来看，文件可分为 ASCII 码文件和二进制码文件。一般文件最基本存储单位为字节（8 位二进制），文件即是由一个个字节依一定顺序构成，但每个字节表达含义不同，则文件编码方式亦不同。
　　ASCII 码文件：也称为文本文件。文件在磁盘中每个字节存放的是对应字符的 ASCII 码。如：对数值 5678 所存储为对应字符 5、6、7、8 的 ASCII 码，形式为：

$$5 \qquad 6 \qquad 7 \qquad 8$$
$$\downarrow \qquad \downarrow \qquad \downarrow \qquad \downarrow$$

　　ASCII 码：00110101 00110110 00110111 00111000　共占用 4 个字节。
　　ASCII 码文件可在屏幕上按字符显示，因此方便阅读，如源程序文件、头文件便是 ASCII 码文件。
　　二进制文件：文件在磁盘中存放的直接是对应数值的二进制形式。如数值 5678 存储便是 5678 的二进制表示：00010110 00101110。只占了两个字节。二进制文件的优点在于节省存储空间，但可读性较差。
　　C 系统在处理文件时，并不区分类型，都按字节处理，看成是字符流。输入输出字符流的开始和结束亦只由程序控制而不受物理符号(如回车符)的控制。因此也将这种文件称作"流式文件"或"流文件"，这是文件较重要的一个概念。

10.2　文件类型指针

C 语言中，对文件的所有操作都是通过文件类型指针来进行的。文件类型指针是指向文件结构体变量的指针，所谓文件结构体变量指文件处理时，在缓冲区开辟的文件信息描述区，而该信息描述区是以一个结构体变量来描述和记录文件的当前状态（如文件名、文件大小、有效性等）。描述和记录文件状态的结构体变量即称为文件结构体变量，其结构体类型由系统定义，名为 FILE，包含在头文件 stdio.h 中，因此文件操作必须使用#include<stdio.h>命令。C 语言便是通过操作指向文件结构体变量的指针来进行文件处理的各项动作，有时也简略称为指向文件的指针或文件指针。

FILE 结构体类型的形式大致如下：

```
typedef struct
{
    short _level          /* 缓冲区满空的程度 */
    unsigned int _flag;   /* 文件号 */
    char _fd;             /* 文件描述符 */
    short _size;          /* 缓冲区的大小 */
    char * _buffer;       /* 数据缓冲区首地址 */
    int _cleft;           /* 缓冲区中剩下的字符 */
    int _mode;            /* 文件的操作模式 */
    char * _curp;         /* 指针当前位置（下一个待处理字节地址） */
    char * _nextc;        /* 下一个字符的位置 */
    unsigned int _istemp; /* 临时文件指示 */
    short _token          /* 有效性标记 */
}FILE;
```

不同 C 系统 FILE 类型的定义会有少许不同。文件指针的定义如下：

FILE *指针变量标识符;

一般习惯写成：

FILE *fp;

通过指针 fp 指向某个具体文件来对文件进行操作。

10.3　文件的打开、读写和关闭

文件的读写之前需要先打开文件，读写完毕之后必须关闭文件，打开与关闭是文件必不可少的操作。打开文件即是建立文件指针与文件的关系。关闭则是释放指针与文件的联系，同时保证缓冲区中的数据写入文件。

10.3.1　文件的打开函数 fopen

fopen 函数原型：

FILE *fopen(const char *filename,const char *mode);

利用 fopen 打开文件方式：

FILE *fp;

fp=fopen("文件名","文件操作方式表示符");

如：fp=fopen("myfile","w");

含义为以只写的方式打开文件 myfile。调用函数时，系统会在缓冲区为文件开辟一个文件信息描述区，并获得该文件信息描述区（文件结构体变量）的地址赋给指针 fp，则 fp 与文件联系起来，通过 fp 便可以实现对文件的各种操作。如文件不能打开（打开失败），则 fopen 返回空指针 NULL（其值为 0）。

文件名亦可包含文件路径，如

fp=fopen("c:\\documents:\\myfile","w");

上述打开文件方式，为 ANSIC 标准规定方式。

文件操作方式表示符具体如表 10-1 所示。

表 10-1 文件打开方式

文件使用方式	意　义
"r"	只读 打开一个文本文件，只允许读数据
"w"	只写 打开或建立一个文本文件，只允许写数据
"a"	追加 打开一个文本文件，并在文件末尾增加数据
"rb"	只读 打开一个二进制文件，只允许读数据
"wb"	只写 打开或建立一个二进制文件，只允许写数据
"ab"	追加 打开一个二进制文件，并在文件末尾写数据
"r+"	读写 打开一个文本文件，允许读和写
"w+"	读写 打开或建立一个文本文件，允许读写
"a+"	读写 打开一个文本文件，允许读，或在文件末追加数据
"rb+"	读写 打开一个二进制文件，允许读和写
"wb+"	读写 打开或建立一个二进制文件，允许读和写
"ab+"	读写 打开一个二进制文件，允许读，或在文件末追加数据

① 用只读方式（"r"）打开文件时，该文件必须已经存在，否则出错，且只能进行读取操作。

② 用只写方式（"w"）打开文件时，如文件不存在，则以指定的文件名新建文件，若打开的文件已经存在，则原文件内容消失，重写写入内容且只能进行写操作。

③ 用追加方式（"a"）打开文件，若文件不存在则出错，若文件存在则向文件末尾追加新的信息。

④ 如一个文件无法打开，或者打开出错，将无法进行正确读写操作，如不对文件打开加以判断，则用户无法了解是否可以进行下一步操作，因此文件操作除打开、关闭这两个动作要素外，还需打开判断这个要素。如果打开出错，fopen 将返回一个空指针值 NULL，因此在程序中可用下列语句来判别是否打开成功：

if((fp=fopen("myfile","w"))==NULL)

{

        printf("\nerror：fail in opening myfile!");

        getch();

        exit(1);

}

即打开的同时判断是否打开成功，如打开失败则显示提示，并在键盘上任敲击某键后退出程序[getch()即不回显地从键盘输入一个字符，等价于"Press any key to continue"的功能。exit(1)为退出程序语句]。

⑤ "r+"、"w+"、"a+"都是既可读亦可写，区别在于"r+"与"r"一样文件必须已经存在；"w+"和"w"一样，如文件不存在则新建文件，写后可以读；"a+"则是打开文件后可以在文件末尾增加新数据，亦可以读取文件。

⑥ 文本文件读入内存时，需将 ASCII 码转换成二进制码，写入磁盘时，再把二进制码转换成 ASCII 码，因此文本文件的读写相比二进制文件，需要多花费转换时间。

10.3.2 文件的关闭函数 fclose

文件打开成功并操作完毕后，如不关闭文件，文件读写的数据可能丢失。因为文件的操作是通过缓冲区进行的，读写数据先放入缓冲区，满时方写入文件，如操作后缓冲区未满，又未关闭文件，则缓冲区中的数据将丢失，因此必须使用文件关闭命令，将缓冲区的数据写入文件。文件关闭函数 fclose 原型为：

int fclose(FILE *fpoint);

文件关闭语句为：

fclose(fp);

fp 为前面定义过的文件指针。关闭成功，则 fclose 返回 0，否则返回 EOF(−1)，通过判断 fclose 返回值可考察文件是否关闭正常。

if((fp=fclose(fp))！=0)
　　printf("\nerror：fail in file close!");

文件关闭不仅可以保存数据，亦同时释放文件结构体变量所占存储空间，可节省系统资源。

10.3.3 文件的读写

除打开、打开判断、关闭这文件操作三要素外，对文件实际的改变操作是中间对文件的读和写。C 语言提供多种文件读写函数，亦包含在头文件 stdio.h 中，主要有以下几种。

字符读/写函数：fgetc/fputc
字符串读/写函数：fgets/fputs
格式化读/写函数：fprintf/fscanf
数据块读/写函数：fread/fwrite

所有读函数，都必须是读或读写方式打开；所有写函数，都必须是写或读写的方式，或追加的方式打开，如希望重建文件，则采用只写或读写的方式，如希望保留原文件内容，从后面开始增加新内容，则用追加或追加式读写方式打开。

（1）文件字符读写函数

① 文件读字符函数 fgetc。

函数原型：

int fgetc(FILE *fpoint);

fgetc 调用形式：

c=fgetc(fp);

其中 c 为字符变量，亦可谓数组字符元素等。fgetc 每次从文件中读取一个字符，返回值为该字符的 ASCII 码，如返回值为 EOF，则表示已至文件结束位置（文件结束标志为 EOF）。

打开文件后，fgetc 读取的是第一个字符，再调用 fgetc 则依次读取下一个字符，如读至结束则返回 EOF。实际上，读写位置是由文件内部位置指针控制的，打开时，位置指针指向第一个字节，并随函数的调用后移，该位置指针由系统自动设置，不需用户定义，与文件指针不同，文件指针需定义且定义后不变。

② 文件写字符函数 fputc。

函数原型：

int fputc(FILE *fpoint);

fputc 调用形式：

fputc(字符量,文件 fp);

字符量可以是字符常量，亦可是字符变量，如

char c='a';

fputc(c,fp);

或 fputc('a',fp);

fputc 每次依次向文件写入一个字符，写入成功则返回字符的 ASCII 码值，写入失败则返回 EOF。

【例 10-1】 显示文件 myfile 中内容，然后输入一段字符，以换行符为结束符，将这些字符写在文件 myfile 之后，再将文件内容读出显示在屏幕上。

```c
#include <stdio.h>
#include <conio.h>
#include <stdlib.h>
int main()
{
    FILE *fp;              /*定义文件描述符指针 fp*/
    char c;               /*定义字符变量*/
    if((fp=fopen("myfile","a+"))==NULL)           /*判断文件是否打开成功*/
    {
        printf("\nerror：fail in opening myfile!");   /*打印失败信息*/
        getch();          /*从键盘任意输入一个字符*/
        exit(1);          /*退出程序*/
    }
    do
    {
        c=fgetc(fp);      /*从文件读取一个字符*/
        putchar(c);       /*在屏幕上显示该字符*/
    }while(c!=EOF);       /*文件未到末尾则循环进行*/
    printf("Please input the words:\n");   /*打印提示信息*/
    c=getchar();          /*从键盘输入一个字符*/
    while(c!='\n')        /*如未碰到换行符则循环进行*/
    {
        fputc(c,fp);      /*将字符写入文件*/
        c=getchar();      /*从键盘输入一个字符*/
    }
```

```
    rewind(fp);              /*rewind 函数将 fp 所指的文件的内部指针移至文件头*/
    c=fgetc(fp);             /*从文件读取一个字符*/
    while(c!=EOF)            /*文件未到末尾则循环进行*/
    {
        putchar(c);          /*在屏幕上显示该字符*/
        c=fgetc(fp);         /*从文件读取一个字符*/
    }
    printf("\n");            /*输出回车符*/
    fclose(fp);              /*关闭文件*/
    return 0;
}
```

【运行结果】设 myfile 中原有字符串 china，则程序运行结果如图 10-1 所示。文件内容如图 10-2 所示。

图 10-1　例 10-1 程序运行结果

图 10-2　例 10-1 myfile 文件内容

【程序说明】程序中函数 getch 包含在头文件 conio.h 中，函数 exit 包含在头文件 stdlib.h 中，程序头必须包含这两个头文件。while 语句和 do…while 语句之间是有去别的，while 先判断条件再执行语句，而 do…while 是先执行语句后判断。

程序中函数 getch 包含在头文件 conio.h 中，函数 exit 包含在头文件 stdlib.h 中，程序头必须包含这两个头文件。

（2）文件字符串读写函数

① 文件读字符串函数 fgets。

函数原型：

char *fgets(char *s, int n, FILE *fpoint);

调用形式为：

fgets(字符数组名,n,文件指针);

其功能是从文件指针所指文件中读一个长度为 n−1 的字符串，在最后一个字符后加上字符串结束标志 '\0' 后，送入一个字符数组中。如：

char str[20];或 char *str;

int n=9;

fgets(str,n,fp);

② 文件写字符串函数 fputs。

函数原型：

int fputs(char *string, FILE *fpoint);

调用形式为：

fputs(字符串,文件指针);

　　其功能是向文件中写入一个字符串,其中字符串可以是字符串常量,亦可是有赋值的字符数组。如:

```
fputs("china",fp);
```

　　或 fputs(str,fp);

【例 10-2】读出文件 myfile 中前 5 个字符并显示,然后输入一段字符串,重写文件 myfile,再将文件中前 7 个字符读出显示在屏幕上。

```c
#include <stdio.h>
#include <string.h>
#include <conio.h>
#include <stdlib.h>
int main( )
{
    FILE *fp;        /*定义文件描述符指针 fp*/
    char str[15];    /*定义字符数组*/
    if((fp=fopen("myfile","r+"))==NULL)   /*判断文件是否打开成功*/
    {
        printf("\nerror：fail in opening myfile!");      /*打印失败信息*/
        getch();    /*从键盘任意输入一个字符*/
        exit(1);    /*退出程序*/
    }
    fgets(str,6,fp); /*从 fp 指向的文件读取一个长度为 5(6-1=5)的字符串存入 str*/
    puts(str);       /*输出字符串*/
    printf("Please input less than 14 words:\n"); /*出错提示语*/
    gets(str);       /*输入字符串*/
    rewind(fp);      /*rewind 函数将 fp 所指的文件的内部指针移至文件头*/
    fputs(str,fp);   /*将 str 字符串写入到文件中*/
    rewind(fp);      /*rewind 函数将 fp 所指的文件的内部指针移至文件头*/
    fgets(str,8,fp); /*从 fp 指向的文件读取一个长度为 7 的字符串存入 str*/
    puts(str);       /*输出字符串*/
    fclose(fp);      /*关闭文件*/
return 0;
}
```

【运行结果】设 myfile 中原有字符串 chinagood,则程序运行结果如图 10-3 所示。

图 10-3　例 10-2 程序运行结果

【程序说明】gets 与 puts 函数包含在头文件 string.h 中，因此程序头须包含该头文件。fgets(字符数组名,n,文件指针); 其功能是从文件指针所指文件中读一个长度为 n-1 的字符串，所以上述程序中读出 5 个字符在函数调用时用 fgets(str,6,fp);

（3）文件格式化读写函数

① 文件格式化读函数 fscanf。

fscanf 与 scanf 函数功能类似，区别只在于 scanf 函数从标准输入文件即键盘读入，fscanf 则从文件中读入。函数原型为：

int fscanf(FILE *fpoint,char *format,[argument...]);

调用形式为：

fscanf(文件指针,格式控制字符串,输入项列表);

如：

fscanf(fp,"%c%d",&c,&a);

② 文件格式化写函数 fprintf。

fprintf 与 printf 函数功能类似，区别只在于 printf 函数输出到标准输出文件即显示器，fprintf 则输出到文件。函数原型为：

int fprintf(FILE *fpoint,char *format,[argument...]);

调用形式为：

fprintf(文件指针,格式控制字符串,输出项列表);

如：

fprintf(fp,"%c%d",c,a);

【例 10-3】 从文件 myfile 中读出两个字符赋给字符变量 a、b，然后分别计算两者 ASCII 码值的和与差，重写在文件 myfile 中，并重读文件显示在屏幕上。

```c
#include <stdio.h>
#include <string.h>
#include <conio.h>
#include <stdlib.h>
int main( )
{
    FILE *fp;        /*定义文件描述符指针 fp*/
    char a,b;        /*定义字符变量 a 和 b*/
    int sum,sub;     /*定义存放 ASCII 码的和和差的变量*/
    char str[10];    /*定义字符数组*/
    if((fp=fopen("myfile","r+"))==NULL)          /*判断文件是否打开成功*/
    {
        printf("\nerror：fail in opening myfile!");   /*打印失败信息*/
        getch();     /*从键盘任意输入一个字符*/
        exit(1);     /*退出程序*/
    }
    fscanf(fp,"%c%c",&a,&b); /*从文件中读取两个字符赋值给 a 和 b*/
    sum=a+b;        /*计算 a 和 b 的 ASCII 码的和*/
```

```
        sub=a-b;        /*计算 a 和 b 的 ASCII 码的差*/
        rewind(fp);     /*rewind 函数将 fp 所指的文件的内部指针移至文件头*/
        fprintf(fp,"%d %d",sum,sub);/*将和和差的结果写入到文件中*/
        rewind(fp);     /*rewind 函数将 fp 所指的文件的内部指针移至文件头*/
        fgets(str,7,fp); /*从 fp 指向的文件读取一个长度为 6 的字符串存入 str*/
        puts(str);      /*输出字符串*/
        fclose(fp);     /*关闭文件*/
    return 0;
    }
```

【运行结果】设 myfile 中原有字符串 lovechina，则程序运行结果如图 10-4 所示。

【程序说明】每一次需要读取文件时需要使用 rewind 函数将 fp 所指的文件的内部指针移至文件头。

（4）文件数据块读写函数

所谓数据块读写指可以一次读入一组数据，如数组、结构体变量等。

数据块读写函数调用形式类似：

fread(buffer,size,count,fp);

fwrite(buffer,size,count,fp);

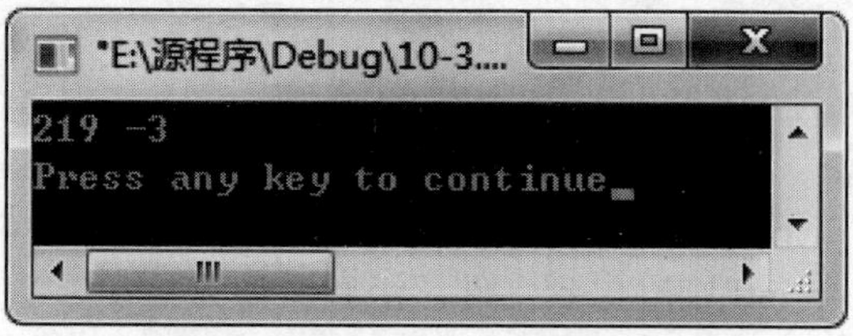

图 10-4　例 10-3 程序运行结果

其中 buffer 为输入或输出数据首地址，为指针变量，size 为数据块长度（字节数），count 表示要读写的数据块的个数，fp 为文件指针。如：

char str[20];

fread(str,3,5,fp);

即从 fp 所指文件中每次读三个字节，读 5 次，送至数组 str 中。

fread 及 fwrite 的返回值都是整型，如该整数和 count 相等，则表示读写是成功的，否则表示读写不正确。

【例 10-4】 输入三个日期，写入文件 myfile 中，再从文件中读出并显示。

```
#include <stdio.h>
#include <conio.h>
#include <stdlib.h>
struct date            /*定义结构体类型 date*/
{
    int day;           /*定义成员 day*/
    int month;         /*定义成员 month*/
    int year;          /*定义成员 year*/
};
int main( )
{
    FILE *fp;                      /*定义文件描述符指针 fp*/
    struct date date1[3],date2[3]; /*定义结构体变量*/
```

```
    int i;                                  /*定义循环变量*/
    if((fp=fopen("myfile","w+"))==NULL)      /*判断文件是否打开成功*/
    {
        printf("\nerror：fail in opening myfile!");  /*打印失败信息*/
            getch();                          /*从键盘任意输入一个字符*/
            exit(1);                          /*退出程序*/
    }
    printf("Please input three date:\n");  /*输出提示信息*/
    for(i=0;i<3;i++)     /*循环 3 次*/
        scanf("%d %d %d",&date1[i].day,&date1[i].month,&date1[i].year);
    /*分别输入结构体变量 date1 的值*/
    fwrite(date1,sizeof(struct date),3,fp);      /*将 date1 的值写入文件中*/
    rewind(fp);              /*rewind 函数将 fp 所指的文件的内部指针移至文件头*/
    fread(date2,sizeof(struct date),3,fp);
    /*将文件中的三个日期读出赋值给 date2*/
    for(i=0;i<3;i++)     /*循环 3 次*/
        printf("%d %d %d\n",date2[i].day,date2[i].month,date2[i].year);
    /*输出 date2 的每个值*/
    fclose(fp);              /*关闭文件*/
    return 0;
}
```

【运行结果】程序运行结果如图 10-5 所示。

【程序说明】这里用到了结构体，定义的结构体类型中包含了三个成员年月日，所以后面定义的变量赋值的时候每一个变量应该对这三个成员变量分别赋值，需要用到循环语句。

图 10-5　例 10-4 程序运行结果

10.3.4　文件读写函数的选择

上面介绍了几种常用的文件读写函数，几种函数主要区别在读写内容的形式不同，虽然都可以完成文件的读写，但方便程度还是有所差别，如 fgetc 与 fputc 每次只能处理一个字符，处理多个字符需反复调用函数，适用于逐字处理的场合；fgets 与 fputs 每次可处理一个字符串，处理字符效率较高，适用于处理一段字符或字符数组的情况。但 fgetc、fputc、fgets 及 fputs 都无格式规定，如要以规定格式进行读写，则需使用 fscanf 与 fprintf 函数，这两个函数适用于对格式有要求的场合。前三类函数不能自动识别构造类型，需在读写时人为设定数据之间的联系，而 fread 及 fwrite 函数可以对具有内在联系的数据块进行处理，且可以一次性读取多个数据块，数据处理效率高，适用于构造类型数据如数组、结构体及大量数据的处理。用户可以根据所处理数据的特点及目的来选取合适的文件读写函数。

10.4　文件的定位

前面的例程都用到了 rewind 函数，用来将文件位置指针返回文件开始。所谓文件位置指针，是系统设置的用来指向文件当前读写位置的指针，不需用户定义，但会随着操作的进行而移动，文件的操作也同时跟随文件位置指针，因此在实行操作前，需先清楚当前文件位置指针在什么位置，需要在不同位置进行操作时，也需将文件位置指针定位在相应地方。文件定位函数便是操作文件位置指针用于判断及指定文件位置的函数。

文件定位函数皆包含在都文件 stdio.h 中。

（1）rewind 函数

函数原型：

void rewind(FILE *fpoint);

调用形式：

rewind(fp);

不论当前位置指针在哪，rewind 函数的功能是将文件位置指针返回文件开头，适用于需要从头开始读写的场合。

（2）fseek 函数

fseek 用于将文件位置指针移动到指定位置上。

函数原型：

int fseek(FILE *fpoint, long offset, int origin);

调用形式：

fseek(fp,位移量,起始点);

起始点有三种取值：0，文件开始；1，当前位置；2，文件末尾。起始点指定位移量的参考点。位移量表示从起始点开始移动的字节数，为长整型。位移量为正表示文件位置指针向文件末尾移动，位移量为负表示向文件头方向移动。如：

fseek(fp,50L,0);

语句含义为将 fp 所指文件的位置指针从文件头开始向末尾的方向移动 50 个字节。L 后缀表示长整型。

fseek 适用于二进制文件，文本文件因为需进行字符转换，计算字节时容易发生混乱，不利于定位。

（3）ftell 函数

ftell 函数用于寻找位置指针的当前位置。

函数原型：

long ftell(FILE *fpoint);

其返回值为位置指针当前位置相对于文件首的偏移字节数。调用形式：

long n;

n=ftell(fp);

文件操作会使文件位置指针经常移动，难以知道其具体位置，可使用 ftell 函数来得到此时文件位置指针的位置。如函数调用出错，则返回-1。

（4）feof 函数

feof 用于判断文件位置指针是否在文件结束位置。

函数原型：

```
int feof(FILE *stream);
```
调用形式:
```
feof(fp);
```
feof 返回值为 1 表示位置指针在文件末尾，否则返回 0。如:
```
if(feof(fp)==1)
    printf("It's the end of the file.\n");
else
    printf("It isn't the end of the file.\n");
```

10.5　应用举例

【例 10-5】　将文件 myfile 复制到另一个文件 cyfile 中，并显示 cyfile 的第一个字符。

【问题分析】将文件 myfile 复制到另一个文件 cyfile 中，首先需要将两个文件打开，其中 myfile 以只读形式打开,cyfile 文件以读写方式打开,因为我们要进行写入后面还需要将 cyfile 中的第一个字符读取出来并输出在屏幕上。然后读取 myfile 文件中的字符并写入到 cyfile 文件中。最后读取 cyfile 文件的第一个字符并输出后关闭两个文件。

【参考代码】
```
#include <stdio.h>
#include <conio.h>
#include <stdlib.h>
int main( )
{
    FILE *fp1,*fp2;/*定义文件描述符指针*/
    char c;/*定义字符变量*/
    if((fp1=fopen("myfile","r"))==NULL)
        /*以只读方式打开文件判断文件是否打开成功*/
    {
        printf("\nerror：fail in opening myfile!");/*打印失败信息*/
        getch();/*从键盘任意输入一个字符*/
        exit(1);/*退出程序*/
    }
    if((fp2=fopen("cyfile","w+"))==NULL)
        /*以读写方式打开文件判断文件是否打开成功*/
    {
        printf("\nerror：fail in opening cyfile!");/*打印失败信息*/
        getch();          /*从键盘任意输入一个字符*/
        exit(1);          /*退出程序*/
    }
    while(!feof(fp1))     /*判断指针是否在文件结束位置*/
    {
        c=fgetc(fp1);   /*从文件读取一个字符*/
        fputc(c,fp2);   /*将字符写入到 cyfile 文件中*/
```

```
    }
    rewind(fp2);        /*rewind 函数将 fp2 所指的文件的内部指针移至文件头*/
    c=fgetc(fp2);       /*从文件读取一个字符*/
    printf("%c\n",c);   /*输出 c 的值*/
    fclose(fp1);        /*关闭文件 myfile*/
    fclose(fp2);        /*关闭文件 cyfile*/
    return 0;
}
```

【运行结果】假设 myfile 文件中原有字符串 lovechina，程序运行结果如图 10-6 所示。

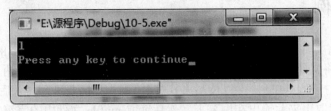

图 10-6   例 10-5 程序运行结果

【程序说明】文件 cyfile 必须以读写方式打开，如果以只写方式 "w" 形式打开的话就读不出文件的第一个字符了。

【例 10-6】   文件 cyfile 中含有小写字母，将文件中的小写字母转化为大写字母。

【问题分析】首先打开文件，逐个读取文件中的每个字符，判断其是否为小写字母，如果是小写字母就转换成大写，将该字符放入字符数组中。然后将字符数组写入到文件中，然后再读取文件中的字符串赋值给字符数组后输出并关闭文件。

【参考代码】

```
#include <stdio.h>
#include <string.h>
#include <conio.h>
#include <stdlib.h>
int main()
{
    FILE *fp;/*定义文件描述符指针*/
    char c,str1[100],str2[100];/*定义字符变量，字符数组变量*/
    int i=0;/*定义变量*/
    if((fp=fopen("cyfile","r+"))==NULL)/*判断文件是否打开成功*/
    {
        printf("\nerror：fail in opening myfile!");      /*打印失败信息*/
        getch();/*从键盘任意输入一个字符*/
        exit(1);/*退出程序*/
    }
    while(!feof(fp)) /*判断指针是否在文件结束位置*/
    {
        c=fgetc(fp); /*从文件读取一个字符*/
```

```
        if(c>='a'&&c<='z')/*判断字符是否是小写字符*/
            c-=32;/*如果是转换成大写字符*/
        str1[i++]=c;/*将字符放入字符数组中*/
    }
    rewind(fp);/*rewind 函数将 fp 所指的文件的内部指针移至文件头*/
    fputs(str1,fp);/*将字符串写入到 cyfile 文件中*/
    rewind(fp);/*rewind 函数将 fp 所指的文件的内部指针移至文件头*/
    fgets(str2,i-1,fp);/*从 fp 指向的文件读取字符串存入 str2*/
    puts(str2);/*输出 str2*/
    fclose(fp);/*关闭文件*/
    return 0;
}
```

【运行结果】假设 cyfile 文件中原有字符串 lovechina，程序运行结果如图 10-7 所示。

图 10-7　例 10-6 程序运行结果

【程序说明】在进行小写转换成大写时要注意每个字符必须最后都要放入到字符数组 str1 中。

10.6　常见错误分析

（1）要素不全

文件操作三要素为打开、打开判断、关闭，初学者常见错误为要素不全，通常忘记判断打开是否成功或者关闭文件，而且由于这类错误在程序编译及链接时并不报错，很容易被忽略。因此在写文件操作程序时可先把三要素写好，然后再添加其他操作程序段。

（2）打开方式有误

要注意几种打开方式的差别，只写方式只可写不可读，只读方式只可读不可写。另外是写方式（只写、读写）会新建文件，如果想保留原文件内容，则应选择追加方式，否则原内容会丢掉。如处理二进制文件，可选用二进制读写方式（后缀为字母'b'），对文件操作更准确。

（3）文件位置指针混乱

编程时应了解当前位置指针应在什么位置，如需要从文件首操作时，应保证此时位置指针在文件首，或用 rewind 函数将指针强制定位。如不了解当前位置指针所在，可以用 ftell 函数查找，然后再进行合适的定位。不做好位置指针定位，会导致文件内容的混乱。

本 章 小 结

本章介绍了文件的概念，分类，文件的打开、关闭、读写及定位等常见操作函数。

① C 语言中，文件可按用户使用角度分为普通文件与设备文件，亦可按编码方式分为文本文件与二进制文件，后二者为重点讨论对象。文本文件、二进制文件都由逻辑数据流组成，亦称为"流文件"。

② 文件操作三要素：打开、打开判断、关闭，三步骤不可少。文件操作通过指向文件的文件指针来完成。

③ 字符读写函数 fgetc、fputc，字符串读写函数 fgets、fputs，格式读写函数 fscanf、fprintf 及数据块读写函数 fread、fwrite，处理文件的方式不同，用户可根据操作目的和效率来考虑使用何种读写函数。

④ 文件读写位置由文件位置指针确定，文件位置指针由系统设置，不需用户定义，但会随操作发生改变。可通过文件定位函数来查找和定位位置指针。

习　题

选择题

1. 系统的标准输入文件是指（　　）。

    A. 键盘   B. 显示器   C. 软盘   D. 硬盘

2. 若执行 fopen 函数时发生错误，则函数的返回值是（　　）。

    A. 地址值   B. 0   C. 1   D. EOF

3. 在 C 中，下面对文件的叙述正确的是（　　）。

    A. 用 "r" 方式打开的文件只能向文件写数据

    B. 用 "R" 方式也可以打开文件

    C. 用 "w" 方式打开的文件只能用于向文件写数据,且该文件可以不存在

    D. 用 "a" 方式可以打开不存在的文件

4. fscanf 函数的正确调用形式是（　　）。

    A. fscanf(fp,格式字符串,输出表列)

    B. fscanf(格式字符串,输出表列,fp);

    C. fscanf(格式字符串,文件指针,输出表列);

    D. fscanf(文件指针,格式字符串,输入表列);

5. 函数调用语句：fseek(fp,-20L,2);的含义是（　　）。

    A. 将文件位置指针移到距离文件头 20 个字节处

    B. 将文件位置指针从当前位置向后移动 20 个字节

    C. 将文件位置指针从文件末尾处后退 20 个字节

    D. 将文件位置指针移到离当前位置 20 个字节处

6. 在 C 中，当文件指针变 fp 已指向 "文件结束"，则函数 feof(fp)的值是（　　）。

    A. t   B. F   C. 0   D. 1

7. 在 C 中若按照数据的格式划分，文件可分为（　　）。

    A. 程序文件和数据文件   B. 磁盘文件和设备文件

    C. 二进制文件和文本文件   D. 顺序文件和随机文件

8. 如果要将存放在双精度型数组 a[10]中的 10 个双精度型实数写入文件型指针 fp1 指向的文件中,正确的语句是（　　）。

    A. for(i=0;i<80;i++) fputc(a[i],fp1);

    B. for(i=0;i<10;i++) fputc(&a[i],fp1);

    C. for(i=0;i<10;i++) fwrite(&a[i],8,1,fp1);

    D. fwrite(fp1,8,10,a);

9. 下列程序的主要功能是（　　）。

```
#include <stdio.h>
main()
{
```

```
    FILE *fp;
    long count=0;
    fp=fopen("q1.c","r");
    while(!feof(fp))
    {
        fgetc(fp);
        count++;
    }
    printf("count=%ld\n",count);
    fclose(fp);
}
```

A．读文件中的字符　　　　　　　B．统计文件中的字符数并输出

C．打开文件　　　　　　　　　　D．关闭文件

第 2 部分　项目实战

第 11 章　贪吃蛇游戏

11.1　概述

贪吃蛇游戏是经典手机游戏，既简单又耐玩，也不会占用玩家太多时间，受到不少玩家的喜爱。在游戏中，玩家控制一条贪吃的蛇不断地寻找食物。每吃下一个食物，蛇的长度就会增加一点。最后由于身体太长变得越来越难以操作。

11.2　需求分析

通过调查，要求系统具有以下功能。
① 为了体现良好的娱乐性，因此要求系统具有良好的人机交互界面。
② 完全人性化设计，无需专业人士指导即可操作本系统。
③ 自动完成胜负判断，避免人为错误。

11.3　系统设计

（1）设计目标
本系统属于典型的小游戏，是针对单机版开发的益智小游戏，通过本系统可以达到以下目标。
① 灵活的操作，可以自动判断胜负，记录得分。
② 系统采用良好的人机对话模式，界面设计美观、友好。
③ 系统运行稳定，安全可靠。
（2）开发及运行环境
① 系统开发平台：VC++6.0。
② 运行平台：WindowsXP/Windows7。
③ 分辨率：最佳效果 1024×768。
（3）功能设计
贪吃蛇游戏的基本规则是：通过按键盘上的 W、S、A、D 键来控制蛇运动的方向，当蛇将食物吃了后身体长度自动增加，当蛇撞墙或吃到自身则蛇死，此时将退出贪吃蛇游戏。
（4）功能界面选择
运行程序，首先进入程序的主界面，如图 11-1 所示，在该界面用户可以查看游戏规定，按键 W 代表向上，按键 S 代表向下，按键 A 代表向左，按键 D 代表向右，按键 space 代表暂停。同时，用户还能够看到历史最高分和现在的得分情况。用户通过输入相应的数字选择不用的速度级别，游戏设置了 3 个级别，1 代表最低，3 代表最高。
游戏结束界面如图 11-2 所示，输入按键 Y 继续游戏，输入按键 N 退出游戏。

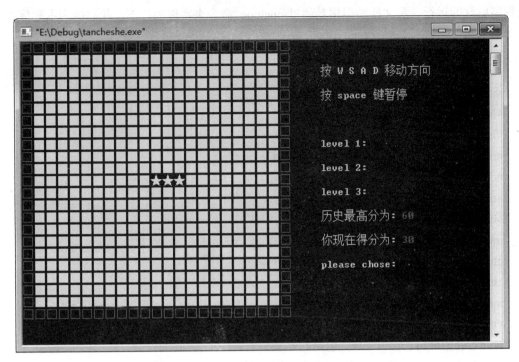

图 11-1 游戏的主界面

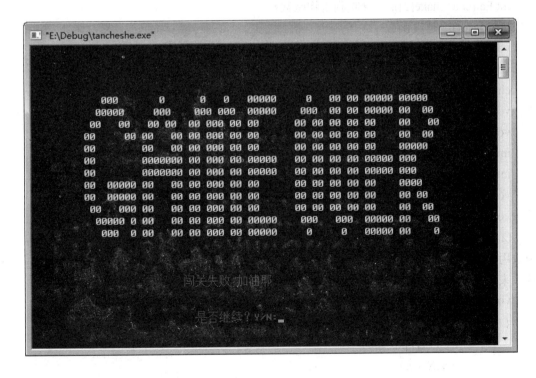

图 11-2 游戏结束界面

（5）游戏过程设计

① 文件引用、宏定义及函数声明。在程序中需要引用一些头文件，这些头文件可以帮

助程序更好的运行。头文件的引用是通过#include 命令来实现的，下面代码即为本程序中所引用的头文件。

```
#include <windows.h>
#include <stdlib.h>/*常用子程序*/
#include <time.h>/*时间函数*/
#include <stdio.h>/*输入/输出函数*/
#include <string.h>/*字符串处理函数*/
#include <conio.h>/*调用 DOS 控制台 I/O*/
#define N 21/*定义游戏界面宽度*/
#define HENG 80 /*结束界面宽度*/
#define SHU 25 /*结束界面高度*/
int apple[3];/*食物*/
char score[3];/*分数*/
char tail[3]; /*蛇尾*/
int speed;/*选择速度*/
void gotoxy(int x, int y);/*光标定位*/
void color(int b) ;           /*颜色函数*/
int Block(char **snake,int *len);     /*判断出界或吃到自己函数*/
int Eat(char snake[2]);      /*吃到食物函数*/
int Speed();/*速度函数*/
void delay(long int time);/*延迟函数*/
void Draw(char **snake, int len) ;     /*画蛇 */
char** Move(char **snake, char dirx, int *len) ;   /*蛇移动函数 */
void init(char plate[N+2][N+2], char ***snake_x, int *len);   /*初始化函数*/
void Manual() ;/*控制界面函数*/
int File_in() ;      /*取记录的分数 */
int File_out() ;    /*存分数 */
void Free(char **snake, int len) ; /*释放空间*/
void Gameover(void) ;/*游戏结束界面*/
```

② 光标定位。在本程序中为了定位光标使用了一个在 TC2.0 下特有的函数 gotoxy()，该函数用来实现光标的定位，但是在 VC6.0 中并没有这个函数，这里用了具有同样功能的 API 函数来实现，将其封装成与 TC 函数同样的接口，程序代码如下：

```
void gotoxy(int x, int y)      /*输出坐标*/
{
        COORD pos;
        pos.X = x;
        pos.Y = y;
        SetConsoleCursorPosition(GetStdHandle(STD_OUTPUT_HANDLE), pos);
}
```

③ 颜色处理。颜色的函数形式如下：

```
void color(int b)              /*颜色函数*/
{
    HANDLE hConsole = GetStdHandle((STD_OUTPUT_HANDLE)) ;
    SetConsoleTextAttribute(hConsole,b) ;
}
```

有关颜色的定义如表 11-1 所示。

表 11-1　有关颜色的定义

符号常数	数值	含　义	字符或背景
BLACK	0	黑	两者均可
BLUE	1	蓝	两者均可
GREEN	2	绿	两者均可
CYAN	3	青	两者均可
RED	4	红	两者均可
MAGENTA	5	洋红	两者均可
BROWN	6	棕	两者均可
LIGHTGRAY	7	淡灰	两者均可
DARKGRAY	8	深灰	只用于字符
LIGHTBLUE	9	淡蓝	只用于字符
LIGHTGREEN	10	淡绿	只用于字符
LIGHTCYAN	11	淡青	只用于字符
LIGHTRED	12	淡红	只用于字符
LIGHTMAGENTA	13	淡洋红	只用于字符
YELLOW	14	黄	只用于字符
WHITE	15	白	只用于字符
BLINK	128	闪烁	只用于字符

④ 主函数。main()函数作为程序的入口函数，程序代码如下所示，图 11-3 给出了主程序的实现流程。

```
int main(void)
{
    int len;
    char ch = 'g';
    char a[N+2][N+2] = {{0}};
    char **snake;
    char m;
    do{
        srand((unsigned)time(NULL));/*基于毫秒级的随机数产生办法， windows 中设
计程序可以用 windows.h */
        color(11);
        File_in();/*取记录的分数  */
        init(a, &snake, &len);/*游戏界面初始化*/
```

```
        Manual();/*控制界面部分初始化*/
    speed=Speed();/*将函数返回值赋给 speed*/
    while (ch != 0x1B)      /*  按  ESC  结束  */
      {
          Draw(snake, len);/*画蛇*/
          if (!apple[2]) {/*产生食物*/
              apple[0] = rand()%N + 1;
              apple[1] = rand()%N + 1;
              apple[2] = 1;
              }
          Sleep(200–score[3]*10);
          setbuf(stdin, NULL);
          if (kbhit())/*kbhit 函数用于检查当前是否有键盘输入，若有则返回一个
非 0 值，否则返回 0，需头文件 conio.h */
                  {
                  gotoxy(0, N+2);
                  ch = getche();
                  }
          snake = Move(snake, ch, &len); /*实现蛇的移动*/
          if (Block(snake,&len)==1) /*判断是否吃到自己或出界*/
            {
                  Gameover() ;               /*游戏结束*/
                  File_out();
                  break;
            }
      }
          do {
                  gotoxy(28,23);
                  printf("是否继续？Y/N:"); /*选择是否重新开始*/
                  scanf(" %c", &m);
                  system("cls");
                  } while (m != 'Y' && m != 'y' && m != 'n' && m != 'N');
} while (m == 'Y' || m == 'y');
          Free(snake, len);/*退出游戏*/
          exit(0);
    }
```

⑤ 游戏初始化。在执行主函数 main()时，调用了自定义的函数 init()和 Manual();初始化
函数 init()中绘制出游戏界面的砖块、蛇的起始位置；Manual()函数给出游戏的方向控制说明、
分数的记录和游戏等级的选择等信息。

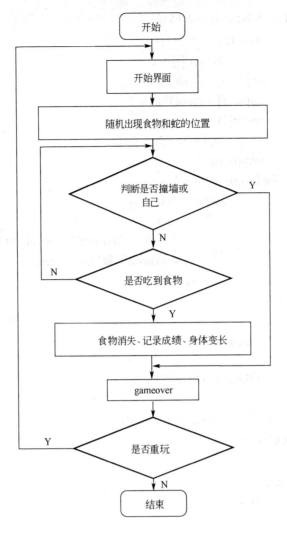

图 11-3 主程序流程图

init()函数的实现过程如下：

```
void init(char plate[N+2][N+2], char ***snake_x, int *len)    /*初始化函数 */
{
        int i, j;
        char **snake = NULL;
        *len = 3;
        score[0] = score[3] =3;/*分数初始化*/
        snake = (char **)realloc(snake, sizeof(char *) * (*len));
        for (i = 0; i < *len; ++i)
                snake[i] = (char *)malloc(sizeof(char) * 2);
        for (i = 0; i < 3; ++i){ /*蛇的初始位置*/
                snake[i][0] = N/2 + 1;
                snake[i][1] = N/2 + 1 + i;
        }
```

```
        for (i = 1; i <= N; ++i) /*画墙*/
                for (j = 1; j <= N; ++j)
                        plate[i][j] = 1;
                apple[0] = rand()%N + 1;
                apple[1] = rand()%N + 1;
                apple[2] = 1;
                for (i = 0; i < N + 2; ++i) {
        gotoxy(0, i);
        for (j = 0; j < N + 2; ++j) {
                        switch (plate[i][j]){
                                case 0:
                                        color(12);printf("□");color(11); continue;
                                case 1: printf("■"); continue;
                                default: ;
                                }
                }
                putchar('\n');
        }
    for (i = 0; i < (*len); ++i)/*画蛇的起点*/
    {
        gotoxy(snake[i][1] * 2, snake[i][0]);
        printf("★");
        }
    putchar('\n');
    *snake_x = snake;
}
```

控制界面函数 Manual()实现代码。

```
void Manual(void)
{
        gotoxy(N+30,2);
        color(10);
        printf("按 W S A D 移动方向");
        gotoxy(N+30,4);
        printf("按 space 键暂停");
        gotoxy(N+30,8);
        printf("level 1:\n");
        gotoxy(N+30,10);
        printf("level 2:\n");
        gotoxy(N+30,12);
        printf("level 3:\n");
        gotoxy(N+30,14);
        color(11);
```

```
        printf("历史最高分为: ");
        color(12);
        gotoxy(N+44,14);
        printf("%d",score[1]*10);
        color(11);
        gotoxy(N+30,16);
        printf("你现在得分为: ");
        gotoxy(N+30,18);
        printf("please chose:");
}
```

⑥ 速度控制函数。自定义函数 Speed()，用来选择贪吃蛇的速度，代码如下：

```
int Speed()
{
        int m;
        scanf("%d",&m);
        switch(m)
        {
        case 1:
                return 60000;
        case 2:
                return 40000;
        case 3:
                return 20000;
        default :
                Speed();

        }
}
```

⑦ 游戏过程设计。自定义函数 Draw()用来画游戏界面，其中●表示食物，★表示蛇，■表示砖块，实现代码如下。

```
void Draw(char **snake, int len)        /*画蛇 */
{
        if (apple[2]) {/*●表示食物*/
                gotoxy(apple[1] * 2, apple[0]);
                color(12);
                printf("●");
                color(11);
        }
        gotoxy(tail[1] * 2, tail[0]);/*★表示蛇*/
        if (tail[2])
          {   color(14);
                printf("★");
```

```
                    color(11);
                              delay(speed);
          }
                    else
      printf("■");
      gotoxy(snake[0][1] * 2, snake[0][0]);
      color(14);
      printf("★");
      color(11);
      putchar('\n');
      delay(speed);
}
```

自定义函数 Move()用来实现蛇的移动，实现代码如下。

```
char** Move(char **snake, char dirx, int *len)      /*蛇移动函数 */
{
          int i, full = Eat(snake[0]);
          memcpy(tail, snake[(*len)−1], 2);
          for (i = (*len) − 1; i > 0; --i)
              memcpy(snake[i], snake[i−1], 2);
          switch (dirx)
            {
              case 'w': case 'W': --snake[0][0]; break;/*向上*/
              case 's': case 'S': ++snake[0][0]; break;/*向下*/
              case 'a': case 'A': --snake[0][1]; break;/*向左*/
              case 'd': case 'D': ++snake[0][1]; break;/*向右*/
              default: ;
            }
          if (full)      /*判断是否吃到食物*/
            {
                  snake = (char **)realloc(snake, sizeof(char *) * ((*len) + 1));
                  snake[(*len)] = (char *)malloc(sizeof(char) * 2);
                  memcpy(snake[(*len)], tail, 2);
                  ++(*len);/*蛇的身体长一节*/
                  ++score[0];/*增加积分*/
                  if(score[3] < 16)
                  ++score[3];
                  tail[2] = 1;
            }
          else
                  tail[2] = 0;
                  return snake;
}
```

程序中通过 Block()和 Eat()函数来判断蛇是否撞墙、吃到自己或吃到食物，实现代码如下。

```
int Block(char **snake,int *len)     /*判断出界或吃到自己 */
{
        int i;
    if ((snake[0][0] < 1) || (snake[0][0] > N) || (snake[0][1] < 1) || (snake[0][1] > N))
        return 1;/*判断出界*/
        for (i =( *len) − 1; i >3; --i) {/*判断吃到自己*/
            if ((snake[i][0]==snake[0][0])&& (snake[i][1]==snake[0][1]))
                    return 1;
                    }
        return 0;
}


int Eat(char snake[2])     /*吃了食物 */
{
        if ((snake[0] == apple[0]) && (snake[1] == apple[1])) {
                apple[0] = apple[1] = apple[2] = 0;
                gotoxy(N+44,16);
                color(13);
                printf("%d",score[0]*10);
                color(11);
                return 1;
            }
        return 0;
}
```

⑧ 分数处理函数。通过 File_in()函数读出游戏的最高记录分数。实现代码如下。

```
int File_in()        /*取记录的分数 */
{
    FILE *fp;
    if((fp = fopen("C:\\tcs.txt","a+")) == NULL)
    {
      gotoxy(N+18, N+2);
      printf("文件不能打开\n");
      exit(0);
    }
    if((score[1] = fgetc(fp)) != EOF);/*读出最高分数记录*/
    else
                score[1] = 0;
    return 0;
}
```

通过 File_out()函数对分数进行处理，现在的得分存储在 score[0]中，最高得分存储在

score[1]中，当 score[0]>score[1]时，输出"恭喜您打破记录"，并存储最高得分。当 score[0]≤
score[1]时，输出"闯关失败 加油"，实现代码如下。

```c
int File_out()      /*成绩处理 */
{
        FILE *fp;
        if(score[1] > score[0])   {/*比较现在的得分和最高分数*/
                gotoxy(26,20);
        color(12);
        puts("闯关失败 加油");
        gotoxy(0,N+2);
        return 0;
        }
        if((fp = fopen("C:\\tcs.txt","w+")) == NULL)
        {
                printf("文件不能打开\n");
                exit(0);
        }
                if(fputc(--score[0],fp)==EOF)
        printf("输出失败\n");
        gotoxy(26,20);
        color(12);
        puts("恭喜您打破记录");
        gotoxy(0,N+2);
        return 0;
}
```

⑨ 游戏结束函数。Gameover()函数，用来提示游戏结束，代码如下：

```c
void Gameover(void)
{
int i,j;
int
a[SHU][HENG]={{0,0,0,0,0,0,0,0,0,0,0,0,0,0,0,0,0,0,0,0,0,0,0,0,0,0,0,0,0,0,0,0,0,0,0,0,0,0,0,0,0,0,0,0
,0,0,0,0,0,0,0,0,0,0,0,0,0,0,0,0,0,0,0,0,0,0,0,0,0,0,0,0,0,0,0,0,0,0,0,0,0,0,0,0,0,0,0,0,0},
{0,0,0,0,0,0,0,0,0,0,0,0,0,0,0,0,0,0,0,0,0,0,0,0,0,0,0,0,0,0,0,0,0,0,0,0,0,0,0,0,0,0,0,0,0,0,0,0,0,0,0,
0,0,0,0,0,0,0,0,0,0,0,0,0,0,0,0,0,0,0,0,0,0,0,0,0,0,0,0,0,0,0,0,0},
{0,0,0,0,0,0,0,0,0,0,0,0,0,0,0,0,0,0,0,0,0,0,0,0,0,0,0,0,0,0,0,0,0,0,0,0,0,0,0,0,0,0,0,0,0,0,0,0,0,0,0,0,
0,0,0,0,0,0,0,0,0,0,0,0,0,0,0,0,0,0,0,0,0,0,0,0,0,0,0,0,0,0,0,0},
{0,0,0,0,0,0,0,0,0,0,0,0,0,0,0,0,0,0,0,0,0,0,0,0,0,0,0,0,0,0,0,0,0,0,0,0,0,0,0,0,0,0,0,0,0,0,0,0,0,0,0,0,
0,0,0,0,0,0,0,0,0,0,0,0,0,0,0,0,0,0,0,0,0,0,0,0,0,0,0,0,0,0,0,0},
{0,0,0,0,0,0,0,0,0,0,0,0,0,0,0,0,0,0,0,0,0,0,0,0,0,0,0,0,0,0,0,0,0,0,0,0,0,0,0,0,0,0,0,0,0,0,0,0,0,0,0,0,
0,0,0,0,0,0,0,0,0,0,0,0,0,0,0,0,0,0,0,0,0,0,0,0,0,0,0,0,0,0,0,0},
{0,0,0,0,0,0,0,0,0,0,0,0,1,1,1,0,0,0,0,0,0,0,1,0,0,0,0,0,0,1,0,0,0,1,0,0,0,1,1,1,1,1,1,0,0,0,0,0,0,1,0,0,
0,1,1,0,1,1,0,1,1,1,1,1,1,0,1,1,1,1,1,0,0,0,0,0,0,0,0,0,0,0,0,0},
```

```
{0,0,0,0,0,0,0,0,0,0,0,1,1,1,1,1,0,0,0,0,0,1,1,1,0,0,0,0,1,1,1,0,1,1,1,0,0,1,1,1,1,1,0,0,0,0,1,1,1,0,
0,1,1,0,1,1,0,1,1,1,1,1,0,1,1,0,0,1,1,0,0,0,0,0,0,0,0,0,0,0,0},
{0,0,0,0,0,0,0,0,0,0,1,1,0,0,0,1,1,0,0,0,1,1,0,1,1,0,0,1,1,0,1,1,1,0,1,1,0,1,1,0,0,0,0,0,0,0,1,1,0,1,1,
0,1,1,0,1,1,0,1,1,0,0,0,0,1,1,0,0,0,1,1,0,0,0,0,0,0,0,0,0,0},
{0,0,0,0,0,0,0,0,1,1,0,0,0,0,0,1,1,0,1,1,0,0,0,1,1,0,1,1,0,1,1,0,1,1,1,0,1,1,0,1,1,0,0,0,0,0,1,1,0,1,1,
0,1,1,0,1,1,0,1,1,0,0,0,0,1,1,0,0,1,1,0,0,0,0,0,0,0,0,0,0,0},
{0,0,0,0,0,0,0,0,1,1,0,0,0,0,0,0,0,1,1,0,0,0,1,1,0,1,1,0,1,1,0,1,1,1,0,1,1,0,1,1,0,1,1,0,0,0,0,0,1,1,0,1,1,
0,1,1,0,1,1,0,1,1,0,0,0,0,1,1,1,1,0,0,0,0,0,0,0,0,0,0,0},
{0,0,0,0,0,0,0,0,1,1,0,0,0,0,0,0,0,1,1,1,1,1,1,1,0,1,1,0,1,1,1,0,1,1,0,1,1,0,1,1,1,1,1,0,0,0,1,1,0,1,1,
0,1,1,0,1,1,0,1,1,1,1,0,1,1,0,0,0,0,0,0,0,0,0,0,0,0},
{0,0,0,0,0,0,0,0,1,1,0,0,0,0,0,0,0,1,1,1,1,1,1,1,0,1,1,0,1,1,1,0,1,1,0,1,1,0,1,1,1,1,1,0,0,0,1,1,0,1,1,
0,1,1,0,1,1,1,1,1,0,1,1,0,0,0,0,0,0,0,0,0,0,0,0,0},
{0,0,0,0,0,0,0,0,1,1,0,0,1,1,1,1,1,0,1,1,0,0,0,1,1,0,1,1,0,1,1,1,0,1,1,0,1,1,0,1,1,0,0,0,0,0,1,1,0,1,1,
0,1,1,0,1,1,0,0,0,0,1,1,1,1,0,0,0,0,0,0,0,0,0,0,0,0},
{0,0,0,0,0,0,0,0,1,1,0,0,1,1,1,1,1,0,1,1,0,0,0,1,1,0,1,1,0,1,1,1,0,1,1,0,1,1,0,1,1,0,0,0,0,0,1,1,0,1,1,
0,1,1,0,1,1,0,0,0,0,1,1,0,1,1,0,0,0,0,0,0,0,0,0,0,0},
{0,0,0,0,0,0,0,0,1,1,0,0,0,1,1,1,0,1,1,0,1,1,0,0,0,1,1,0,1,1,0,1,1,1,0,1,1,0,1,1,0,1,1,0,0,0,0,0,1,1,0,1,1,
0,1,1,0,1,1,0,0,0,1,1,0,0,1,1,0,0,0,0,0,0,0,0,0,0,0},
{0,0,0,0,0,0,0,0,0,1,1,1,1,1,0,1,0,1,1,0,0,0,1,1,0,1,1,0,1,1,0,1,1,1,0,1,1,0,1,1,0,1,1,1,1,1,1,0,0,0,0,1,1,1,0,
0,0,1,1,0,0,1,1,1,1,1,0,1,1,0,0,0,1,1,0,0,0,0,0,0,0,0,0},
{0,0,0,0,0,0,0,0,0,0,0,1,1,1,0,0,1,0,1,1,0,0,0,1,1,0,1,1,0,1,1,0,1,1,1,0,1,1,0,1,1,0,1,1,1,1,1,1,0,0,0,0,1,0,0,
0,0,0,1,0,0,0,1,1,1,1,1,0,1,1,0,0,0,0,1,0,0,0,0,0,0,0,0,0},
{0,0,0,0,0,0,0,0,0,0,0,0,0,0,0,0,0,0,0,0,0,0,0,0,0,0,0,0,0,0,0,0,0,0,0,0,0,0,0,0,0,0,0,0,0,0,0,0,0,0,0,0,
0,0,0,0,0,0,0,0,0,0,0,0,0,0,0,0,0,0,0,0,0,0,0,0,0,0},
{0,0,0,0,0,0,0,0,0,0,0,0,0,0,0,0,0,0,0,0,0,0,0,0,0,0,0,0,0,0,0,0,0,0,0,0,0,0,0,0,0,0,0,0,0,0,0,0,0,0,0,0,
0,0,0,0,0,0,0,0,0,0,0,0,0,0,0,0,0,0,0,0,0,0,0,0,0,0},
{0,0,0,0,0,0,0,0,0,0,0,0,0,0,0,0,0,0,0,0,0,0,0,0,0,0,0,0,0,0,0,0,0,0,0,0,0,0,0,0,0,0,0,0,0,0,0,0,0,0,0,0,
0,0,0,0,0,0,0,0,0,0,0,0,0,0,0,0,0,0,0,0,0,0,0,0,0,0},
{0,0,0,0,0,0,0,0,0,0,0,0,0,0,0,0,0,0,0,0,0,0,0,0,0,0,0,0,0,0,0,0,0,0,0,0,0,0,0,0,0,0,0,0,0,0,0,0,0,0,0,0,
0,0,0,0,0,0,0,0,0,0,0,0,0,0,0,0,0,0,0,0,0,0,0,0,0,0},
{0,0,0,0,0,0,0,0,0,0,0,0,0,0,0,0,0,0,0,0,0,0,0,0,0,0,0,0,0,0,0,0,0,0,0,0,0,0,0,0,0,0,0,0,0,0,0,0,0,0,0,0,
0,0,0,0,0,0,0,0,0,0,0,0,0,0,0,0,0,0,0,0,0,0,0,0,0,0},
{0,0,0,0,0,0,0,0,0,0,0,0,0,0,0,0,0,0,0,0,0,0,0,0,0,0,0,0,0,0,0,0,0,0,0,0,0,0,0,0,0,0,0,0,0,0,0,0,0,0,0,0,
0,0,0,0,0,0,0,0,0,0,0,0,0,0,0,0,0,0,0,0,0,0,0,0,0,0},
{0,0,0,0,0,0,0,0,0,0,0,0,0,0,0,0,0,0,0,0,0,0,0,0,0,0,0,0,0,0,0,0,0,0,0,0,0,0,0,0,0,0,0,0,0,0,0,0,0,0,0,0,
0,0,0,0,0,0,0,0,0,0,0,0,0,0,0,0,0,0,0,0,0,0,0,0,0,0},
{0,0,0,0,0,0,0,0,0,0,0,0,0,0,0,0,0,0,0,0,0,0,0,0,0,0,0,0,0,0,0,0,0,0,0,0,0,0,0,0,0,0,0,0,0,0,0,0,0,0,0,0,
0,0,0,0,0,0,0,0,0,0,0,0,0,0,0,0,0,0,0,0,0,0,0,0,0,0}};
gotoxy(0, 0);
for (i = 0; i < SHU; i++) {
    for (j = 0; j< HENG; j++) {
        if (a[i][j] == 0) {
```

```
            printf(" ");
        }
    else {
            printf("0");
        }
        }
    }
}
```

本 章 小 结

在编写贪吃蛇游戏时要注意以下几点。

① 如何实现蛇在吃到食物后食物消失。这里用到的方法是采用背景色设置食物出现的地方，食物就不见了。

② 如何实现蛇的移动且在移动过程中不留下痕迹。实现蛇的移动也是贪吃蛇游戏最核心的技术，主要方法是将蛇头后面的每一节逐次移动到前一节的位置，然后按蛇的运行方向不同对蛇头的位置作出相应调整。

③ 程序中随机产生食物出现的位置，但随机产生也是有一定的限制条件的，即食物出现位置的横坐标必须能被 10 整除，只有这样才能保证蛇能够吃到食物。

第 12 章　学生成绩管理系统

12.1　概述

本章设计一个实用的学生成绩管理系统。本系统能够实现学生成绩的添加、删除、查询、修改、指定位置插入及统计排序。其中，学生成绩信息的查询、删除、修改、指定位置的插入等都要依靠输入的学生学号或姓名来实现，学生成绩排序是根据学生总成绩由高到低进行排序的。

本程序旨在训练读者的基本编程能力，了解管理信息系统的开发流程，熟悉 C 语言的文件和单链表的各种基本操作。本程序中涉及结构体、单链表、文件等方面的知识。通过本程序的训练，使读者能对 C 语言的文件操作有一个更深刻的了解，掌握利用单链表存储结构实现对学生成绩管理的原理，为进一步开发出高质量的信息管理系统打下坚实的基础。

12.2　系统设计

12.2.1　系统功能设计

学生成绩管理系统的功能模块结构图如图 12-1 所示。

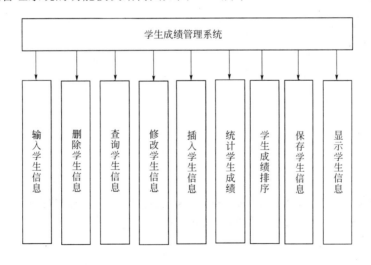

图 12-1　学生成绩管理系统功能模块图

本系统要实现的功能主要有如下。

① 输入学生信息：主要完成将数据存入单链表中的工作。在本学生成绩管理系统中，记录可以从以二进制形式存储的数据文件中读入，也可从键盘逐个输入学生记录。学生记录由学生的基本信息和成绩信息字段构成。当从数据文件中读入记录时，它就是在以记录为单位存储的数据文件中，将记录逐条复制到单链表中。

② 删除学生信息：主要完成在单链表中删除满足相关条件的学生记录。在本学生成绩管理系统中，用户可以按照学生的学号或姓名在单链表中删除学生信息。

③ 查询学生信息：主要完成在单链表中查找满足相关条件的学生记录。在本学生成绩管理系统中，用户可以按照学生的学号或姓名在单链表中进行查找。若找到该学生的记录，它则返回指向该学生记录的指针。否则，它返回一个值为 NULL 的空指针，并打印出未找到该学生记录的提示信息。

④ 修改学生信息：主要完成从键盘输入要修改信息的学生学号，查询到该学生后按提示信息用户修改学号之外的值，学号不能修改。

⑤ 插入学生信息：主要完成按学号查询到要插入的学生结点，然后在该学号之后插入一个新学生结点，要插入学生的信息从键盘输入。

⑥ 统计学生成绩：主要完成对全班学生的总分第一名、单科第一名和各科不及格人数的统计。

⑦ 学生成绩排序：主要完成利用插入排序法实现学生按总分降序排序。

⑧ 保存学生信息：主要完成数据存盘工作。若用户没有专门进行此操作且对数据有修改，在退出系统时，会提示用户存盘。

⑨ 显示学生信息：主要完成将单链表中存储的学生信息以表格的形式在屏幕上打印出来。

12.2.2　数据结构设计

（1）学生成绩信息结构体

```
typedef struct student
{
char num[10];
char name[15];
int cgrade;
int mgrade;
int egrade;
int total;
float ave;
int mingci;
};
```

结构体 student 将用于存储学生的基本信息，它将作为单链表的数据域。为了简化程序，我们只取了三门成绩。其中各字段值的含义如下：

num[10]：保存学号。

name[15]：保存姓名。

cgrade：保存 C 语言成绩。

mgrade：保存数学成绩。

egrade 保存英语成绩。

total：保存总分。

ave：保存平均分。

mingci：保存名次。

（2）单链表 node 结构体

```
typedef struct node
{
struct student data;
struct node *next;
}Node, *Link;
```

这样定义了一个单链表的结构体,结构体标记为 node, data 为 student 结构体类型的数据,作为单链表结构中的数据域, next 为单链表中的指针域,用来存储其直接后继结点的地址。Node 为 node 类型的结构体变量, *Link 为 node 类型的指针变量。

12.3　功能设计

12.3.1　主控模块

（1）功能描述

本学生成绩管理系统执行主流程是先以可读写的方式打开数据文件,此文件默认路径为 c:\student,若该文件不存在,则新建此文件。当打开文件操作成功后,它则从文件中一次读出一条记录,添加到新建的单链表中,然后调用 menu() 函数,显示土菜单,并进入主循环操作,进行按键判断。运行截图如 12-2 所示。

图 12-2　主控界面

在判断键值时,有效的输入为 0~9 之间的任意数值,其他输入都被视为错误按键。若输入为 0(即变量 select=0),它会继续判断在对记录进行了更新操作之后是否进行了存盘操作,若未存盘,则全局变量 saveflag=1,系统会提示用户是否需要进行数据存盘操作,用户输入 Y 或 y 系统会进行存盘操作。最后,系统执行退出成绩管理系统的操作。

若选择 1,则调用 Add() 函数,执行增加学生记录操作;若选择 2,它则调用 Del() 函数,执行删除学生记录操作;若选择 3,它则调用 Qur() 函数,执行查询学生记录操作;若选择 4,它则调用 Modify() 函数,执行修改学生记录操作;若选择 5,它则调用 Insert() 函数,执行插入学生记录操作;若选择 6,它则调用 Tongji() 函数,执行统计学生记录操作;若选择 7,它则调用 Sort() 函数,执行按降序进行排序学生记录的操作;若选择 8,它则调用 Save() 函数,执行将学生记录存入磁盘中的数据文件的操作;若选择 9,它则调用 Disp() 函数,执行将学生记录以表格形式打印输出至屏幕的操作;若输入为 0~9 之外的值,它则调用 Wrong 函数,给出按键错误的提示。

（2）代码展示

函数 int main()主要实现了对这个程序的运行控制，及相关功能模块的调用。

```c
int main()
{
    Link l;          /*定义链表*/
    FILE *fp;        /*文件指针*/
    int select;       /*保存选择结果变量*/
    char ch;         /*保存(y,Y,n,N) */
    int count=0; /*保存文件中的记录条数（或结点个数）*/
    Node *p, *r;      /*定义记录指针变量*/
    l=(Node*)malloc(sizeof(Node));
    if(!l)
        {
            printf("\n 申请存储空间失败! "); /*如没有申请到，打印提示信息*/
            return ;                /*返回主界面*/
        }
    l->next=NULL;
    r=l;
    fp=fopen("C:\\student","ab+");
    /*以追加方式打开一个二进制文件，可读可写，若此文件不存在，会创建此文件*/
    if(fp==NULL)
    {
        printf("\n=====>指定文件无法打开!\n");
        exit(0);
    }
    while(!feof(fp))
    {
        p=(Node*)malloc(sizeof(Node));
        if(!p)
            {
                printf(" 申请存储空间失败!\n");        /*没有申请成功*/
                exit(0);          /*退出*/
            }
        if(fread(p,sizeof(Node),1,fp)==1) /*一次从文件中读取一条学生成绩记录*/
        {
        p->next=NULL;
        r->next=p;
        r=p;                      /*r 指针向后移一个位置*/
        count++;
        }
    }
```

```
        fclose(fp); /*关闭文件*/
        printf("\n=====>文件打开成功,一共有记录 : %d 条.\n",count);
menu();
while(1)
{
    system("cls");
    menu();
    p=r;
    printf("\n                         请输入您的选择(0~9):");        /*显示提示信息*/
    scanf("%d",&select);
  if(select==0)
  {
    if(saveflag==1) /*若对链表的数据有修改且未进行存盘操作，则此标志为 1*/
    { getchar();
       printf("\n=====>是否将修改的学生信息保存到文件中?(y/n):");
       scanf("%c",&ch);
       if(ch=='y'||ch=='Y')
          Save(l);
    }
    printf("=====>感谢您的使用!");
    getchar();
    break;
   }
    switch(select)
    {
    case 1:Add(l);break;                    /*增加学生记录*/
    case 2:Del(l);break;                    /*删除学生记录*/
    case 3:Qur(l);break;                    /*查询学生记录*/
    case 4:Modify(l);break;                 /*修改学生记录*/
    case 5:Insert(l);break;                 /*插入学生记录*/
    case 6:Tongji(l);break;                 /*统计学生记录*/
    case 7:Sort(l);break;                   /*排序学生记录*/
    case 8:Save(l);break;                   /*保存学生记录*/
    case 9:system("cls");Disp(l);break;     /*显示学生记录*/
    default: Wrong();getchar();break;       /*按键有误，必须为数值 0-9*/
    }
 }
return 0;
  }
```

函数 void menu()是主菜单界面，用户运行学生成绩管理系统时，需要对其显示主菜单，提示用户进行选择，完成相应的任务。此函数被 main()函数调用。

```
    void menu()    /*主菜单*/
```

```
{
system("cls");     /*调用 DOS 命令，清屏.与 clrscr()功能相同*/
/*显示系统功能菜单*/
printf("\n **********************************************\n");
printf("************* 学生成绩管理系统 *******************\n");
printf(" *********************************************\n");
printf("***********   1. 输入学生信息       ***************\n");
printf("***********   2. 删除学生信息       ***************\n");
printf("***********   3. 查询学生信息       ***************\n");
printf("***********   4. 修改学生信息       ***************\n");
printf("***********   5. 插入学生信息       ***************\n");
printf("***********   6. 统计学生成绩       ***************\n");
printf("***********   7. 学生成绩排序       ***************\n");
printf("***********   8. 保存学生信息       ***************\n");
printf("***********   9. 显示学生信息       ***************\n");
printf("***********   0. 退出系统           ***************\n");
printf("   *******************************************\n");
 }
```

函数 void Wrong()是当输入为 0～9 之外的值，它则调用 Wrong 函数，给出按键错误的提示。

```
void Wrong()   /*输出按键错误信息*/
{
printf("\n\n\n\n\n***********错误:输入有误! 按任意键继续*********\n");
getchar();
}
```

12.3.2　输入学生信息模块

（1）功能描述

输入学生信息模块主要实现将数据存入单链表中。当从数据文件中读出记录时，它调用了 fread(p,sizeof(Node),l,fp)文件读取函数，执行一次从文件中读取一条学生记录信息存入指针变量 p 所指的结点中的操作，并且这个操作在 main()中执行，即当学生成绩管理系统进入显示菜单界面时，该操作已经执行了。若该文件中没有数据时，系统会提示单链表为空，没有任何学生记录可操作，此时，用户应选择 1，调用 Add(l)函数，进行学生记录的输入，即完成在单链表 l 中添加结点的操作。值得一提的是，这里的字符串和数值的输入分别采用了函数来实现，在函数中完成输入数据任务，并对数据进行条件判断，直到满足条件为止，这样大大减少了代码的重复和冗余，符合模块化程序设计的特点。运行截图如 12-3 所示。

图 12-3　输入学生信息模块

（2）代码展示

在本学生成绩管理系统中，要求用户输入的只有字符串和数值型数据，所以设计了下面两个函数来单独进行处理，并对输出的数据进行检验。

函数 void stringinput(char *t,int lens,char *notice)首先显示提示信息 notice，然后用户根据提示信息从键盘输入字符串到 t 中，并对字符串的长度根据给定值 lens 进行校验。

```c
void stringinput(char *t,int lens,char *notice)
/*输入字符串，并进行长度验证(长度<lens)*/
{
    char n[255];
    do{
        printf(notice);   /*显示提示信息*/
        scanf("%s",n);   /*输入字符串*/
        if(strlen(n)>lens) /*进行长度校验，超过 lens 值重新输入*/
            printf("\n 超出要求的长度! \n");
    }while(strlen(n)>lens);
    strcpy(t,n); /*将输入的字符串拷贝到字符串 t 中*/
}
```

函数 int numberinput(char *notice)首先显示提示信息 notice，然后用户根据提示信息从键盘输入整型变量 t 中，并循环对 t 的值进行校验，直到满足要求。

```c
int numberinput(char *notice)
/*输入分数，0<＝分数<＝100)*/
{
    int t=0;
    do{
        printf(notice);   /*显示提示信息*/
        scanf("%d",&t);   /*输入分数*/
        if(t>100 || t<0) /*进行分数校验*/
            printf("\n 成绩必须在[0,100]之间! \n");
    }while(t>100 || t<0);
    return t;
}
```

函数 void Add(Link l)完成当进入学生成绩管理系统时，若当数据文件为空，它将从单链表的头部开始增加学生记录结点，否则，它将此学生记录结点添加在单链表的尾部。

```c
void Add(Link l) /*增加学生记录*/
{
Node *p,*r,*s;   /*实现添加操作的临时的结构体指针变量*/
char ch,flag=0,num[10];
r=l;
s=l->next;
system("cls");
Disp(l); /*先打印出已有的学生信息*/
while(r->next!=NULL)
    r=r->next; /*将指针移至于链表最末尾，准备添加记录*/
while(1) /*一次可输入多条记录，直至输入学号为 0 的记录结点添加操作*/
```

```
{
/*输入学号，保证该学号没有被使用，若输入学号为 0，则退出添加记录操作*/
    while(1)
    {
    stringinput(num,10,"input number(按'0'返回菜单):");
/*格式化输入学号并检验*/
        flag=0;
        if(strcmp(num,"0")==0) /*输入为 0，则退出添加操作，返回主界面*/
        {
return;
}
        s=l->next;
        /*查询该学号是否已经存在，若存在则要求重新输入一个未被占用的学号*/
        while(s)
        {
            if(strcmp(s->data.num,num)==0)
            {
                flag=1;
                break;
            }
            s=s->next;
        }
        if(flag==1) /*提示用户是否重新输入*/
        {
            getchar();
            printf("=====>您所输入的学号 %s 已经存在,重新输入吗?(y/n):",num);
            scanf("%c",&ch);
            if(ch=='y'||ch=='Y')
             continue;
            else
                return;
        }
        else
        {
            break;
        }
    }
    p=(Node *)malloc(sizeof(Node)); /*申请内存空间*/
    if(!p)
    {
    printf("\n allocate memory failure "); /*如没有申请到，打印提示信息*/
    return ;                    /*返回主界面*/
```

```
        }
        strcpy(p->data.num,num); /*将字符串 num 拷贝到 p->data.num 中*/
        stringinput(p->data.name,15,"姓名:");
        p->data.cgrade=numberinput("C 语言成绩应在[0-100]之间:");
        /*输入并检验分数，分数必须在 0－100 之间*/
        p->data.mgrade=numberinput("高数成绩应在[0-100]之间:");
        /*输入并检验分数，分数必须在 0－100 之间*/
        p->data.egrade=numberinput("英语成绩应在[0-100]之间:");
        /*输入并检验分数，分数必须在 0－100 之间*/
        p->data.total=p->data.egrade+p->data.cgrade+p->data.mgrade; /*计算总分*/
        p->data.ave=(float)(p->data.total/3);   /*计算平均分*/
        p->data.mingci=0;
        p->next=NULL; /*表明这是链表的尾部结点*/
        r->next=p;   /*将新建的结点加入链表尾部中*/
        r=p;
        saveflag=1;
    }
       return ;
}
```

12.3.3　显示学生信息模块

（1）功能描述

显示学生信息模块主要实现将单链表 1 中存储的学生信息以表格的形式在屏幕上打印出来。运行截图如图 12-4 所示。

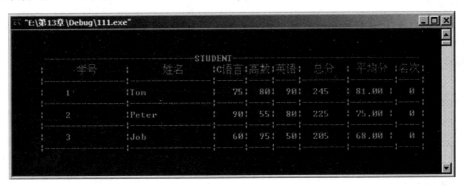

图 12-4　显示学生信息模块

（2）代码展示

为了方便输按表格形式输出，在程序开头进行了宏定义。

```
#define HEADER1 "   ---------------------------STUDENT----------------------------   \n"
#define HEADER2 "  | 学号 |     姓名    |C 语言|高数|英语| 总分 | 平均分 |名次| \n"
#define HEADER3 "  |--------------|--------------|-----|----|----|--------|--------|----| \n"
#define FORMAT  "  |    %-10s |%-15s|%5d|%4d|%4d| %4d  | %.2f |%4d |\n"
#define DATA   p->data.num,p->data.name,p->data.egrade,p->data.mgrade,p-> data.cgrade,p->
```

data.total,p-> data.ave,p->data.mingci

```
    #define END      "    ------------------------------------------------------------------- \n"
```

函数 void printheader()主要实现了格式化输出表头。在此函数中使用了程序开始定义的宏。

```
void printheader() /*格式化输出表头*/
{
    printf(HEADER1);
    printf(HEADER2);
    printf(HEADER3);
}
```

函数 void printdata()主要实现了将单链表中一个结点的值按格式输出在表格中。在此函数中使用了程序开始定义的宏。

```
void printdata(Node *pp) /*格式化输出表中数据*/
{
    Node* p;
    p=pp;
    printf(FORMAT,DATA);
}
```

函数 void Disp(Link l)主要实现了显示单链表 l 中存储的学生信息。在此函数中调用了上面说明的两个函数 void printdata()和 void printheader()。

```
void Disp(Link l)    /*显示模块*/
{
Node *p;
p=l->next;
    /*l 存储的是单链表中头结点的指针，该头结点没有存储学生信息，指针域指向的后继
结点才有学生信息*/
    if(!p)    /*p==NULL,NUll 在 stdlib 中定义为 0*/
    {
        printf("\n=====>没有这个学生的记录!\n");
        getchar();
        return;
    }
printf("\n\n");
printheader(); /*输出表格头部*/
while(p)        /*逐条输出链表中存储的学生信息*/
{
    printdata(p);
    p=p->next;   /*移动直下一个结点*/
    printf(HEADER3);
}
getchar();
}
```

12.3.4　删除学生信息模块

（1）功能描述

删除学生信息模块主要完成删除指定学号或姓名的学生记录，它也分两步完成。第一步，输入要删除的学号或姓名，输入后调用定位函数 Locate()在单链表中逐个对结点数据域中的学号或姓名字段的值进行比较，直到找到该学号或姓名的学生记录，返回指向该学生记录的结点指针；第二步，若找到该学生记录，将该学生记录所在结点的前驱结点的指针域指向目标结点的后继结点。运行截图如图 12-5 所示。

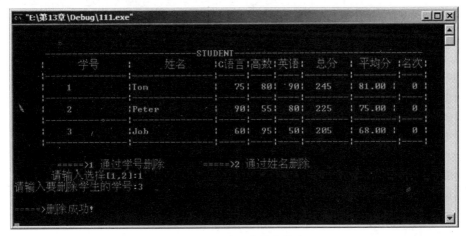

图 12-5　删除学生信息模块

（2）代码展示

函数 Node* Locate(Link l,char findmess[],char nameornum[])完成定位链表中符合要求的结点，并返回指向该结点的指针。

```
Node* Locate(Link l,char findmess[],char nameornum[])
{
Node *r;
if(strcmp(nameornum,"num")==0) /*按学号查询*/
{
  r=l->next;
  while(r)
  {
   if(strcmp(r->data.num,findmess)==0) /*若找到 findmess 值的学号*/
    return r;
    r=r->next;
  }
}
else if(strcmp(nameornum,"name")==0)    /*按姓名查询*/
{
  r=l->next;
  while(r)
  {
   if(strcmp(r->data.name,findmess)==0)        /*若找到 findmess 值的学生姓名*/
```

```
            return r;
        r=r->next;
        }
    }
    return 0; /*若未找到，返回一个空指针*/
}
```

函数 void Del(Link l) 完成先找到保存该学生信息的结点，然后删除该结点。函数中调用了 Disp(l)来显示所有学生信息，函数 Disp(l)在 12.3.3 节进行了介绍，这里不再赘述。

```
void Del(Link l)/*删除学生信息 */
{
int sel;
Node *p,*r;
char findmess[20];
if(!l->next)
{ system("cls");
    printf("\n=====>文件中没有学生记录!\n");
    getchar();
    return;
}
system("cls");
Disp(l);
printf("\n            =====>1 通过学号删除            =====>2 通过姓名删除\n");
printf("         请输入选择[1,2]:");
scanf("%d",&sel);
if(sel==1)
{
    stringinput(findmess,10,"请输入要删除学生的学号:");
    p=Locate(l,findmess,"num");
    if(p)   /*p!=NULL*/
    {
        r=l;
        while(r->next!=p)
        r=r->next;
        r->next=p->next;/*将 p 所指节点从链表中去除*/
        free(p); /*释放内存空间*/
        printf("\n=====>删除成功!\n");
        getchar();
        saveflag=1;
    }
    else
        Nofind();
        getchar();
}
```

```
else if(sel==2) /*先按姓名查询到该记录所在的节点*/
{
    stringinput(findmess,15,"请输入要删除学生的姓名");
    p=Locate(l,findmess,"name");
    if(p)
    {
      r=l;
      while(r->next!=p)
        r=r->next;
      r->next=p->next;
      free(p);
      printf("\n=====>删除成功!\n");
      getchar();
      saveflag=1;
    }
    else
      Nofind();
      getchar();
}
else
    Wrong();
    getchar();
}
```

12.3.5　查询学生信息模块

（1）功能描述

查询学生信息模块主要完成在单链表中查找满足相关条件的学生记录。在本学生成绩管理系统中，用户可以按照学生的学号或姓名在单链表中进行查找。若找到该学生的记录，它则返回指向该学生记录的指针。否则，它返回一个值为 NULL 的空指针，并打印出未找到该学生记录的提示信息。运行截图如图 12-6 所示。

图 12-6　查询学生信息模块

（2）代码展示

函数 void Qur(Link l)完成根据系统的提示信息，用户可以按学号或姓名查询学生信息。若学生存在，则打印输出学生的信息。在本函数中会调用定位函数 Locate(),已在 12.3.4 节中介绍，这里不再赘述。

```
void Qur(Link l) /*按学号或姓名，查询学生记录*/
{
int select; /*1:按学号查，2：按姓名查，其他：返回主界面（菜单）*/
char searchinput[20]; /*保存用户输入的查询内容*/
Node *p;
if(!l->next) /*若链表为空*/
{
  system("cls");
  printf("\n=====>文件中没有学生记录!\n");
  getchar();
  return;
}
system("cls");
printf("\n          =====>1  通过学号查询   =====>2  通过姓名查询\n");
printf("          请输入选择[1,2]:");
scanf("%d",&select);
if(select==1)     /*按学号查询*/
  {
  stringinput(searchinput,10,"请输入要查询学生的学号:");
  p=Locate(l,searchinput,"num");
/*在 l 中查找学号为 searchinput 值的节点，并返回节点的指针*/
  if(p) /*若 p!=NULL*/
  {
  printheader();
  printdata(p);
  printf(END);
  printf("按任意键返回!");
  getchar();
  }
  else
  Nofind();
  getchar();
}
else if(select==2) /*按姓名查询*/
{
  stringinput(searchinput,15,"请输入要查询学生的姓名:");
  p=Locate(l,searchinput,"name");
  if(p)
  {
  printheader();
  printdata(p);
  printf(END);
```

```
    printf("按任意键返回!");
    getchar();
    }
    else
      Nofind();
      getchar();
    }
    else
      Wrong();
      getchar();
    }
```

12.3.6 修改学生信息模块

（1）功能描述

修改学生信息模块主要完成对单链表中的目标结点的数据域中的值进行修改，它分两步完成。第一步，输入要修改的学号，输入后调用定位函数 Locate()在单链表中逐个对结点数据域中的学号字段的值进行比较，直到找到该学号的学生记录；第二步，若找到该学生记录，修改除学号之外的各字段的值，并将存盘标记变量 saveflag 置为 1，表示已经对记录进行了修改，但还未执行存盘操作。运行截图如图 12-7 所示。

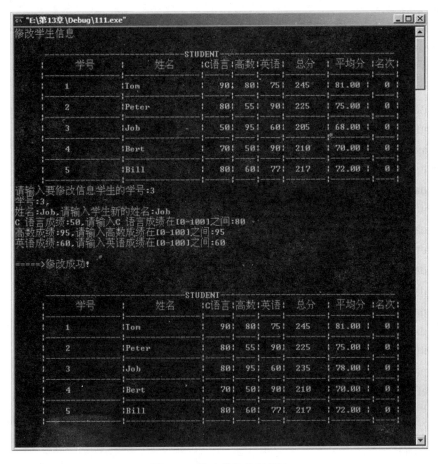

图 12-7　修改学生信息模块

（2）代码展示

函数 void Modify(Link l)完成按输入的学号查询到该记录，然后提示用户修改学号之外的值，学号不能修改。函数中调用了 Disp(l)来显示所有学生信息，调用了 Locate()函数完成查找指定学生位置,函数 Disp(l)在 12.3.3 节进行了介绍，函数 Locate()在 12.3.4 节中介绍，这里不再赘述。

```c
void Modify(Link l) /*修改学生信息*/
{
Node *p;
char findmess[20];
if(!l->next)
{
system("cls");
    printf("\n=====>文件中没有学生记录!\n");
    getchar();
    return;
}
system("cls");
printf("修改学生信息");
Disp(l);
stringinput(findmess,10,"请输入要修改信息学生的学号:"); /*输入并检验该学号*/
p=Locate(l,findmess,"num"); /*查询到该节点*/
if(p) /*若 p!=NULL,表明已经找到该节点*/
{
    printf("学号:%s,\n",p->data.num);
    printf("姓名:%s,",p->data.name);
    stringinput(p->data.name,15,"请输入学生新的姓名:");
    printf("C 语言成绩:%d,",p->data.cgrade);
    p->data.cgrade=numberinput("请输入 C 语言成绩在[0-100]之间:");
    printf("高数成绩:%d,",p->data.mgrade);
    p->data.mgrade=numberinput("请输入高数成绩在[0-100]之间:");
    printf("英语成绩:%d,",p->data.egrade);
    p->data.egrade=numberinput("请输入英语成绩在[0-100]之间:");
    p->data.total=p->data.egrade+p->data.cgrade+p->data.mgrade;
    p->data.ave=(float)(p->data.total/3);
    p->data.mingci=0;
    printf("\n=====>修改成功!\n");
    Disp(l);
    saveflag=1;
}
else
    Nofind();
    getchar();
```

}

12.3.7　插入学生信息模块

（1）功能描述

插入学生信息模块主要完成在指定学号的后面插入新的学生信息。首先，用户根据提示输入某个学生的学号，新的记录将插入在该学生记录之后，在单链表中查找此学生，找到后指针 p 指向这个结点；然后，提示用户输入一个新的学生信息，信息保存在新结点的数据域中，最后，将新结点插入到结点 p 之后。运行截图如图 12-8 所示。

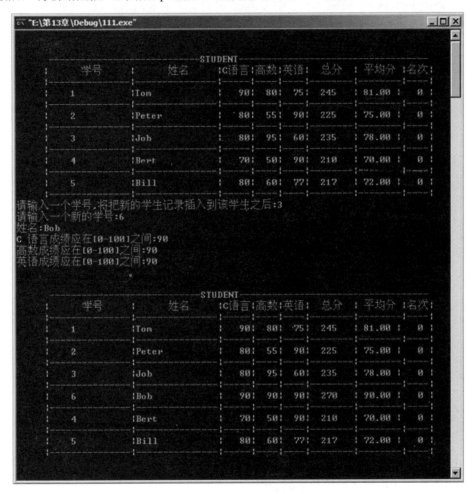

图 12-8　插入学生信息模块

（2）代码展示

函数 void Insert(Link l)完成按学号查询到要插入的结点的位置，然后在该学号之后插入一个新结点。函数中调用了 Disp(l)来显示所有学生信息，函数 Disp(l)在 12.3.3 节进行了介绍，这里不再赘述。

void Insert(Link l) /*插入学生信息*/

{

　　Link p,v,newinfo; /*p 指向插入位置，newinfo 指新插入记录*/

　　char ch,num[10],s[10];

```c
/*s[]保存插入点位置之前的学号,num[]保存输入的新记录的学号*/
    int flag=0;
    v=l->next;
    system("cls");
    Disp(l);
    while(1)
    {
        stringinput(s,10,"请输入一个学号,将把新的学生记录插入到该学生之后:");
        flag=0;v=l->next;
        while(v) /*查询该学号是否存在，flag=1 表示该学号存在*/
        {
          if(strcmp(v->data.num,s)==0)
           {
                    flag=1;
                    break;
           }
              v=v->next;
        }
        if(flag==1)
           break; /*若学号存在，则进行插入之前的新记录的输入操作*/
        else
        {
           getchar();
           printf("\n=====>您输入的学号  %s  是不存在的,重新输入吗?(y/n):",s);
           scanf("%c",&ch);
           if(ch=='y'||ch=='Y')
             {continue;}
           else
             {return;}
        }
    }
/*以下新记录的输入操作与 Add()相同*/
stringinput(num,10,"请输入一个新的学号:");
v=l->next;
while(v)
{
  if(strcmp(v->data.num,num)==0)
  {
    printf("=====>很遗憾,您输入的学号:'%s' 已经存在  !\n",num);
    printheader();
    printdata(v);
    printf("\n");
```

```
        getchar();
        return;
      }
      v=v->next;
    }
    newinfo=(Node *)malloc(sizeof(Node));
    if(!newinfo)
      {
          printf("\n 申请存储空间失败! "); /*如没有申请到，打印提示信息*/
          return ;                    /*返回主界面*/
      }
    strcpy(newinfo->data.num,num);
    stringinput(newinfo->data.name,15,"姓名:");
    newinfo->data.cgrade=numberinput("C 语言成绩应在[0-100]之间:");
    newinfo->data.mgrade=numberinput("高数成绩应在[0-100]之间:");
    newinfo->data.egrade=numberinput("英语成绩应在[0-100]之间:");
    newinfo->data.total=newinfo->data.egrade+newinfo->data.cgrade
+newinfo->data.mgrade;
    newinfo->data.ave=(float)(newinfo->data.total/3);
    newinfo->data.mingci=0;
    newinfo->next=NULL;
    saveflag=1; /*在 main()有对该全局变量的判断，若为 1,则进行存盘操作*/
    /*将指针赋值给 p,因为 1 中的头节点的下一个节点才实际保存着学生的记录*/
    p=l->next;
    while(1)
      {
          if(strcmp(p->data.num,s)==0) /*在链表中插入一个节点*/
          {
              newinfo->next=p->next;
              p->next=newinfo;
              break;
          }
          p=p->next;
      }
    Disp(l);
    printf("\n\n");
    getchar();
}
```

12.3.8　统计学生成绩模块

（1）功能描述

统计学生成绩模块主要完成通过循环读取指针变量 p 所指的当前结点的数据域中的各字

段的值，并对各个成绩字段进行逐个判断的方法，完成了单科最高分学生和总分第一名的查找及各科不及格人数的统计。运行截图如图 12-9 所示。

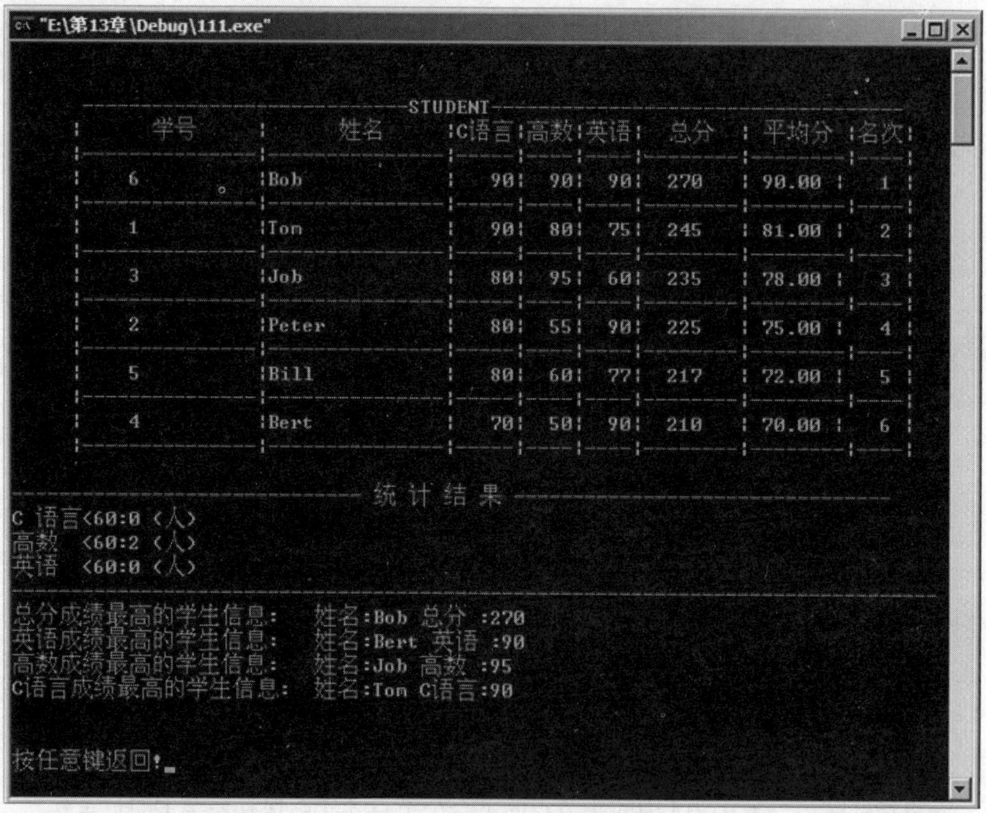

图 12-9　统计学生信成绩模块

（2）代码展示

函数 void Tongji(Link l)完成统计该班的总分第一名、单科第一名和各科不及格人数，并打印输出统计结果。函数中调用了 Disp(l)来显示所有学生信息，函数 Disp(l)在 12.3.3 节进行了介绍，这里不再赘述。

```
void Tongji(Link l) /*统计模块 */
{
Node *pm,*pe,*pc,*pt; /*用于指向分数最高的结点*/
Node *r=l->next;
int countc=0,countm=0,counte=0; /*保存三门成绩中不及格的人数*/
if(!r)
{
system("cls");
    printf("\n=====>没有要统计的学生信息!\n");
    getchar();
    return ;
}
system("cls");
```

```
Disp(l);
pm=pe=pc=pt=r;
while(r)
{
    if(r->data.cgrade<60) countc++;
    if(r->data.mgrade<60) countm++;
    if(r->data.egrade<60) counte++;
    if(r->data.cgrade>=pc->data.cgrade)        pc=r;
    if(r->data.mgrade>=pm->data.mgrade)        pm=r;
    if(r->data.egrade>=pe->data.egrade)        pe=r;
    if(r->data.total>=pt->data.total)          pt=r;
    r=r->next;
}
printf("\n---------------------------- 统 计 结 果 ----------------------------\n");
printf("C 语言<60:%d (人)\n",countc);
printf("高数   <60:%d (人)\n",countm);
printf("英语   <60:%d (人)\n",counte);
printf("--------------------------------------------------------------------\n");
printf("总分成绩最高的学生信息:   姓名:%s 总分 :%d\n",pt->data.name,
pt->data.total);
printf("英语成绩最高的学生信息:   姓名:%s 英语 :%d\n",pe->data.name,
pe->data.egrade);
printf("高数成绩最高的学生信息:   姓名:%s 高数 :%d\n",pm->data.name,
pm->data.mgrade);
printf("C 语言成绩最高的学生信息:   姓名:%s C 语言:%d\n",pc->data.name,
pc->data.cgrade);
printf("\n\n 按任意键返回!");
getchar();
}
```

12.3.9　学生成绩排序模块

（1）功能描述

有关排序的算法有很多，如冒泡排序、插入排序等。针对单链表结构的特点，采用插入排序算法将实现按总分的从高到低对学生记录进行排序，排序完成之后，即可按顺序给名次字段赋值。在单链表中，实现插入排序的基本步骤如下。

① 新建一个单链表 ll，用来保存排序结果，其初始值为只包含头结点的空链表。

② 从待排序链表中取出下一个结点，将其总分字段值与单链表 ll 中的各结点中总分字段的值进行比较，直到在链表 ll 中找到总分小于它的结点。若找到此结点，系统将待排序链表中取出的结点插入此结点前，作为其前驱。否则，将取出的结点放在单链表 ll 的尾部。

③ 重复第②步，直到从待排序链表取出的结点的指针域为 NULL，即此结点为链表的尾部结点后，排序完成。

运行截图如图 12-10 所示。

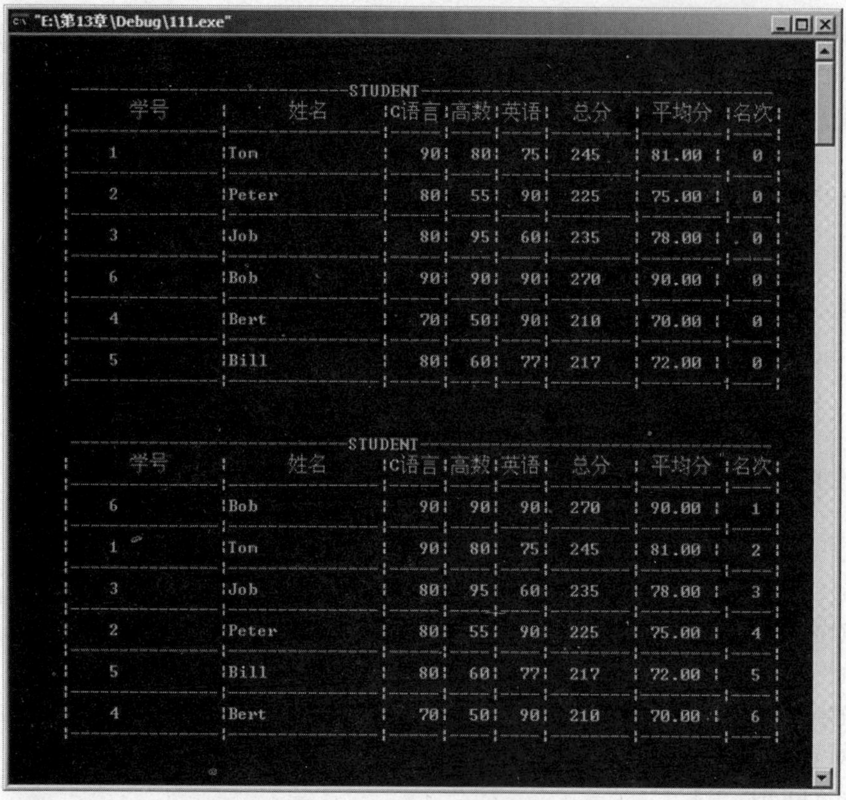

图 12-10   学生成绩排序模块

（2）代码展示

函数 void Sort(Link l)完成利用插入排序法实现单链表按总分字段的降序排序，并打印输出排序前和排序后的结果。函数中调用了 Disp(l)来显示所有学生信息，函数 Disp(l)在 12.3.3 节进行了介绍，这里不再赘述。

```c
void Sort(Link l) /*排序模块*/
{
Link ll;
Node *p,*rr,*s;
int i=0;
if(l->next==NULL)
{
system("cls");
    printf("\n=====>没有待排序的学生信息!\n");
    getchar();
    return ;
}
ll=(Node*)malloc(sizeof(Node)); /*用于创建新的节点*/
if(!ll)
    {
        printf("\n 申请存储空间失败! "); /*如没有申请到，打印提示信息*/
```

```
        return ;                    /*返回主界面*/
    }
ll->next=NULL;
system("cls");
Disp(l);    /*显示排序前的所有学生记录*/
p=l->next;
while(p) /*p!=NULL*/
{
  s=(Node*)malloc(sizeof(Node));
/*新建节点用于保存从原链表中取出的节点信息*/
  if(!s) /*s==NULL*/
    {
        printf("\n 申请存储空间失败! "); /*如没有申请到，打印提示信息*/
        return ;                    /*返回主界面*/
    }
  s->data=p->data; /*填数据域*/
  s->next=NULL;       /*指针域为空*/
  rr=ll;
  /*rr 链表于存储插入单个节点后保持排序的链表，ll 是这个链表的头指针,每次从头开
始查找插入位置*/
    while(rr->next!=NULL && rr->next->data.total>=p->data.total)
    {rr=rr->next;} /*指针移至总分比 p 所指的节点的总分小的节点位置*/
    if(rr->next==NULL)/*若新链表 ll 中的所有节点的总分值都比 p->data.total 大时，就将
p 所指节点加入链表尾部*/
        rr->next=s;
    else /*否则将该节点插入至第一个总分字段比它小的节点的前面*/
    {
     s->next=rr->next;
     rr->next=s;
    }
    p=p->next; /*原链表中的指针下移一个节点*/
}
    l->next=ll->next; /*ll 中存储是的已排序的链表的头指针*/
    p=l->next;                /*已排好序的头指针赋给 p，准备填写名次*/
    while(p!=NULL)    /*当 p 不为空时，进行下列操作*/
    {
        i++;          /*结点序号*/
        p->data.mingci=i;      /*将名次赋值*/
        p=p->next;    /*指针后移*/
    }
Disp(l);
saveflag=1;
```

```
printf("\n      =====>排序完成!\n");
}
```

12.3.10　保存学生信息模块

（1）功能描述

保存学生信息模块主要完成把记录从单链表输出至文件中。在实现过程中，调用 fwrite(p,sizeof(Node),l，fp)函数，将 p 指针所指结点中的各字段值写入文件指针 fp 所指的文件。运行截图如图 12-11 所示。

图 12-11　保存学生信息模块

（2）代码展示

函数 void Save(Link l)主要实现将单链表中数据写入至磁盘中的数据文件，若用户对数据修改之后没有专门进行此操作，那么在退出系统时，系统会提示用户是否存盘。

```c
void Save(Link l) /*数据存盘*/
{
FILE* fp;
Node *p;
int count=0;
fp=fopen("d:\\student.txt","wb");/*以只写方式打开二进制文件*/
if(fp==NULL) /*打开文件失败*/
{
    printf("\n=====>文件打开失败!\n");
    getchar();
    return ;
}
p=l->next;
while(p)
```

```
{
    if(fwrite(p,sizeof(Node),1,fp)==1)/*每次写一条记录或一个节点信息至文件*/
    {
        p=p->next;
        count++;
    }
    else
    {
        break;
    }
}
if(count>0)
{
    getchar();
    printf("\n\n\n\n\n=====>保存文件结束,一共保存学生信息记录:%d 条.\n",count);
    getchar();
    saveflag=0;
}
else
{system("cls");
    printf("当前链表是空的,没有学生记录可以保存!\n");
    getchar();
}
fclose(fp); /*关闭此文件*/
}
```

本 章 小 结

本章介绍了学生成绩管理系统的设计思路及其编码实现。本章重点介绍了各功能模块的设计原理和利用单链表存储结构实现对学生成绩管理的过程,旨在引导读者熟悉 C 语言下的文件和单链表操作。

利用本学生成绩管理系统可以对学生成绩进行日常维护和管理,希望有兴趣的读者,可以对此程序进行扩展或者使用不同方法来实现,使程序更加优化、更加完美。

第 13 章　Ping 程序设计

在网络已经成为了人们生活一部分的今天，对于编程人员来说，理解网络协议的原理和掌握网络编程的方法是很有必要的。在这一章里，我们将通过 Ping 程序设计的例子，使读者明白如何利用 Winsock 进行网络程序开发的原理及方法。

Ping 是 Windows 下的一个命令，在 Unix 和 Linux 下也有这个命令。Ping 也属于一个通信协议，是 TCP/IP 协议的一部分。利用"Ping"命令可以检查网络是否连通，可以很好地帮助我们分析和判定网络故障。本章模仿 Windows 的 Ping 命令，用 C 语言实现了一个简单的 Ping 命令。

13.1　设计原理

Ping 程序是用来探测主机到主机之间是否可连通，如果不能 Ping 到某台主机，表明不能和这台主机建立连接。Ping 使用的是 ICMP 协议，它发送 ICMP 回送请求消息给目的主机。ICMP 协议规定：目的主机必须返回 ICMP 回送应答消息给源主机。如果源主机在一定时间内收到应答，则认为主机可达。

ICMP 协议通过 IP 协议发送的，IP 协议是一种无连接的，不可靠的数据包协议。因此，保证数据送达的工作应该由其他的模块来完成。其中一个重要的模块就是 ICMP(网络控制报文)协议。

由于 ICMP 报文的类型很多，且各自又有各自的代码，因此，ICMP 并没有一个统一的报文格式，不同的 ICMP 类别分别有不同的报文字段。ICMP 报文只是在前4个字节有统一的格式，共有类型、代码和校验和3个字段。如图13-1所示。

其中类型字段表示 ICMP 报文的类型；代码字段是为了进一步区分某种类型的几种不同情况；校验和字段用来检验整个 ICMP 报文。接着的4个字节的内容与 ICMP 的类型有关。再后面是数据字段，其长度取决于 ICMP 的类型。

当传送 IP 数据包发生错误——比如主机不可达，路由不可达等，ICMP 协议将会把错误信息封包，然后传送回给主机。给主机一个处理错误的机会，这也就是为什么说建立在 IP 层以上的协议是可能做到安全的原因。ICMP 数据包由8bits 的错误类型和8bits 的代码和16bits 的校验和组成。而前 16bits 就组成了 ICMP 所要传递的信息。

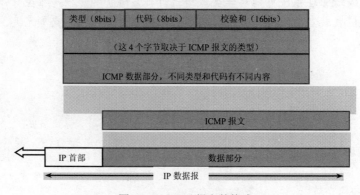

图 13-1　ICMP 报文的格式

Ping 利用 ICMP 协议包来侦测另一个主机是否可达。原理是用类型码为0的 ICMP 发请求，收到请求的主机则用类型码为8的 ICMP 回应。Ping 程序来计算间隔时间，并计算有多少个包被送达。用户就可以判断网络大致的情况。

13.2　功能描述

本章用 C 语言实现 Ping 命令，能用于测试一个主机到另一个主机间的连通情况，程序还提供了几个选项以实现不同的功能。

① 实现 Ping 功能。程序能实现基本的 Ping 操作，发送 ICMP 回显请求报文，接收 ICMP 回显应答报文。

② 能记录路由。程序提供了"-r"选项，用以记录从源主机到目的主机的路由。

③ 能输出指定条数的记录。程序提供了"-n"选项，用以输出指定条数的记录。

④ 能按照指定大小输出每条记录。程序提供了"datasize"选项，用以指定输出的数据报的大小。

⑤ 能输出用户帮助。程序提供了用户帮助，显示程序提供的选项以及选项格式等。

13.3　总体设计

13.3.1　功能模块设计

本系统共有4个模块，分别是初始化模块、数据控制模块、数据报解读模块和 Ping 测试模块，如图13-2所示。各模块功能描述如下。

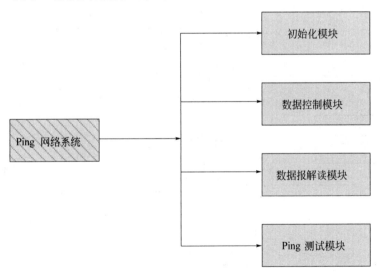

图 13-2　系统模块图

（1）初始化模块：该模块用于初始化各个全局变量，为全局变量赋初始值；初始化 Winsock，加载 Winsock 库。

（2）数据控制模块：该模块是被其他模块调用，其功能包括获取参数、计算校验和、填充 ICMP 数据报文、释放占用资源和显示用户帮助。

（3）数据报解读模块：该模块用于解读接收到的 ICMP 报文和 IP 选项。

（4）Ping 测试模块:该模块是本程序的核心模块，调用其他模块实现其功能，主要是实现 Ping 的功能。

系统执行的流程图13-3所示。程序首先调用 IniPing()函数初始化各全局变量，然后使用 GetArgments()函数获取用户输入的参数，检查用户输入的参数，如果参数不正确或者没有输入参数，则显示用户帮助信息(User help)，并结束程序；如果参数正确，则对指定目的地执行 Ping 命令，如果 Ping 通，则显示 Ping 结果并释放占用资源，如果没有 Ping 通，则报告错误信息，并释放占用资源。

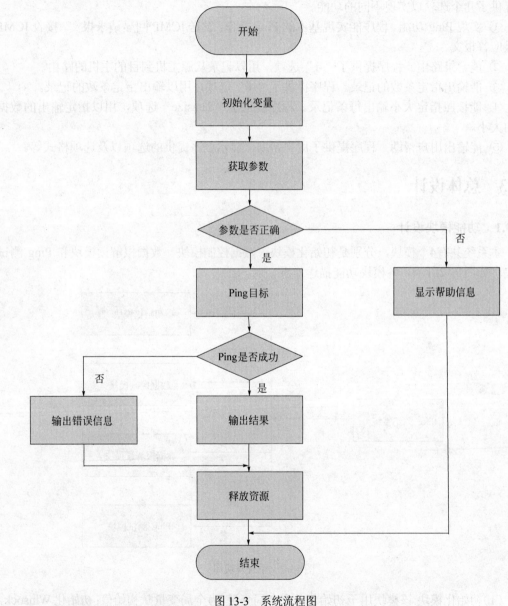

图 13-3　系统流程图

获取的参数包括"-r"（记录路由）、"-n"（记录条数程序，任意的整数）和 datasize(数据报大小)。程序首先判断每一个参数的第一字符，如果第一个字符是"-"（短横线），则认为是"-r"或者"-n"中的一个，然后作进一步判断。如果该参数的第二个字符是数字，则判断该参数为记录的条数，如果该参数的第二个字符是"r"，则判断该参数为"-r"，用于记录路由；如果参数的第一个字符是数字，则认为该参数是 IP 地址或者 datasize,然后作进一步的判断。如果该参数中不存在非数字的字符，则判断该参数为 datasize；如果存在非数字的字符，则判断该参数为 IP 地址；其他情况则判断为主机名。参数获取的流程如图13-4所示。

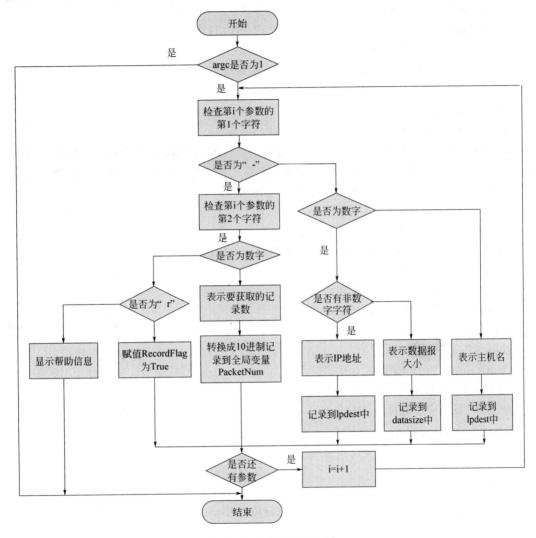

图 13-4　参数获取流程图

13.3.2　数据结构设计

本程序定义了3个结构体：_iphdr、_icmphdr 和_ipotionhdr，分别用于存放 IP 报头信息、ICM P 报头信息和 IP 路由选项信息。

（1）定义 IP 报头结构体

/*IP 报头字段数据结构*/

typedef struct _iphdr

{

　　unsigned int　　h_len:4;　　　　　/*IP 报头长度*/

　　unsigned int　　version:4;　　　　/*IP 的版本号*/

```
        unsigned char    tos;                /*服务的类型*/
        unsigned short total_len;            /*数据报总长度*/
        unsigned short ident;                /*唯一的标识符*/
        unsigned short frag_flags;           /*分段标志*/
        unsigned char    ttl;                /*生存期*/
        unsigned char    proto;              /*协议类型(TCP、UDP 等)*/
        unsigned short checksum;             /*校验和*/
        unsigned int     sourceIP;           /*源 IP 地址*/
        unsigned int     destIP;             /*目的 IP 地址*/
    } IpHeader;
```

各字段表示意义如下。

h-len:4——表示 IP 报头长度，首部长度指的是首部占32bit 字的数目，包括任何选项。由于它是一个4bit 字段，因此首部最长为60个字节，不包括任何选项的 IP 报头是20个字节。

version:4——表示 IP 的版本号，这里表示 Ipv4。

tos——表示服务的类型，可以表示最小时延，最大吞吐量，最高可靠性和最小费用。

total_len——整个 IP 数据报的总长度。

ident——唯一的标识符，标识主机发送的每一份数据报。

Frag_flags——分段标志，表示过长的数据报是否要分段。

Ttl——生存期，表示数据报可以经过的最多路由器数。

Proto——协议类型（TCP、UDP 等）。

Checksum——校验和。

sourceIP——源 IP 地址。

destIP——目的 IP 地址。

（2）定义 ICMP 报头结构体

/*ICMP 报头字段数据结构*/

```
typedef struct _icmphdr
{
        BYTE     i_type;              /*ICMP 报文类型*/
        BYTE     i_code;              /*该类型中的代码号*/
        USHORT i_cksum;               /*校验和*/
        USHORT i_id;                  /*唯一的标识符*/
        USHORT i_seq;                 /*序列号*/
        ULONG   timestamp;            /*时间戳*/
} IcmpHeader;
```

各字段表示意义如下。

i_tye——ICMP 报文类型。

i_code——该类型中的代码号，一种 ICMP 报文的类型由类型号和该类型中的代码号共同决定。

i_cksum——校验和。

i_seq——序列号，序列号从0开始，每发送一次新的回显请求就加1。

timestamp——时间戳。

（3）定义 IP 选项结构体

/*IP 选项头字段数据结构*/

typedef struct _ipoptionhdr

{

  unsigned char code;   /*选项类型*/

  unsigned char len;   /*选项头长度*/

  unsigned char ptr;   /*地址偏移长度*/

  unsigned long addr[9];   /*记录的 IP 地址列表*/

} IpOptionHeader;

各字段表示意义如下。

code——指明 IP 选项类型，对于路由记录选项，它的值是7。

len——选项头长度。

ptr——地址指针字段，是一个基于1的指针，指向存放下一个 IP 地址的位置。

addr[9]——记录 IP 地址列表，由于 IP 首部中选项的空间有限，所以可以记录的 IP 地址最多是9个。

13.3.3　函数功能描述

（1）InitPing()

函数原型：void InitPing();

InitPing()函数用于初始化 Ping 所需的全局变量，为各个变量赋初始值。

（2）UserHelp()

函数原型：void UserHelp();

UserHelp()函数用于显示用户帮助信息。当程序检查到参数错误或者没有必要的参数（如主机 IP 地址或者主机名）时，则会调用此函数显示帮助信息。

（3）GetArgments()

函数原型：void GetArgments(int argc, char** argv);

GetArgments()函数用于获取用户提交的参数。其中 argc 表示获取的参数个数，argv 用于存储获取的参数，这两个形参和主函数中的形参表示的意义一样的。

（4）CheckSum()

函数原型：USHORT CheckSum(USHORT *buffer, int size);

CheckSum()函数用于计算校验和。计算过程是首先把数据报头中的校验和字段设置为0，然后对首部中每个16bits 进行二字段进制反码求和（整个首部看成是由一串16bits 的字组成），结果存在校验和字段中。其中 buffer 用于存放 ICMP 数据，size 表示 ICMP 报文大小。

（5）FillICMPData()

函数原型：void FillICMPData(char *icmp_data, int datasize);

FillCMPData()函数用于填充 ICMP 数据报中各个字段。其中 icmp_data 表示 ICMP 数据，datasize 表示 ICMP 报文大小。

（6）FreeRes()

函数原型：void FreeRes();

FreeRes()函数用于释放占用的资源，包括关闭初始化 socket 调用的函数的、关闭创建的 socket 和释放分配的内存等。

（7）DecodeIPOptions()

函数原型：void DecodeIPOptions(char *buf, int bytes);

DecodeIPOptions()函数用于解读 IP 选项，从中读出从源主机到目的主机经过的路由，并输出路由信息。buf 表示存放接收到的 ICMP 报文的缓冲区，bytes 表示接收到的字节数。

（8）DecodeICMPHeader()

函数原型：void DecodeICMPHeader(char *buf, int bytes, SOCKADDR_IN* from);

DecodeICMPHeader()函数用于解读 ICMP 报文信息。buf 表示存放接收到的 ICMP 报文的缓冲区，bytes 表示接收到的字节数，from 表示发送 ICMP 回显应答的主机 IP 地址。

（9）PingTest()

函数原型：void PingTest(int timeout);

PingTest()函数用于进行 Ping 操作。其中 timeout 表示设定的发送超时值。

13.4　程序实现

13.4.1　源码分析

（1）程序预处理

程序预处理主要包含库文件的导入、头文件的加载、定义常量和全局变量，以及数据结构的定义。本程序需要导入库文件"ws2_32.lib"，否则程序不能正常运行。此外，还需要加载头文件<winsock2.h>和<ws2tcpip.h>，这是对 socket 操作所要调用的文件。

```
/*导入库文件*/
#pragma comment( lib, "ws2_32.lib" )
/*加载头文件*/
#include <winsock2.h>
#include <ws2tcpip.h>
#include <stdio.h>
#include <stdlib.h>
#include <math.h>
/*定义常量*/
/*表示要记录路由*/
#define IP_RECORD_ROUTE   0x7
/*默认数据报大小*/
#define DEF_PACKET_SIZE   32
/*最大的 ICMP 数据报大小*/
#define MAX_PACKET       1024
/*最大 IP 头长度*/
#define MAX_IP_HDR_SIZE   60
/*ICMP 报文类型，回显请求*/
#define ICMP_ECHO        8
/*ICMP 报文类型，回显应答*/
#define ICMP_ECHOREPLY   0
/*最小的 ICMP 数据报大小*/
#define ICMP_MIN         8
```

```
/*自定义函数原型*/
void InitPing();
void UserHelp();
void GetArgments(int argc, char** argv);
USHORT CheckSum(USHORT *buffer, int size);
void FillICMPData(char *icmp_data, int datasize);
void FreeRes();
void DecodeIPOptions(char *buf, int bytes);
void DecodeICMPHeader(char *buf, int bytes, SOCKADDR_IN* from);
void PingTest(int timeout);
/*IP 报头字段数据结构*/
typedef struct _iphdr
{
    unsigned int     h_len:4;            /*IP 报头长度*/
    unsigned int     version:4;          /*IP 的版本号*/
    unsigned char    tos;                /*服务的类型*/
    unsigned short   total_len;          /*数据报总长度*/
    unsigned short   ident;              /*唯一的标识符*/
    unsigned short   frag_flags;         /*分段标志*/
    unsigned char    ttl;                /*生存期*/
    unsigned char    proto;              /*协议类型(TCP、UDP 等)*/
    unsigned short   checksum;           /*校验和*/
    unsigned int     sourceIP;           /*源 IP 地址*/
    unsigned int     destIP;             /*目的 IP 地址*/
} IpHeader;
/*ICMP 报头字段数据结构*/
typedef struct _icmphdr
{
    BYTE     i_type;                     /*ICMP 报文类型*/
    BYTE     i_code;                     /*该类型中的代码号*/
    USHORT   i_cksum;                    /*校验和*/
    USHORT   i_id;                       /*唯一的标识符*/
    USHORT   i_seq;                      /*序列号*/
    ULONG    timestamp;                  /*时间戳*/
} IcmpHeader;
/*IP 选项头字段数据结构*/
typedef struct _ipoptionhdr
{

    unsigned char    code;               /*选项类型*/
    unsigned char    len;                /*选项头长度*/
    unsigned char    ptr;                /*地址偏移长度*/
```

```
    unsigned long    addr[9];              /*记录的 IP 地址列表*/
} IpOptionHeader;
/*定义全局变量*/
SOCKET m_socket;
IpOptionHeader IpOption;
SOCKADDR_IN DestAddr;
SOCKADDR_IN SourceAddr;
char *icmp_data;
char *recvbuf;
USHORT seq_no ;
char *lpdest;
int datasize;
BOOL RecordFlag;
double PacketNum;
BOOL SucessFlag;
```

（2）初始化模块

初始化模块主要是用于初始化各个全局变量，并通过 WSAStartup()加载 Winsock 库，由 InitPing()函数来实现。

```
/*初始化变量函数*/
void InitPing()
{
    WSADATA wsaData;
    icmp_data = NULL;
    seq_no = 0;
    recvbuf = NULL;
    RecordFlag = FALSE;
    lpdest = NULL;
    datasize = DEF_PACKET_SIZE;
    PacketNum = 5;
    SucessFlag = FALSE;
    /*Winsock 初始化*/
    if (WSAStartup(MAKEWORD(2, 2), &wsaData) != 0)
    {
        /*如果初始化不成功则报错，GetLastError()返回发生的错误信息*/
        printf("WSAStartup() failed: %d\n", GetLastError());
        return ;
    }
    m_socket = INVALID_SOCKET;
}
```

（3）数据控制模块

数据控制模块主要是为其他模块提供调用的函数，该模块主要实现显示用户帮助信息功能、参数获取功能、校验和计算功能、ICMP 数据包填充功能和占用资源释放功能。

```
/*显示信息函数*/
void UserHelp()
{
    printf("UserHelp: ping -r <host> [data size]\n");
    printf("          -r         record route\n");
    printf("          -n         record amount\n");
    printf("          host       remote machine to ping\n");
    printf("          datasize   can be up to 1KB\n");
    ExitProcess(-1);
}


/*获取 ping 选项函数*/
void GetArgments(int argc,char** argv)
{
    int i;
    int j;
    int exp;
    int ten;
    int m;
    /*如果没有指定目的地地址和任何选项*/
    if(argc == 1)
      {
          printf("\nPlease specify the destination IP address and the ping option as
follow!\n");
          UserHelp();
      }
    for(i = 1; i < argc; i++)
      {
          len = strlen(argv[i]);
          if (argv[i][0] == '-')
          {
              /*选项指示要获取记录的条数*/
              if(isdigit(argv[i][1]))
              {
                  PacketNum = 0;
                  for(j=len-1,exp=0;j>=1;j--,exp++)
                  /*根据 argv[i][j]中的 ASCII 值计算要获取的记录条数(十进制数)*/
                      PacketNum += ((double)(argv[i][j]-48))*pow(10,exp);
              }
              else
              {
                  switch (tolower(argv[i][1]))
```

```
            {
                /*选项指示要获取路由信息*/
                case 'r':
                    RecordFlag = TRUE;
                    break;
                /*没有按要求提供选项*/
                default:
                    UserHelp();
                    break;
            }
        }
    }
    /*参数是数据报大小或者 IP 地址*/
    else if (isdigit(argv[i][0]))
    {

        for(m=1;m<len;m++)
        {
            if(!(isdigit(argv[i][m])))
            {
                /*是 IP 地址*/
                lpdest = argv[i];
                break;
            }
            /*是数据报大小*/
            else if(m==len-1)
                datasize = atoi(argv[i]);
        }
    }
    /*参数是主机名*/
    else
        lpdest = argv[i];
    }
}


/*求校验和函数*/
USHORT CheckSum(USHORT *buffer, int size)
{
    unsigned long cksum=0;
    while (size > 1)
    {
        cksum += *buffer++;
        size -= sizeof(USHORT);
```

```
        }
        if (size)
        {
            cksum += *(UCHAR*)buffer;
        }
        /*对每个16bit 进行二进制反码求和*/
        cksum = (cksum >> 16) + (cksum & 0xffff);
        cksum += (cksum >>16);
        return (USHORT)(~cksum);
}

/*填充 ICMP 数据报字段函数*/
void FillICMPData(char *icmp_data, int datasize)
{
        IcmpHeader *icmp_hdr = NULL;
        char       *datapart = NULL;

        icmp_hdr = (IcmpHeader*)icmp_data;
        /*ICMP 报文类型设置为回显请求*/
        icmp_hdr->i_type = ICMP_ECHO;
        icmp_hdr->i_code = 0;
        /*获取当前进程 IP 作为标识符*/
        icmp_hdr->i_id = (USHORT)GetCurrentProcessId();
        icmp_hdr->i_cksum = 0;
        icmp_hdr->i_seq = 0;
        datapart = icmp_data + sizeof(IcmpHeader);
        /*以数字0填充剩余空间*/
        memset(datapart,'0',datasize-sizeof(IcmpHeader));
}

/*释放资源函数*/
void FreeRes()
{
        /*关闭创建的套接字*/
        if (m_socket != INVALID_SOCKET)
            closesocket(m_socket);
        /*释放分配的内存*/
        HeapFree(GetProcessHeap(), 0, recvbuf);
        HeapFree(GetProcessHeap(), 0, icmp_data);
        /*注销 WSAStartup()调用*/
        WSACleanup();
        return ;
```

```
    }
```

（4）数据报解读模块

数据报解读模块提供了解读 IP 选项和解读 ICMP 报文的功能。当主机收到目的主机返回的 ICMP 回显应答后就调用 ICMP 解读函数解读 ICMP 报文，如果需要的话（设置了路由记录选项），ICMP 解读函数将调用 IP 选项解读函数来实现 IP 路由的输出。

```
/*解读 IP 选项头函数*/
void DecodeIPOptions(char *buf, int bytes)
{
    IpOptionHeader *ipopt = NULL;
    IN_ADDR inaddr;
    int i;
    HOSTENT *host = NULL;
    /*获取路由信息的地址入口*/
    ipopt = (IpOptionHeader *)(buf + 20);
    printf("RR:   ");
    for(i = 0; i < (ipopt->ptr / 4) - 1; i++)
    {
        inaddr.S_un.S_addr = ipopt->addr[i];
        if (i != 0)
            printf("        ");
        /*根据 IP 地址获取主机名*/
        host = gethostbyaddr((char *)&inaddr.S_un.S_addr,sizeof(inaddr.S_un.S_addr),
AF_INET);
        /*如果获取到了主机名，则输出主机名*/
        if (host)
            printf("(%-15s) %s\n", inet_ntoa(inaddr), host->h_name);
        /*否则输出 IP 地址*/
        else
            printf("(%-15s)\n", inet_ntoa(inaddr));
    }
    return;
}


/*解读 ICMP 报头函数*/
void DecodeICMPHeader(char *buf, int bytes, SOCKADDR_IN *from)
{
    IpHeader *iphdr = NULL;
    IcmpHeader *icmphdr = NULL;
    unsigned short iphdrlen;
    DWORD tick;
    static int icmpcount = 0;
    iphdr = (IpHeader *)buf;
```

```
        /*计算 IP 报头的长度*/
        iphdrlen = iphdr->h_len * 4;
        tick = GetTickCount();
    /*如果 IP 报头的长度为最大长度(基本长度是20字节)，则认为有 IP 选项，需要解读 IP
选项*/
        if ((iphdrlen == MAX_IP_HDR_SIZE) && (!icmpcount))
            /*解读 IP 选项，即路由信息*/
            DecodeIPOptions(buf, bytes);
        /*如果读取的数据太小*/
        if (bytes < iphdrlen + ICMP_MIN)
        {
            printf("Too few bytes from %s\n",
                inet_ntoa(from->sin_addr));
        }
        icmphdr = (IcmpHeader*)(buf + iphdrlen);
        /*如果收到的不是回显应答报文则报错*/
        if (icmphdr->i_type != ICMP_ECHOREPLY)
        {
            printf("nonecho type %d recvd\n", icmphdr->i_type);
            return;
        }
        /*核实收到的 ID 号和发送的是否一致*/
        if (icmphdr->i_id != (USHORT)GetCurrentProcessId())
        {
            printf("someone else's packet!\n");
            return ;
        }
        SucessFlag = TRUE;
        /*输出记录信息*/
        printf("%d bytes from %s:", bytes, inet_ntoa(from->sin_addr));
        printf(" icmp_seq = %d. ", icmphdr->i_seq);
        printf(" time: %d ms", tick - icmphdr->timestamp);
        printf("\n");
        icmpcount++;
        return;
    }
```

（5）Ping 测试模块

Ping 测试模块的功能就是执行 Ping 操作，由 PingTest()函数来实现。当程序进行完初始化全局变量、判断用户提供的参数等操作后，就执行 Ping 目的地操作。

```
    /*ping 函数*/
    void PingTest(int timeout)
    {
```

```
        int ret;
        int readNum;
        int fromlen;
        struct hostent *hp = NULL;
        /*创建原始套接字，该套接字用于 ICMP 协议*/
    m_socket  =  WSASocket(AF_INET,  SOCK_RAW,  IPPROTO_ICMP,  NULL,
0,WSA_FLAG_OVERLAPPED);
        /*如果套接字创建不成功*/
        if (m_socket == INVALID_SOCKET)
        {
            printf("WSASocket() failed: %d\n", WSAGetLastError());
            return ;
        }
        /*若要求记录路由选项*/
        if (RecordFlag)
        {
            /*IP 选项每个字段用0初始化*/
            ZeroMemory(&IpOption, sizeof(IpOption));
            /*为每个 ICMP 包设置路由选项*/
            IpOption.code = IP_RECORD_ROUTE;
            IpOption.ptr  = 4;
            IpOption.len  = 39;
            ret  =  setsockopt(m_socket,  IPPROTO_IP,  IP_OPTIONS,(char  *)&IpOption,
sizeof(IpOption));
            if (ret == SOCKET_ERROR)
            {
                printf("setsockopt(IP_OPTIONS) failed: %d\n",WSAGetLastError());
            }
        }
        /*设置接收的超时值*/
        readNum = setsockopt(m_socket, SOL_SOCKET, SO_RCVTIMEO,(char*)&timeout,
sizeof(timeout));
        if(readNum == SOCKET_ERROR)
        {
            printf("setsockopt(SO_RCVTIMEO) failed: %d\n",WSAGetLastError());
            return ;
        }
        /*设置发送的超时值*/
        timeout = 1000;
        readNum = setsockopt(m_socket, SOL_SOCKET, SO_SNDTIMEO,(char*)&timeout,
sizeof(timeout));
        if (readNum == SOCKET_ERROR)
```

```
    {
        printf("setsockopt(SO_SNDTIMEO) failed: %d\n",WSAGetLastError());
        return ;
    }
    /*用0初始化目的地地址*/
    memset(&DestAddr, 0, sizeof(DestAddr));
    /*设置地址族，这里表示使用 IP 地址族*/
    DestAddr.sin_family = AF_INET;
    if ((DestAddr.sin_addr.s_addr = inet_addr(lpdest)) == INADDR_NONE)
    {
        /*名字解析，根据主机名获取 IP 地址*/
        if ((hp = gethostbyname(lpdest)) != NULL)
        {
            /*将获取到的 IP 值赋给目的地地址中的相应字段*/
            memcpy(&(DestAddr.sin_addr), hp->h_addr, hp->h_length);
            /*将获取到的地址族值赋给目的地地址中的相应字段*/
            DestAddr.sin_family = hp->h_addrtype;
            printf("DestAddr.sin_addr = %s\n", inet_ntoa(DestAddr.sin_addr));
        }
        /*获取不成功*/
        else
        {
            printf("gethostbyname() failed: %d\n",WSAGetLastError());
            return ;
        }
    }
    /*数据报文大小需要包含 ICMP 报头*/
    datasize += sizeof(IcmpHeader);
    /*根据默认堆句柄，从堆中分配 MAX_PACKET 内存块，新分配内存的内容将被初
始化为0*/
    icmp_data            =(char*)            HeapAlloc(GetProcessHeap(),
HEAP_ZERO_MEMORY,MAX_PACKET);
    recvbuf              =(char*)            HeapAlloc(GetProcessHeap(),
HEAP_ZERO_MEMORY,MAX_PACKET);
    /*如果分配内存不成功*/
    if (!icmp_data)
    {
        printf("HeapAlloc() failed: %d\n", GetLastError());
        return ;
    }
    /* 创建 ICMP 报文*/
    memset(icmp_data,0,MAX_PACKET);
```

```
        FillICMPData(icmp_data,datasize);
        while(1)
        {
            static int nCount = 0;
            int writeNum;
            /*超过指定的记录条数则退出*/
            if (nCount++ == PacketNum)
                break;
             /*计算校验和前要把校验和字段设置为0*/
            ((IcmpHeader*)icmp_data)->i_cksum = 0;
            /*获取操作系统启动到现在所经过的毫秒数，设置时间戳*/
            ((IcmpHeader*)icmp_data)->timestamp = GetTickCount();
            /*设置序列号*/
            ((IcmpHeader*)icmp_data)->i_seq = seq_no++;
            /*计算校验和*/
            ((IcmpHeader*)icmp_data)->i_cksum       =       CheckSum((USHORT*)icmp_data,
datasize);
            /*开始发送 ICMP 请求 */
            writeNum = sendto(m_socket, icmp_data, datasize, 0,(struct sockaddr*)&DestAddr,
sizeof(DestAddr));
            /*如果发送不成功*/
            if (writeNum == SOCKET_ERROR)
            {
                /*如果是由于超时不成功*/
                if (WSAGetLastError() == WSAETIMEDOUT)
                {
                    printf("timed out\n");
                     continue;
                }
                /*其他原因发送不成功*/
                printf("sendto() failed: %d\n", WSAGetLastError());
                return ;
            }
            /*开始接收 ICMP 应答 */
            fromlen = sizeof(SourceAddr);
            readNum       =       recvfrom(m_socket,       recvbuf,       MAX_PACKET,       0,(struct
sockaddr*)&SourceAddr, &fromlen);
            /*如果接收不成功*/
            if (readNum == SOCKET_ERROR)
            {
                /*如果是由于超时不成功*/
                if (WSAGetLastError() == WSAETIMEDOUT)
```

```
            {
                printf("timed out\n");
                continue;
            }
            /*其他原因接收不成功*/
            printf("recvfrom() failed: %d\n", WSAGetLastError());
            return ;
        }
        /*解读接收到的 ICMP 数据报*/
        DecodeICMPHeader(recvbuf, readNum, &SourceAddr);
    }
}
```

（6）主函数

main()函数主要实现了对整个程序的运行控制和对相关功能模块的调用。main()函数首先初始化系统变量，然后获取参数，成功获取并判断参数后，就进行 Ping 操作。其操作流程如图13-3所示。

```
int main(int argc, char* argv[])
{
    InitPing();
    GetArgments(argc, argv);
    PingTest(1000);
    /*延迟1秒*/
    Sleep(1000);
    if(SucessFlag)
        printf("\nPing end, you have got %.0f records!\n",PacketNum);
    else
        printf("Ping end, no record!");
    FreeRes();
    getchar();
    return 0;
}
```

13.4.2　运行结果

该程序编译通过后，运行程序时需要输入参数，所以需要打开 cmd.exe 程序，将路径定位到该程序所在的位置。如将程序放在了 E:\ping 下，那么编译完成后可执行文件就在 E:\ping\Debug 下。我们将路径定位到 E:\ping\Debug 下后可以输入运行参数，如 ping 192.168.1.3。

由于程序运行时参数的不同，运行结果也有所不同。下面从输入错误的参数测试、本地测试、网络测试和选项测试几个方面进行说明。

（1）输入错误的参数测试

参数错误包括不带参数进行 Ping 操作、参数不正确和错误的目的主机几种类型。

① 不带参数的 Ping 测试，只提供 ping 命令，而没有任何选项，这时程序将提示指定目的地址和参数信息，同时，还会显示可用的参数和操作格式（用户帮助），如图13-5所示。

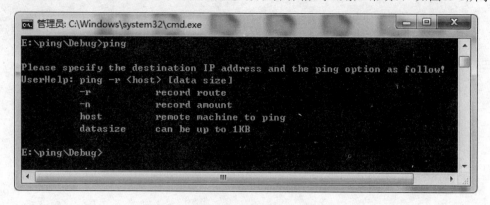

图 13-5   不带参数的 Ping 测试

② 带错误参数的 Ping 测试，如果用户提供了错误的参数（程序中没有指定的参数），则程序将显示帮助信息，并终止程序，如图13-6所示。参数"-a"并不是程序中允许的，所以程序再读入"-a"后显示用户帮助信息并终止程序。

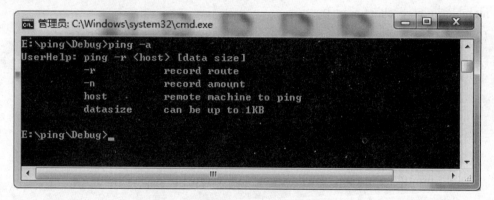

图 13-6   带错误参数的 Ping 测试

③ 带错误主机名的 Ping 测试，如果主机名错误，程序就不能正确解析主机名，这时程序将提示错误信息，并终止，如图13-7所示。

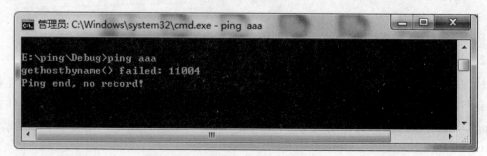

图 13-7   带错误主机名的 Ping 测试

（2）本地测试

本地测试将通过 Ping 主机的 IP 地址和主机名来进行。

① Ping 本地 IP 地址127.0.0.1，如图13-8所示。Ping 通后将显示5条（默认）记录，序列号从0到4，每条记录的大小都是64字节（默认值）。程序最后还会提示 "Ping end,you have got 5 records!"，表示 Ping 成功，并获取了5条记录。

图 13-8　Ping 本机 IP

② Ping 本主机的主机名，如图13-9所示。这里由于程序要根据主机名来获取主机 IP 地址，因此会显示一行 "DestAddr.sin_addr=127.0.0.1"。

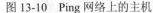

图 13-9　Ping 主机名

（3）网络测试

网络测试时通过 Ping Internet 的主机来进行的。如图13-10是 Ping 通的情况。如图13-11为 Ping 不通的情况。

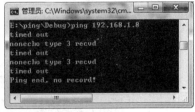

图 13-10　Ping 网络上的主机　　　　　　　图 13-11　Ping 不通情况

（4）选项测试

本程序能提供的选项包括 "-n"、"-r" 和 "datasize"，分别表示输出记录条数、记录路由选项和数据报大小。

① "-n" 选项测试。如图13-12所示，"ping -7 192.168.1.1" 命令提供了 "-7" 选项，表示输出7条记录。

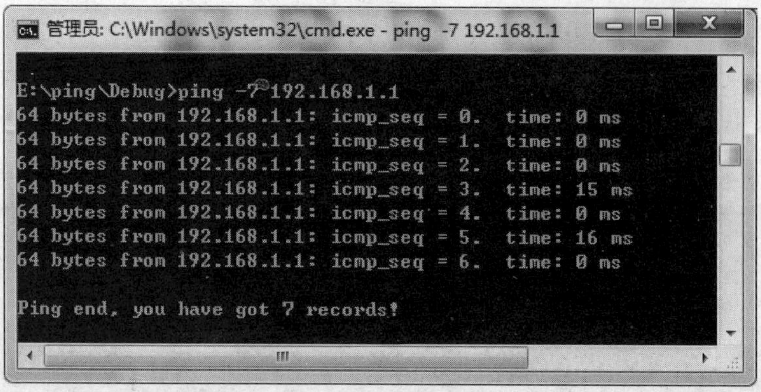

图 13-12　"-n"选项测试

② "-r"选项测试。如图13-13所示，"ping –r www.163.com"命令提供了"-r"选项，表示要记录从源主机到目的主机要经过的路由。图中括号内的数据表示经过的路由器地址。

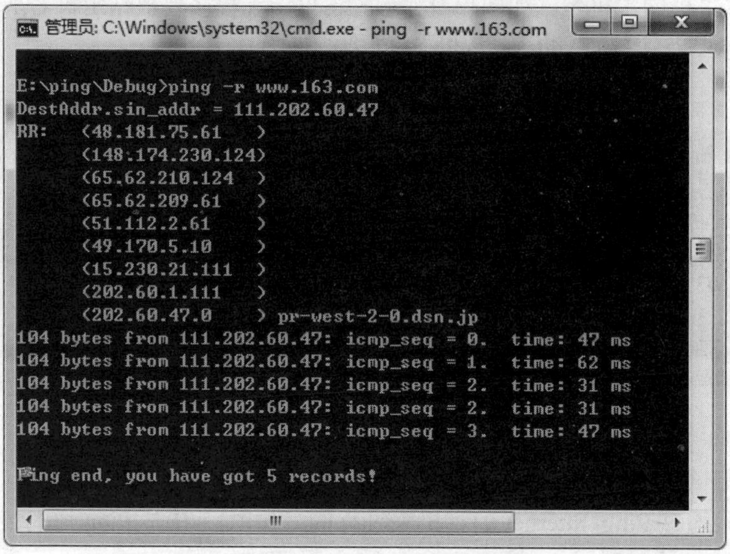

图 13-13　"-r"选项测试

③ "datasize"选项测试。如图13-14所示，"ping 500 192.168.1.1"命令提供了"500"选项，表示输出的每条数据报大小为500字节。

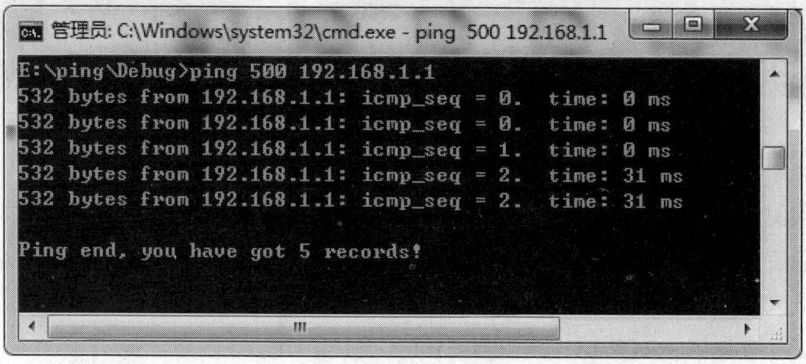

图 13-14　"datasize"选项测试

④ 同时带 "-n" 和 "datasize" 选项测试，如图13-15所示。

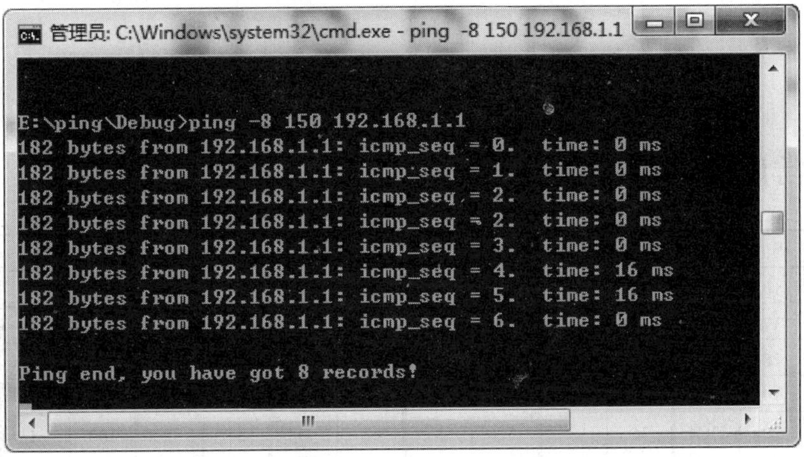

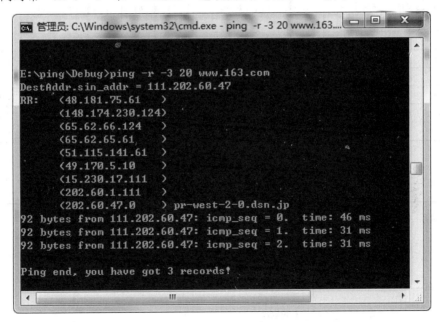

图 13-15　同时带 "-n" 和 "datasize" 选项测试

⑤ 同时带 "-n"、"-r" 和 "datasize" 选项测试，如图13-16所示。

图 13-16　同时带 "-n"、"-r" 和 "datasize" 选项测试

本 章 小 结

本章分析了 Ping 程序的设计原理，讲述了 C 语言实现 Ping 程序的方法，包括数据结构的设计、函数功能的描述以及源码等。

附　　录

附录1　常用字符与ASCII代码对照表

码值	字符	码值	字符	码值	字符	码值	字符	码值	字符	码值	字符	码值	字符	码值	字符	码值	字符
0	NUL	16	DLE	32	SP	48	0	64	@	80	P	96	'	112	p		
1	SOH	17	DC1	33	!	49	1	65	A	81	Q	97	a	113	q		
2	STX	18	DC2	34	"	50	2	66	B	82	R	98	b	114	r		
3	ETX	19	DC3	35	#	51	3	67	C	83	S	99	c	115	s		
4	EOT	20	DC4	36	$	52	4	68	D	84	T	100	d	116	t		
5	ENQ	21	NAK	37	%	53	5	69	E	85	U	101	e	117	u		
6	ACK	22	SYN	38	&	54	6	70	F	86	V	102	f	118	v		
7	BEL	23	ETB	39	`	55	7	71	G	87	W	103	g	119	w		
8	BS	24	CAN	40	(	56	8	72	H	88	X	104	h	120	x		
9	HT	25	EM	41	)	57	9	73	I	89	Y	105	i	121	y		
10	LF	26	SUB	42	*	58	:	74	J	90	Z	106	j	122	z		
11	VT	27	ESC	43	+	59	;	75	K	91	[	107	k	123	{		
12	FF	28	FS	44	,	60	<	76	L	92	\	108	l	124				
13	CR	29	GS	45	–	61	=	77	M	93	]	109	m	125	}		
14	SO	30	RS	46	.	62	>	78	N	94	^	110	n	126	~		
15	SI	31	US	47	/	63	?	79	O	95	_	111	o	127	DEL		

附录2　运算符的优先级和结合性表

优 先 级	运 算 符	含 义	运算符类型	结 合 方 向
1	() [] -> .	圆括号、函数形参表 数组元素下标 指向结构体成员 结构体成员		从左到右
2	! ~ ++ —— - * & （类型名） siziof()	逻辑非 按位取反 自增1 自减1 求负数 取内容运算符 取地址运算符 强制类型转换 计算字节数运算符	单目运算符	从右到左
3	* / %	乘法 除法 整除求余	双目算术运算符	从左到右
4	+ -	加法 减法	双目算术运算符	从左到右

续表

优 先 级	运 算 符	含 义	运算符类型	结 合 方 向
5	<< >>	左移位 右移位	双目位运算符	从左到右
6	< <= > >=	小于 小于等于 大于 大于等于	双目关系运算符	从左到右
7	== !=	等于 不等于	双目关系运算符	从左到右
8	&	按位与	双目位运算符	从左到右
9	^	按位异或	双目位运算符	从左到右
10	|	按位或	双目位运算符	从左到右
11	&&	逻辑与	双目逻辑运算符	从左到右
12	||	逻辑或	双目逻辑运算符	从左到右
13	?:	条件运算符	三目运算符	从右到左
14	= +=、—=、*= /=、%= &=、^=、|= <<=、>>=	赋值运算符 算术复合赋值运算符 位复合运算符	双目运算符	从右到左
15	,	逗号运算符	顺序求值运算符	从左到右

附录 3 C 语言的关键字

auto	break	case	char	const
continue	default	do	double	else
enum	extern	float	for	goto
if	inline	int	long	register
restrict	return	short	signed	sizeof
static	struct	switch	typedef	union
unsigned	void	volatile	while	_bool
_Complex	_Imaginary			

附录 4 常用标准库函数

　　库函数并不是 C 语言的一部分,它是由编译程序根据一般用户的需要编制并提供用户使用的一组程序。每一种 C 编译系统都提供了一批库函数,不同的编译系统所提供的库函数的数目和函数名以及函数功能是不完全相同的。ANSIC 标准提出了一批建议提供的标准库函数。它包括了目前多数 C 编译系统所提供的库函数,但也有一些是某些 C 编译系统未曾实现的。考虑到通用性,本书列出 ANSIC 标准建议提供的、常用的部分库函数。对于多数 C 编译系统,可以使用这些函数的绝大部分。限于篇幅,本附录不能全部介绍,只列出教学中最基本的库函数,读者在编制 C 程序时,可能要用到更多的函数,请查阅所用系统的手册。

　　(1)数学函数

　　使用数学函数时,应该在源文件中使用命令:

　　#include "math. h"

函数名	函 数 原 型	功　　能	返 回 值
abs	int abs(int x)	求整数 x 的绝对值	计算结果
acos	double acos(double x)	计算 arccos(x)的值 $-1 \leqslant x \leqslant 1$	计算结果
asin	double asin(double x)	计算 arcsin (x)的值 $-1 \leqslant x \leqslant 1$	计算结果
atan	double atan(double x)	计算 arctan (x)的值	计算结果
atan2	double atan2(double x,double y)	计算 arctan (x/y)的值	计算结果
cos	double cos(double x)	计算 cos(x)的值 x 的单位为 rad	计算结果
cosh	double cosh(double x)	计算 x 的双曲余弦 cosh(x)的值	计算结果
exp	double exp(double x)	求 e^x 的值	计算结果
fabs	double fabs(double x)	求 x 的绝对值	计算结果
floor	double floor(double x)	求出不大于 x 的最大整数	该整数的双精度实数
fmod	double fmod(double x,double y)	求整除 x/y 的余数	返回余数的双精度实数
frexp	double frexp(double val,int *eptr)	把双精度数 val 分解成数字部分(尾数)x 和以 2 为底的指数 n, 即 val=x*2ⁿ,n 存放在 eptr 指向的变量中	返回数字部分 x $0.5 \leqslant x < 1$
log	double　log(double x)	求 logₑx 即 lnx	计算结果
log10	double log10(double x)	求 log₁₀x	计算结果
modf	double modf(double val,double *iptr)	把双精度数 val 分解成整数部分和小数部分, 把整数部分存到 iptr 指向的变量中	val 的小数部分
pow	double pow(double x,double y)	求 x^y 的值	计算结果
rand	int rand(void)	产生 -90~32767 间的随机整数	随机整数
sin	double sin(double x)	求 sin(x)的值 x 的单位为 rad	计算结果
sinh	double sinh(double x)	计算 x 的双曲正弦函数 sinh(x)的值	计算结果
sqrt	double sqrt (double x)	计算 $\sqrt{x}$, $x \geqslant 0$	计算结果
tan	double tan(double x)	计算 tan(x)的值 x 的单位为 rad	计算结果
tanh	double tanh(double x)	计算 x 的双曲正切函数 tanh(x)的值	计算结果

（2）字符函数

在使用字符函数时，应该在源文件中使用命令：

#include　"ctype. h"

函数名	函 数 原 型	功　　能	返 回 值
isalnum	int isalnum(int ch)	检查 ch 是否是字母或数字	是字母或数字返回 1；否则返回 0
isalpha	int isalpha(int ch)	检查 ch 是否是字母	是字母返回 1；否则返回 0
iscntrl	int iscntrl(int ch)	检查 ch 是否是控制字符(其 ASCII 码在 0 和 0xlF 之间)	是控制字符返回 1；否则返回 0
isdigit	int isdigit(int ch)	检查 ch 是否数字（0~9）	是数字返回 1；否则返回 0
isgraph	int isgraph(int ch)	检查 ch 是否是可打印字符（其 ASCII 码在 0x21 和 0x7e 之间），不包括空格	是可打印字符返回 1；否则返回 0
islower	int islower(int ch)	检查 ch 是否是小写字母（a~z）	是小写字母返回 1；否则返回 0
isprint	int isprint(int ch)	检查 ch 是否是可打印字符(其 ASCⅡ 码在 0x20 和 0x7e 之间），不包括空格	是可打印字符返回 1；否则返回 0
ispunct	int ispunct(int ch)	检查 ch 是否是标点字符（不包括空格）即除字母、数字和空格以外的所有可打印字符	是标点字符返回 1；否则返回 0

函数名	函 数 原 型	功 能	返 回 值
isspace	int isspace(int ch)	检查 ch 是否空格、跳格符（制表符）或换行符	是，返回 1；否则返回 0
isupper	int isupper(int ch)	检查 ch 是否大写字母（A~Z）	是大写字母返回 1；否则返回 0
isxdigit	int isxdigit(int ch)	检查 ch 是否一个 16 进制数字（即 0~9，或 A~F，a~f）	是，返回 1；否则返回 0
tolower	int tolower(int ch)	将 ch 字符转换为小写字母	返回 ch 对应的小写字母
toupper	int toupper(int ch)	将 ch 字符转换为大写字母	返回 ch 对应的大写字母

（3）字符串函数

使用字符串中函数时，应该在源文件中使用命令：

#include "string.h"

函数名	函 数 原 型	功 能	返 回 值
memchr	void *memchr(void *buf, char ch, unsigned int count)	在 buf 的前 count 个字符里搜索字符 ch 首次出现的位置	返回指向 buf 中 ch 的第一次出现的位置指针；若没有找到 ch，返回 NULL
memcmp	int memcmp(void *buf1, void *buf2, unsigned int count)	比较由 buf1 和 buf2 指向的数组的前 count 个字符	buf1<buf2，为负数 buf1=buf2，返回 0 buf1>buf2，为正数
memcpy	void *memcpy(void *to, void *from, unsigned int count)	将 from 指向的数组中的前 count 个字符拷贝到 to 指向的数组中。from 和 to 指向的数组不允许重叠	返回指向 to 的指针
memmove	void *memmove(void *to, void *from, unsigned int count)	将 from 指向的数组中的前 count 个字符拷贝到 to 指向的数组中。from 和 to 指向的数组允许重叠，但复制后 from 内容会被修改	返回指向 to 的指针
memset	void *memset(void *buf, char ch, unsigned int count)	将字符 ch 拷贝到 buf 指向的数组前 count 个字符中	返回 buf
strcat	char *strcat(char *str1, char *str2)	把字符 str2 接到 str1 后面，取消原来 str1 最后面的串结束符'\0'被取消	返回 str1
strchr	char *strchr(char *str1, int ch)	找出 str 指向的字符串中第一次出现字符 ch 的位置	返回指向该位置的指针，如找不到，则应返回 NULL
strcmp	int *strcmp(char *str1, char *str2)	比较字符串 str1 和 str2	str1<str2，为负数 str1=str2，返回 0 str1>str2，为正数
strcpy	char *strcpy(char *str1, char *str2)	把 str2 指向的字符串拷贝到 str1 中去	返回 str1
strlen	unsigned int strlen(char *str)	统计字符串 str 中字符的个数(不包括终止符'\0')	返回字符个数
strncat	char *strncat(char *str1, char *str2, unsigned int count)	把字符串 str2 中前 count 个字符连到串 str1 后面，并以 null 结尾	返回 str1
strncmp	int strncmp(char *str1, char *str2, unsigned count)	比较字符串 str1 和 str2 中前 count 个字符	str1<str2，为负数 str1=str2，返回 0 str1>str2，为正数
strncpy	char *strncpy(char *str1, char *str2, unsigned int count)	把 str2 字符串中前 count 个字符拷贝到串 str1 中去	返回 str1
strnset	char *setnset(char *buf, char ch, unsigned int count)	将字符 ch 拷贝到 buf 指向的数组前 count 个字符中。	返回 buf
strset	char *strset(char *buf, char ch)	将 buf 所指向的字符串中的全部字符都变为字符 ch	返回 buf
strstr	char *strstr(char *str1, char *str2)	寻找 str2 字符串在 str1 字符串中首次出现的位置	返回 str2 字符串首次出现的地址。否则返回 NULL

（4）输入输出函数

在使用输入输出函数时，应该在源文件中使用命令：

#include "stdio.h"

函数名	函 数 原 型	功　　能	返　回　值
clearerr	void clearerr(FILE *fp)	复位错误标志	
fclose	int fclose(FILE *fp)	关闭 fp 所指的文件，释放文件缓冲区	关闭成功返回 0，不成功返回非 0
feof	int feof(FILE *fp)	检查文件是否结束	文件结束返回非 0，否则返回 0
ferror	int ferror(FILE *fp)	测试 fp 所指的文件是否有错误	无错返回 0；否则返回非 0
fflush	int fflush(FILE *fp)	将 fp 所指的文件的全部控制信息和数据存盘	存盘正确返回 0；否则返回非 0
fgets	char *fgets(char *buf, int n, FILE *fp)	从 fp 所指的文件读取一个长度为(n-1)的字符串，存入起始地址为 buf 的空间	成功返回地址 buf；若遇文件结束或出错则返回 NULL
fgetc	int fgetc(FILE *fp)	从 fp 所指的文件中取得一个字符	返回所得到的字符；出错返回 EOF
fopen	FILE *fopen(char *filename, char *mode)	以 mode 指定的方式打开名为 filename 的文件	成功，则返回一个文件指针；否则返回 NULL
fprintf	int fprintf(FILE *fp, char *format, args, …)	把 args 的值以 format 指定的格式输出到 fp 所指的文件中	实际输出的字符数
fputc	int fputc(char ch, FILE *fp)	将字符 ch 输出到 fp 所指的文件中	成功则返回该字符；出错返回 EOF
fputs	int fputs(char *str, FILE *fp)	将 str 指定的字符串输出到 fp 所指的文件中	成功则返回 0；出错返回非 0
fread	int fread(char *pt, unsigned int size, unsigned int n, FILE *fp)	从 fp 所指定文件中读取长度为 size 的 n 个数据项，存到 pt 所指向的内存区	返回所读的数据项个数，若文件结束或出错返回 0
fscanf	int fscanf(FILE *fp, char *format, args, …)	从 fp 指定的文件中按给定的 format 格式将读入的数据送到 args 所指向的内存变量中（args 是指针）	已输入的数据个数
fseek	int fseek(FILE *fp, long offset, int base)	将 fp 指定的文件的位置指针移到 base 所指出的位置为基准、以 offset 为位移量的位置	返回当前位置；否则返回-1
ftell	long ftell(FILE *fp)	返回 fp 所指定的文件中的读写位置	返回文件中的读写位置；否则返回 0
fwrite	int fwrite(char *ptr, unsigned size, unsigned int n, FILE *fp)	把 ptr 所指向的 n*size 个字节输出到 fp 所指向的文件中	写到 fp 文件中的数据项的个数
getc	int getc(FILE *fp)	从 fp 所指向的文件中的读出一个字符	返回读出的字符；若文件出错或结束返回 EOF
getchar	int getchat(void)	从标准输入设备中读取下一个字符	返回字符；若文件出错或结束返回-1
gets	char *gets(char *str)	从标准输入设备中读取字符串存入 str 指向的数组	成功返回 str，否则返回 NULL
getw	int getw(FILE *fp)	从 fp 所指向的文件读取下一个字（整数）	输入的整数，如果文件结束或出错，返回-1
open	int open(char *filename, int mode)	以 mode 指定的方式打开已存在的名为 filename 的文件（非 ANSI 标准）	返回文件号（正数）；如打开失败返回-1
printf	int printf(char *format, args, …)	在 format 指定的字符串的控制下，将输出列表 args 的值输出到标准设备	输出字符的个数；若出错返回负数

函数名	函 数 原 型	功　　能	返 回 值
putc	int putc(int ch，FILE *fp)	把一个字符 ch 输出到 fp 所指的文件中	输出字符 ch；若出错返回 EOF
putchar	int putchar(char ch)	把字符 ch 输出到 fp 标准输出设备	返回换行符；若失败返回 EOF
puts	int puts(char *str)	把 str 指向的字符串输出到标准输出设备；将 '\0'转换为回车行	返回换行符；若失败返回 EOF
putw	int putw(int w，FILE *fp)	将一个整数 i（即一个字）写到 fp 所指的文件中（非 ANSI 标准）	返回输出的整数；若文件出错或结束返回 EOF
read	int read(int fd, char *buf, unsigned int count)	从文件号 fd 所指定文件中读 count 个字节到由 buf 指示的缓冲区（非 ANSI 标准）	返回真正读出的字节个数，如文件结束返回 0,出错返回-1
remove	int remove(char *fname)	删除以 fname 为文件名的文件	成功返回 0；出错返回-1
rename	int rename(char *oname，char *nname)	把 oname 所指的文件名改为由 nname 所指的文件名	成功返回 0；出错返回-1
rewind	void rewind(FILE *fp)	将 fp 指定的文件指针置于文件头，并清除文件结束标志和错误标志	
scanf	int scanf(char *format，args，…)	从标准输入设备按 format 指向的格式字符串规定的格式，输入数据给 args 所指示的单元。args 为指针	读入并赋给 args 数据个数。如文件结束返回 EOF；若出错返回 0
write	int write(int fd，char *buf，unsigned int count)	从 buf 指示的缓冲区输出 count 个字符到 fd 所指的文件中（非 ANSI 标准）	返回实际写入的字节数，如出错返回-1

（5）动态存储分配函数

在使用动态存储分配函数时，应该在源文件中使用命令：

#include "stdlib.h"

函数名	函 数 原 型	功　　能	返 回 值
calloc	void *calloc(unsigned int n，unsigned int size)	分配 n 个数据项的内存连续空间，每个数据项的大小为 size	分配内存单元的起始地址。不成功，返回 0
free	void free(void *p)	释放 p 所指内存区	
malloc	void *malloc(unsigned int size)	分配 size 字节的内存区	所分配的内存区地址，如内存不够，返回 0
realloc	void *reallod(void *p，unsigned size)	将 p 所指的已分配的内存区的大小改为 size。size 可以比原来分配的空间大或小	返回指向该内存区的指针。若重新分配失败，返回 NULL

参 考 文 献

[1] 李丽芬，孙丽云.C 语言程序设计教程. 北京：化学工业出版社，2011.

[2] 夏涛.C 语言程序设计.北京：北京邮电大学出版社，2007.

[3] 苏小红等.C 语言程序设计.北京：高等教育出版社，2011.

[4] 谭浩强.C 程序设计. 第 4 版. 北京：清华大学出版社，2010.

[5] 谭浩强.C 程序设计学习辅导. 第 4 版. 北京：清华大学出版社，2010.

[6] 谭浩强.C 程序设计试题汇编. 第 2 版. 北京：清华大学出版社，2010.

[7] 刘丹.C 语言程序设计实验指导与习题.北京：中国水利水电出版社，2008.

[8] 朱鸣华等.C 语言程序设计教程.北京：机械工业出版社，2008.

[9] 罗晓芳等.C 语言程序设计习题解析与上机指导.北京：机械工业出版社，2009.

[10] 朱立华等.C 语言程序设计.北京：人民邮电出版社，2009.

[11] 凌云等.C 语言程序设计与实践. 北京：机械工业出版社，2010.

[12] 王敬华等.C 语言程序设计教程. 第 2 版. 北京：清华大学出版社，2009.

[13] 王敬华等.C 语言程序设计教程习题解答与实验指导. 第 2 版. 北京：清华大学出版社，2009.